高等学校给排水科学与工程学科专业指导委员会规划推荐教材

给排水安装工程概预算

张国珍　主编
王和平　主审

中国建筑工业出版社

图书在版编目（CIP）数据

给排水安装工程概预算/张国珍主编. —北京：中国建筑工
业出版社，2014.3
高等学校给排水科学与工程学科专业指导委员会规划推荐
教材
ISBN 978-7-112-16206-2

Ⅰ.①给… Ⅱ.①张… Ⅲ.①给排水系统-建筑安装-建筑概
算定额-高等学校-教材②给排水系统-建筑安装-建筑预算定额-
高等学校-教材 Ⅳ.①TU723.3

中国版本图书馆 CIP 数据核字（2014）第 083216 号

高等学校给排水科学与工程学科专业指导委员会规划推荐教材

给排水安装工程概预算

张国珍　主编

王和平　主审

*

中国建筑工业出版社出版、发行（北京西郊百万庄）

各地新华书店、建筑书店经销

北京红光制版公司制版

北京同文印刷有限责任公司印刷

*

开本：787×960 毫米　1/16　印张：19½　字数：392 千字

2014 年 8 月第一版　2019 年 2 月第三次印刷

定价：**37.00** 元（赠送课件）

ISBN 978-7-112-16206-2

（24964）

给排水安装工程概预算贯穿于工程项目建设的全过程，是准确、合理地确定工程造价，建立市场经济下建筑市场合理竞争的重要手段，也是工程技术人员必须具备的基础知识。

全书共分 12 章，主要内容包括工程建设项目及概预算基础知识、建设工程总费用构成、定额及定额计价、工程量清单及其计价、投资估算、设计概算、施工图预算及编制实务、工程结算及竣工决算、建设工程的招标与投标、工程量清单计价的控制与管理、计算机辅助概预算等。本书针对给排水科学与工程（给水排水工程）专业的特点，在系统阐述上述内容的基本理论与基本原理的基础上，还通过多个工程概预算完整编制实例，来加强学生实践应用能力的培养。

作为给排水科学与工程专业必选课程的教材，本书也可作为建筑环境与设备工程、环境工程等相关专业的教学用书，亦可供相关领域的设计人员、造价人员和管理决策人员等高级工程技术人员参考。

为便于教师教学，作者特制作了电子素材，如有需要，请发邮件至 Cabpbeijing@126.com 索取。

责任编辑：王美玲
责任校对：董建平
责任校对：张　颖　关　健

前　言

《给排水安装工程概预算》一书作为高等院校给排水科学与工程专业学生必备的学习用书，是全国给排水科学与工程专业教育质量评估的权威机构，暨住房和城乡建设部高等学校给排水科学与工程学科专业指导委员会的推荐教材。给排水安装工程概预算贯穿于工程项目建设的全过程，是准确、合理地确定工程造价，建立市场经济下建筑市场合理竞争的重要手段，也是工程技术人员必须具备的基础知识。

全书共分 12 章，主要内容包括工程建设项目及概预算基础知识、建设工程总费用构成、定额及定额计价、工程量清单及其计价、投资估算、设计概算、施工图预算及编制实务、工程结算及竣工决算、建设工程的招标与投标、工程量清单计价的控制与管理、计算机辅助概预算等。本书针对给排水科学与工程（给水排水工程）专业的特点，在系统阐述上述内容的基本理论与基本原理的基础上，还通过多个工程概预算完整编制实例，来加强学生实践应用能力的培养。

作为给排水科学与工程专业必选课程的教材，本书也可作为建筑环境与设备工程、环境工程等相关专业的教学用书，建议采用 24～48 教学课时数。本书亦可供相关领域的设计人员、造价人员和管理决策人员等高级工程技术人才参考，对辅助查询、拓宽视野、丰富知识结构具有重要作用。

本书在编写方面具有以下几个特点：

（1）本教材是根据 2012 年全国高等学校给水排水工程学科专业指导委员会编制的《高等学校给排水科学与工程本科指导性专业规范》的基本要求上编写的，根据规范对给排水科学与工程专业教学体系、教学内容等方面的新要求、新规定，本书对课程内容及课程结构也相应地进行了调整。同时，本书采用《建设工程工程量清单计价规范》GB 50500—2013、《建设项目设计概算编审规程》CECA/GC 2—2007 和《建设项目施工图预算编审规程》CECA/GC 5—2010 等一系列国家最新规范标准，使教材内容更新，更具时效性。

（2）针对给排水科学与工程相关专业概预算课程注重实际应用的特点，本书对概预算基础知识进行了部分简化，力求实用，在系统介绍了概预算的产生发展、文件及分类、定额、工程量清单计价等主要概念的情况下，更侧重于预算实例的讲解和应用。

（3）虽然工程量清单计价模式已经全面推行，但定额作为建筑安装产品定价的依据，是学生全面掌握概预算课程不可缺少的知识内容，故本教材对定额及其计价模式也进行了详细讲述，并通过计价依据、费用构成、计算实例等与工程量清单计价模式进行了对比学习，更有利于学生对知识的直观认知和掌握。

本书由兰州交通大学张国珍教授主编。全书共分 12 章，具体编写分工如下：第 1 章第 1 节、第 4 章及附录 A 由田维平编写，第 6 章、第 7 章由张国珍编写，第 2 章、第 8 章由尚少文编写，第 10 章由杨浩编写，第 1 章 2 至 3 节、第 3 章、第 9 章由刘建林编写，第 12 章由未碧贵编写，第 5 章、第 11 章、附录 B 由张洪伟编写。全书统稿工作由张洪伟完成。

限于编者水平，加之时间仓促，书中不妥之处在所难免，敬请广大读者和同行专家批评指正。

编　者

2013 年 11 月

目　　录

第1章 总　　论

1.1　概　　述

1.1.1　工程概预算的概念

工程概预算是根据不同设计阶段的具体内容，国家规定的定额、指标和各项费用的取费标准，预先计算和确定工程项目从筹建至竣工验收全过程所需投资额的经济文件。它是国家科学管理和监督基本建设的重要手段之一。工程概预算所确定的每一个建设项目的投资额，是其计划价格。在基本建设中，用编制工程概预算的方法确定基建产品的计划价格，是由建筑业及其产品的特点和社会主义商品经济规律所决定的。

建筑业是国民经济体系中的重要物资生产部门，它的发展直接影响着整个国家经济的发展和人民生活水平的改善。它为国民经济各种工厂、矿井、铁路、桥梁、港口、道路、管线、住宅以及公共设施提供建筑物、构筑物、构配件和其他设施等建筑产品。建筑产品及生产通常具有以下特点：

(1) 建筑产品地点的固定性和生产的流动性及地区性

建筑产品在建造过程中只能在建造地点固定地使用，而无法转移，必须因地制宜。这就决定了建筑产品生产的流动性和地区性。建筑产品的生产需在不同的地区，或同一地区的不同现场，或同一现场的不同单位工程，或同一单位工程的不同部位组织工人、机械围绕着同一建筑产品进行生产，从而使建筑产品的生产在地区与地区之间、现场之间和单位工程不同部位之间流动，且一些费用的取费标准因地区而不同，故影响工程造价。同一使用功能的建筑产品因其建造地点的不同必然受到建设地区的自然、技术、经济和社会条件的约束，使其结构、构造、艺术形式、室内设施、材料、施工方案等方面均各异，因此工程造价也不同。

(2) 建筑产品的庞大性和生产的露天性

与一般工业产品相比，建筑产品体形庞大，自重也大。建筑产品地点的固定性和体形庞大的特点，决定了建筑产品生产露天作业多。因为形体庞大的建筑产品不可能在工厂、车间内直接进行施工，即使建筑产品生产达到了高度的工业化水平的时候，也只能在工厂内生产其部分构件或配件，仍然需要在施工现场内进行总装配后才能形成最终建筑产品。因地点、水文地质条件等不同，即使是同一工程，造价也会不同。

（3）建筑产品的多样性和生产的单件性

建筑产品地点的固定性和类型的多样性决定了产品生产的单件性。一般的工业产品是在一定的时期里，统一的工艺流程中进行批量生产，而具体的一个建筑产品应在国家或地区的统一规划内，根据其使用功能，在选定的地点上单独设计和单独施工。即使是选用标准设计、通用构件或配件，由于建筑产品所在地区的自然、技术、经济条件的不同，也使建筑产品的结构或构造、建筑材料、施工组织和施工方法等也要因地制宜加以修改，从而使各建筑产品工程造价不同。

（4）建筑产品的综合性和生产组织协作的综合复杂性

建筑产品是一个完整的固定资产实物体系，不仅土建工程的艺术风格、建筑功能、结构构造、装饰做法等方面堪称是一种复杂的产品，而且工艺设备、采暖通风、供水供电、卫生设备等各类设施错综复杂。建筑产品生产涉及各不同种类的专业施工企业，社会各部门和各领域的复杂协作配合，从而使建筑产品生产的组织协作关系综合复杂。

（5）建筑产品生产周期长

建筑产品的固定性和体形庞大的特点决定了建筑产品生产周期长。因为建筑产品体形庞大，使得最终建筑产品的建成必然耗费大量的人力、物力和财力。同时，建筑产品的生产全过程还要受到工艺流程和生产程序的制约，使各专业、工种间必须按照合理的施工顺序进行配合和衔接。这种特殊生产过程，决定工程项目的价值不同。

1.1.2　工程概预算的特点

由于建设产品本身固定性、体积庞大性、多样性、综合性、生产周期长等特征，导致其生产过程的流动性、地区性、单件性等特点。这就决定了工程概预算具有不同于一般商品计价的特点：

（1）单件性计价

每一项建设工程都有指定的专门用途，所以也就有不同的结构、造型和装饰，不同的体积和面积，建设时要采用不同的工艺设备和建筑材料。即使是用途相同的建设工程，技术水平、建筑等级和建筑标准也有差别。建设工程还必须在结构、造型等方面适应工程所在地气候、地质、地震、水文等自然条件，适应当地的风俗习惯。这就使建设工程的实物形态千差万别，具有突出的个性，从而导致工程造价千差万别。因此，对于建设工程就不能像一般工业产品那样按品种、规格、质量成批地定价，只能是单件计价。即建设工程一般不能由国家或企业规定统一的造价，只能就各个项目，通过一定的程序，根据相关的计价依据和规定，计算其工程造价。

（2）多次性计价

由于工程建设项目体型庞大、结构复杂、内容繁多、个体性强等特点，因此，建设工程的生产过程是一个周期长、环节多、消耗量大、占用资金多的生产耗费过程。从建设项目开始筹建到竣工验收交付生产或使用，建设是分阶段进行的。不同的阶段，工程概预算的内容不同，且名称也不同。为了适应工程建设过程中各有关方面的经济关系的建立，适应项目管理的要求，适应工程造价的控制和经济核算的要求，按照计划阶段的划分和建设阶段的不同需要对建设项目进行多次性的计价，以保证工程造价计算的准确性和控制的有效性。

（3）分部组合计价

工程概预算包括从立项到竣工所支出的全部费用，组成内容十分复杂，只有把建设工程分解成能够计算其造价的基本组成要素，再逐步汇总，才能准确计算整个工程造价。如一个建筑物，都是由基础、地（楼）面、墙壁、梁、门窗、屋盖等几个部分所构成的；又如室外给水管道工程，尽管布局不同，规模各异，但从组成来看，都是由管道、阀门、井室、零配件所组成。在不同的建设工程中，相同的分部分项工程，不仅有相同的计量单位，而且完成每一计量单位所需的人工、材料等消耗，也基本相同；国家可以根据社会共同生产水平，统一规定各分部分项内容，以及人工、材料、施工机械的消耗定额。国家、主管部门和各省、市建委根据各地的具体情况，确定地区工资标准、材料预算价格、施工机械台班使用费、间接费定额，其他取费标准。这样，各工程项目的设计资料出来后，就可以由单个到综合、由局部到总体、逐个计价、层层汇总，从而求得一个工程项目的总造价。这一特征在计算概算造价和预算造价时尤为明显，也反映到合同价和结算价的确定。

（4）多样性计价

任何计价方法的产生，均取决于研究对象的客观情况。工程概预算或工程造价贯穿于工程项目建设全过程，不同阶段计算工程量的方法不同，工程单价的计算方法也不同以及套用的定额不同，这就决定了工程造价计价方法的多样性。如在项目建议书或可行性研究阶段采用设备系数法、生产能力指数估算法、估算指标等方法进行估算。初步设计阶段，可采用类似工程法或指标法编制设计概算。施工图设计阶段可采用单价法和实物法编制施工图预算。实际计算时，我们采用哪种方法，应根据研究对象的特点、工作内容、技术复杂程度等进行科学合理的分析来确定。

（5）计价依据的复杂性

工程项目的组成要素及影响工程造价的因素多，从而计价依据也较为复杂，种类繁多。这就要求计价人员熟悉各类计价依据的内容和规定，客观正确的加以选择应用。工程造价的依据主要有：

①　计算设备费的依据：包括项目建议书、可行性研究报告、设计文件、国产/进口设备询价、运杂费、进口设备关税、增值税、消费税等调查研究资料。

②　计算建筑安装工程的工程量依据：包括全国统一定额的工程量计算规则、工程量清单、工程量计算规则、施工图纸、标准图、施工组织设计等。

③　计算工料机实物消耗量的依据：包括工料机消耗量基础定额、工程量清单、类似工程资料等。

④　计算分部分项工程单价的依据：包括工料机实物消耗量、人工、材料、机械台班单价、取费定额、物价指数等。

⑤　计算措施费、间接费、工程建设其他费用、利润、税金等的依据：包括相关定额、指标、政府及建设管理部门的规定。

⑥　政府规定的税费。

⑦　物价指数和工程造价指数。

1.1.3　给水排水工程概预算的特点

给水排水工程是用于水供给、废水排放和水质改善的工程，现代主要应用于控制水媒传染病流行和环境水污染的基本设施，可分为给水工程和排水工程。与这门学科相关的学科包括土木工程、机械工程、化学工程、生物工程等。给水、排水是其服务范围内重要的基础设施，是该范围内必不可少的物质技术基础。对于一个城市，它们是城市的重要基础设施，是搞活城市经济和实行对外开放的基本条件。建设现代化的城市必须有与之相适应的基础设施，城市经济发达，意味着生产技术水平与专业化协作程度高，城市的吸引力和辐射程度大，这就要求城市应该拥有相应不断完善的基础设施。对于一个大型企业，给水、排水同时具备为生产和生活服务的职能，所以它们又是一个企业的基础设施，基础设施不完善，必然制约企业的发展。对于一个小区，给水、排水系统和采暖系统又是该区域内的基础设施。它对于小区内的生产、生活以及环境具有重要的影响。

与城市其他建筑工程相比，给水、排水工程具有投资大、工期要求紧的特点，而且建筑工程大部分是地下工程和基础工程，在施工顺序上需要提前安排，所以具有建设的先行性。同时，城市的生产和人口一般都是逐步增长的，而给水、排水工程具有一定的阶段性发展。对于埋地管线，建成后如需增容，工程难度大，拆迁费用高，而且还影响其他设施的正常运转。因此，为了保证与城市其他建设同步形成，协调发展，给水排水工程要求在时序上要超前安排，设计上要留有余量。

给水排水工程的空间性特点是地区性强、分布面广、施工未预见因素多。构筑物和管道有大量的地下、水下隐蔽工程。在不同工程地质和水文地质条件下，须采用不同的结构处理形式和施工方案，有的需要修筑围堰进行施工导流或水下作业；干管的沟槽埋设深度大，施工时需要支撑加固，井点降水；在新开发区或建筑密集的旧城区施工，要合理安排施工现场的交通运输并采取特殊的安全保障措施等一系列暂设工程。故概预算编制工作不能简单地套用一般指标定额，必须因地制宜，按照实际情况进行计算和换算，才能保证概预算的准确性和经济评估的质量。

给水排水工程需用大量不同规格的管材、器材与机电设备，其产地往往远离施工地区，部分非标准设备需要安排专门加工制作，有的从国外订货。使用国外货款引进设备应按国际惯例编制可行性研究报告，组织项目招标，编制标底，这些情况增加了工作的复杂性，提高了给水排水概预算与经济评价的要求。

由于给水排水工程项目涉及专业多，为了保证项目概预算的一致性、完整性及准确性，在编制概预算时要事先进行协调、沟通，明确各专业执行的定额及取费标准。

1.1.4　工程概预算的产生与发展

工程概预算的产生可以追溯到我国的远古时期。在我国古代许多朝代的官府都大兴土木，这使得历代工匠积累了丰富的建筑和建筑管理方面的经验，再经过官员的归纳、整理，逐步形成了工程项目施工管理与造价管理的理论和方法的初始形态。早在春秋时期的科学技术名著《考工记》中记载："凡修筑沟渠堤防，一定要先以匠人一天修筑的进度为参照，再以一里工程所需的匠人数和天数来预算这个工程的劳力，然后方可调配人力，进行施工。"这是我国最早的工程造价预算与工程施工控制和工程造价控制方法的文字记录之一。另据《辑古算经》的记载，我国唐代的时候就已经有了夯筑城台的定额—"功"。北宋时期李诫（主管建筑的大臣）编著建筑行业权威巨著《营造法式》，提出"料例"和"功限"两个概念，即现在的"材料消耗定额"和"劳动消耗定额"。清朝时期，清政府颁布的关于清代官式建筑通行的标准设计规范《工程做法则例》中卷四八至卷七四为工料估算，对中国封建社会晚期土木建筑的各种不同形制的不同用工和用料进行了规定，这就为建筑预算、合理安排工时、节约用料等提供了一种较为严格的规范。

虽然在中国古代工程概预算有很大的发展，但由于历史条件的限制，并未形成一个独立完整的工程造价管理体制。新中国成立至今，我国的工程造价管理体制发展大致可以分为以下五个阶段：

（1）第一个阶段（1950～1957 年）概预算制度建立时期。

新中国成立初期，是国民经济的恢复时期，为了用好有限的建设资金曾引进苏联概算定额管理制度。在第一个五年计划（1953～1957 年）期间颁布了《建筑工程设计预算定额》(1954年);《基本建设工程设计和预算文件审核批准暂行办法》、《工业与民用建筑预算暂行细则》和《工业与民用建设设计及预算编制暂行办法》(1955年);《关于编制工业与民用建设预算的若干规定》、《工业与民用建设设计及预算编制办法》和《工业与民用建设预算编制暂行细则》(1957年)等一系列法规、文件;建立了概预算工作制度,确立了概预算在基本建设工作中的地位,同时对概预算的编制原则、内容、方法和审批、修改办法、程序等作了规定。为了进一步加强概预算的管理工作,国家综合管理部门先后成立了预算组、标准定额处、标准定额局等,且在1956年成立了国家建筑工程管理局。

在这一阶段主要表现为适应我国计划经济特色的工程概预算定额和工程概预算管理制度的建立,极大地促进了建设资金合理运用及国民经济恢复,对稳定中国经济奠定了基础。

(2) 第二个阶段(1958~1976年)工程概预算定额制度逐渐削弱

1958年6月,由国家计划委员会、国家经济委员会联合下文,把基本建设预算编制办法、建筑安装预算定额、建筑安装间接费定额的制订权下放给省、直辖市、自治区人民政府。在当时极"左"思潮统治国家政治和经济生活,严重干扰和破坏社会主义中国秩序,经济建设远离了国情,各级基建管理机构的概预算部门被精简,设计单位概预算人员减少。只算政治账,不讲经济账,概预算控制投资的作用逐渐被削弱,使国家资源受到了极大损失和浪费。1959年,有的部门开始着手恢复定额与预算工作,特别是1962年党中央提出"调整、巩固、充实、提高"的方针后,定额和预算工作才得到较大规模的整顿和加强,使定额实行不断扩大。1959年11月,国务院财贸办公室、国家计委、国家建委联合做出决定,收回定额管理下放过大的权限,实行统一领导下的分级管理体制。1962年修订颁发了《全国建筑安装工程统一消耗定额》,定额水平比1956年提高4.58%。1966~1976年,十年动乱使已经形成和较完善的概预算定额管理工作遭到严重破坏和冲击。基本建设定额与概预算制度要么被贴上"封、资、修"的标签,要么被视作"管、卡、压"的枷锁,概预算和定额预管理机构被撤销,预算人员改行,大量基础资料被销毁,造成设计无概算,施工无预算,竣工无结算的现象。并建造了一批"边设计、边施工、边生产"的工程。

(3) 第三阶段(1976年~20世纪80年代末)概预算定额造价管理恢复、整顿和发展时期。

"文革"结束,国家开始恢复重建造价管理机构。党的十一届三中全会后,党的工作重点转移到了经济建设上来,特别是社会主义市场经济体制的逐步完善,使工程造价管理得到了很大的发展,已经形成了一个新兴学科。1978年颁发了《关于加强基本建设管理的几项规定》、《关于加强基本建设程序的若干规定》等文件;1979年颁发新版《建筑安装工程统一劳动定额》,定额水平按可比项目与 1966 年对比提高了 4.39%。1982 年中共中央、国务院发布了《关于国营工业企业进行全面整顿的决定》，将定额工作列入企业整顿的重要内容之一。1983 年，国家计委成立了基本建设标准定额研究所、基本建设标准定额局，各有关部门、各地区也陆续成立了相关的管理机构。1985 年，成立了中国工程建筑预算定额委员会，并随后相继发布了《关于改进工程建设概预算定额管理工作的若干规定》、《关于建筑安装工程费用项目划分暂行规定》、《关于工程建设其他费用项目划分暂行规定》、《关于加强工程建设标准定额工作的意见》、《关于编制建设工期定额的几点意见》、《关于建筑安装工程间接费定额制订修订工作的几点意见》等文件。这十多年来，国家主管部门、国务院各有关部门、各地区对建立健全工程造价管理制度，改进计价依据做了大量工作，为此我国造价管理体制走上了持续稳定发展道路。

（4）第四阶段（20 世纪 90 年代～2003 年）工程造价管理重大改革起步。

随着改革开放的发展，我国经济水平发生飞跃性的提高，市场经济迅猛发展，而与传统的计划经济相适应的概预算定额制度已不能适应具有中国特色的社会主义市场经济的发展，此时我国的工程造价管理在不断地变革，产生了量价分离，以市场形成价格为主，政府指导价格为辅的造价管理模式。从 1992 年全国工程建设标准定额工作会议至 1997 年全国工程建设标准定额工作会议期间，是我国推进工程造价管理机制深化改革的阶段。1996 年国家人事部及建设部已确定并行文建立注册造价工程师制度，对学科的建设与发展起了重要作用，标志着该学科已发展成为一个独立的、完整的学科体系。1999 年建设部发布了《建设工程施工发包与承包价格管理暂行规定》，对规范建筑工程发承包价格活动、工程造价计价依据和计价方法的改革起到了助推作用。

（5）第五阶段（2003 年～至今）现代工程造价管理阶段—工程量清单计价

2001 年我国加入世界贸易组织（WTO）后参与国际市场机会越来越多，但国内工程造价管理模式与国际通行的差异较大，从而阻碍了国内建筑业在国际上的发展，并使国外建筑企业难以进入中国市场。因此，工程造价管理部门以国际通行的工程造价管理模式为框架，结合中国国情，原建设部于 2003 年颁布《建设工程工程量清单计价规范》GB 50500—2003，并在全国范围内逐步推广工程量清单计价方法，这是我国工程造价管理过程中一个里程碑式的改革。"03 规范"经过 5 年多的实践，取得了不少经验，也存在不足。为此，住房和城乡建设部于 2008 年发布了新的《建设工程工程量清单计价规范》GB 50500－2008。随着社会生产力的不断提高、经济迅速发展，"08 规范"的造价管理面临着新的机遇和挑战。以原有规范为基础进行延伸和扩充，改进和完善了约束和管理功能；最大限度地体现与国际通用模式的融合，参考和采纳了大量的有益成果，充分体现了造价管理的国际化发展方向；以现有的建设工程造价管理的行业认识、实施水平为基础；广泛吸收国内典型企业的新思想、新理念和新做法，同时也大量地吸收和借鉴了国外相关国家和地区适应我国市场的管理理念和做法；为全过程、全功能和全方位的项目运作模式完善和将项目工作范围扩展为相对的全寿命周期奠定基础和总结以往经验的基础上，住房和城乡建设部与国家质量监督检验检疫总局于 2013 年发布施行了国家标准《建设工程工程量清单计价规范》GB 50500—2013。

1.1.5　造价工程师职业资格制度

1. 造价工程师的概念

造价工程师是指通过全国造价工程师执业资格统一考试或者资格认定、资格互认，取得中华人民共和国造价工程师执业资格，并按照《注册造价工程师管理办法》注册，取得中华人民共和国造价工程师注册执业证书和执业印章，从事建设工程造价活动的专业人员。未经注册的人员，不得以造价工程师的名义从事程造价活动。凡从事工程建设活动的建设、设计、施工、工程造价咨询等单位，必须在计价、评估、审查（核）、控制等岗位配备有造价工程师执业资格的专业技术人员。

2. 我国造价工程师执业资格制度的建立

随着我国社会主义市场经济体制的逐步建立，投融资体制不断改革和建设工程逐步推行招投标制度，工程造价管理逐步由政府定价转变为市场形成造价的机制，这对工程造价专业人员提出了更高的要求。因此，为了适应社会主义市场经济体制的需要，更好地发挥工程造价人员在工程建设中的作用，急需尽快规范工程造价专业人员的执业行为，提高工程造价人员的素质。

根据党的十一届三中全会《关于建立社会主义市场经济体制若干问题的决定》中提出实行学历与职业资格两种证书制度的精神，政府要对事关国家和社会公众利益、技术性强的行业或专业，通过建立执业资格制度来规范行业的秩序。1996 年 8 月，依据《人事部、建设部关于印发〈造价工程师执业资格制度暂行规定〉的通知》（人发〔1996〕77 号），明确国家在工程造价领域实施造价工程师执业资格制度。1998 年 1 月，人事部、建设部下发了《人事部、建设部关于实施造价工程师执业资格考试有关问题的通知》（人发〔1998〕8 号），并于当年在全国首次实施了造价工程师执业资格考试。

3. 造价工程师的考试与注册

（1）造价工程师执业资格考试

全国造价工程师执业资格考试由住房和城乡建设部与人力资源和社会保障部共同组织，实行全国统一大纲、统一命题、统一组织的办法，考试原则上每年举行一次。住房和城乡建设部负责考试大纲、培训教材的编写和命题工作，统一计划和组织考前培训等有关工作。培训工作按照与考试分开、自愿参加的原则进行。人力资源和社会保障部负责审定考试大纲、考试科目和试题，组织或授权实施各项考务工作，会同住房和城乡建设部对考试进行监督、检查、指导和确定合格标准。

① 报考条件。

凡中华人民共和国公民，遵纪守法并具备以下条件之一者，均可申请造价工程师执业资格考试：

a. 工程造价专业大专毕业，从事工程造价业务工作满 5 年；工程或工程经济类大专毕业，从事工程造价业务工作满 6 年。

b. 工程造价专业本科毕业，从事工程造价业务工作满 4 年；工程或工程经济类本科毕业，从事工程造价业务工作满 5 年。

c. 获上述专业第二学士学位或研究生班毕业和获硕士学位，从事工程造价业务工作满 3 年。

d. 获上述专业博士学位，从事工程造价业务工作满 2 年。

上述报考条件中有关学历的要求是指经教育部承认的正规学历，从事相关工作经历年限要求是指取得规定学历前、后从事该相关工作时间的总和。

② 考试科目。造价工程师执业资格考试分为四个科目：《建设工程造价管理》、《建设工程计价》、《建设工程技术与计量》（土建或安装）和《建设工程造价案例分析》。

对于长期从事工程造价业务工作的专业技术人员，凡符合造价工程师考试报考条件的，且在《造价工程师执业资格制度暂行规定》下发之日（1996 年 8 月26 日）前，已受聘担任高级专业技术职务并具备下列条件之一者，可免试《建设工程造价管理》、《建设工程技术与计量》两个科目，只参加《建设工程计价》、《建设工程造价案例分析》两个科目的考试。

a. 1970 年（含 1970 年，下同）以前工程或工程经济类本科毕业，从事工程造价业务满 15 年。

b. 1970 年以前工程或工程经济类大专毕业，从事工程造价业务满 20 年。

c. 1970 年以前工程或工程经济类中专毕业，从事工程造价业务满 25 年。

③ 考试周期

全国造价工程师执业资格考试实行滚动管理，滚动周期为两年，参加全部科目考试的人员，须在连续两个考试年度内通过全部科目的考试方可获得执业资格；免试部分科目的人员，须在一个考试年度内通过应试科目方可获得执业资格。

④ 证书取得

通过造价工程师执业资格考试合格者，由省、自治区、直辖市人事（职改）

部门颁发造价工程师执业资格证书，该证书全国范围内有效，并作为造价工程师注册的凭证。

(2) 造价工程师的注册

1) 注册管理部门。国务院建设行政主管部门负责全国造价工程师注册管理工作，造价工程师的具体工作委托中国建设工程造价管理协会办理。省、自治区、直辖市人民政府建设行政主管部门（以下简称省级注册机构）负责本行政区域内的造价工程师注册管理工作。特殊行业的主管部门（以下简称部门注册机构）经国务院建设行政主管部门认可，负责本行业内造价工程师注册管理工作。

2) 初始注册。经全国造价工程师执业资格统一考试合格的人员，应当在取得造价工程师执业资格考试合格证书后，可自资格证书签发之日起 1 年内持有关材料到省级注册机构或者部门注册机构申请初始注册。

超过规定期限申请初始注册的，除提交上述材料外，还应提交国务院建设行政主管部门认可的造价工程师继续教育证明。

申请造价工程师初始注册，按照下列程序办理：申请人向聘用单位提出申请；聘用单位审核同意后，连同规定的材料一并报单位注册所在地省级注册机构或者部门注册机构；省级注册机构或者部门注册机构对申请注册的有关材料进行初审，签署初审意见，报国务院建设行政主管部门；国务院建设行政主管部门对初审意见进行审核；对符合注册条件的，准予注册，并颁发《造价工程师注册证》和造价工程师执业专用章。

造价工程师初始注册的有效期限为 4 年，自核准注册之日起计算。

3) 延续注册。造价工程师注册有效期满要求继续执业的，应当在注册有效期满前 30 日前向省级注册机构或者部门注册机构申请延续注册。

申请造价工程师延续注册，应当提交下列材料：①延续注册申请表；②注册证书；③与聘任单位签订的劳动合同复印件；④前一注册期内工作业绩证明；⑤继续教育合格证书。

延续注册的有效期限为 4 年。自准予延续注册之日起计算。

4) 变更注册。在注册有效期内，注册造价工程师变更执业单位的，应当与原聘用单位解除劳动合同，按规定程序办理变更注册手续。变更注册后延续原注册有效期。

4. 造价工程师的执业

造价工程师是注册执业资格，造价工程师的执业必须依托所注册的工作单位，为了保护其所注册单位的合法权益并加强对造价工程师执业行为的监督和管理，我国规定造价工程师只能在一个单位注册和执业。造价工程师同时在两个以上单位执业的，由国务院建设行政主管部门注销《造价工程师注册证》，并收回执业专用章。

（1）执业范围

造价工程师的执业范围包括：

① 建设项目建议书、可行性研究投资估算的编制和审核，项目经济评价、工程概算、预算、结算、竣工结（决）算的编制和审核；

② 工程量清单、标底（或控制价）、投标报价的编制和审核，工程合同价款的签订及变更、调整、工程款支付与工程索赔费用的计算；

③ 建设项目管理过程中设计方案的优化、限额设计等工程造价分析与控制、工程保险理赔的核查；

④ 工程经济纠纷的鉴定。

（2）权利与义务

经造价工程师签字的工程造价成果文件，应当作为办理审批、报建、拨付工程款和工程结算的依据。造价工程师享有下列权利：

① 称谓权，即使用造价工程师名称；

② 执业权，即依法独立执业；

③ 签章权，即签署工程造价文件，加盖执业专用章；

④ 立业权，即申请设立工程造价咨询单位；

⑤ 保管权和使用权，即保管和使用本人的注册证书和执业印章；

⑥ 继续教育权，即参加继续教育。

造价工程师应履行有关管理规定。

① 遵守法律、法规，恪守职业道德；

② 接受继续教育，提高执业水平；

③ 保守在执业中知悉的国家秘密和他人的商业、技术秘密；

④ 保证执业活动成果的质量；

⑤ 与当事人有利害关系的，应当主动回避；

⑥ 执行工程造价计价标准和计价方法。

（3）执业道德准则

为了规范造价工程师的职业道德行为，提高行业声誉，造价工程师在执业中应信守以下职业道德行为准则：

① 遵守国家法律、法规和政策，执行行业自律性规定，珍惜职业声誉，自觉维护国家和社会公共利益。

② 遵守"诚信、公正、精业、进取"的原则，以高质量的服务和优秀的业绩，赢得社会和客户对造价工程师职业的尊重。

③ 勤奋工作，独立、客观、公正、正确地出具工程造价成果文件，使客户满意。

④ 诚实守信，尽职尽责，不得有欺诈、伪造、作假等行为。

⑤ 尊重同行，公平竞争，搞好同行之间的关系，不得采取不正当的手段损

害、侵犯同行的权益。

⑥ 廉洁自律，不得索取、收受委托合同约定以外的礼金和其他财物，不得利用职务之便谋取其他不正当的利益。

⑦ 造价工程师与委托方有利害关系的应当回避，委托方有权要求其回避。

⑧ 知悉客户的技术和商务秘密，负有保密义务。

⑨ 接受国家和行业自律性组织对其执业行为的监督检查。

5. 造价工程师的继续教育管理

造价工程师继续教育是指为提高造价工程师的业务素质，不断更新和掌握新知识、新技能、新方法所进行的岗位培训、专业教育、职业进修教育等。继续教育的组织和管理工作由政府行政主管部门会同造价协会负责。继续教育贯穿于造价工程师执业的整个过程。造价工程师每一注册有效期内应接受必修课和选修课各为 60 学时的继续教育。继续教育达到合格标准的，颁发继续教育合格证明。

1.2 建 设 项 目 概 述

1.2.1 建设项目概念及分类

1. 建设项目的概念

工程建设项目是指具有一定的投资，并在一定的约束条件下（时间、质量、成本等），经批准按照一个设计任务书的范围进行施工，在行政上是独立的组织形式，经济上实行统一核算、统一管理的建设工程实体。如一个工厂、一所学校、一所医院、一个房地产小区等均为工程建设项目。

2. 建设项目的分类

由于工程建设项目种类繁多，为了适应科学管理的需要，正确反映工程建设项目的性质、内容和规模，可从不同角度对工程建设项目进行分类。

（1）按建设项目性质分类

可分为新建项目、扩建项目、改建项目、迁建项目及恢复项目。

新建项目指原来没有而开始重新建设的项目；扩建项目指原有企业或事业单位由于自身发展的需求而增建的项目；改建项目是指原有企业或事业单位由于生产布局或功能性质的改变而改造原来固定资产的建设项目；迁建项目指原有企业或事业单位由于各种原因迁移到另外的地方建设的项目；恢复项目指原有企业或事业单位的固定资产因自然灾害、战争和人为灾害等原因造成全部或部分报废而需要重新投资恢复建设的项目。

（2）按建设项目用途分类

可分为生产性建设项目和非生产性建设项目。

生产性建设项目是指直接用于物质生产或直接为物质生产服务建设的项目，主要包括：工业建设、农业建设、商业建设、建筑业、林业、运输、邮电、基础设施以及物质供应等建设项目。非生产性建设项目（消费性建设）是指用于满足人民物质、文化和福利事业需要的建设项目和非物质生产部门的建设项目，包括：办公用房、居住建筑、公共建筑、文教卫生、科学实验、公用事业以及其他建设项目。

（3）按项目规模大小分类

可分为大型、中型、小型及特大型项目。

此种分类是按项目的建设总规模或总投资来确定的。新建项目按一个项目的全部设计能力或所需的全部投资（总概算）计算；扩建项目按扩建新增的设计能力或扩建所需投资（扩建总概算）计算，不包括扩建前原有的生产能力。建设项目大、中、小型划分标准，是国家规定的，而且随着经济发展，其具体规定会有所调整。按目前国家对总投资划分，能源、交通、原材料工业项目 5000 万元人民币以上，非工业项目 3000 万元人民币以上的为大中型项目，在此标准以下的为小型项目。特大型项目是指那些投资和风险巨大，极其复杂，具有宏伟目标以及高度社会关注性的工程建设项目。投资超过 2 亿元人民币的项目一般即可认为是特大型项目。

1.2.2 建 设 程 序

工程建设项目建设程序也称为基本建设程序。是建设项目在实施过程中各项工作必须要遵循的先后顺序，是由基本建设项目本身的特点和客观规律决定的，它是基本建设全过程中各个环节、各个步骤之间客观存在的先后顺序。进行工程项目建设，就必须按照科学的基本建设程序执行，就是要求基本建设工作必须按照符合客观规律要求的一定顺序进行，正确处理基本建设工作中从决策、勘察设计、建筑、安装、试车，直到竣工验收交付使用等各个阶段、各个环节之间的关系，这是关系基本建设工作全局的一个重要问题，也是按照自然规律和经济规律管理基本建设的一个根本原则。

建设程序的内容概括起来可分为决策、设计、准备与实施、生产准备与竣工验收等阶段。基本建设程序详见图 1-1。

1. 决策阶段

决策阶段包括项目建议书和可行性研究两个阶段。

（1）项目建议书阶段

项目建议书是项目筹建单位根据国民经济和社会发展的长远规划、行业规划、产业政策、生产力布局、市场、所在地的内外部条件等要求，经过调查、预测分析后，提出的某一具体项目的建议文件，是建设项目程序中最初阶段的工作，是对拟建项目的框架性设想，也是政府选择项目和开展可行性研究的依据。

编制项目建议书，一般应包括以下几个方面内容：

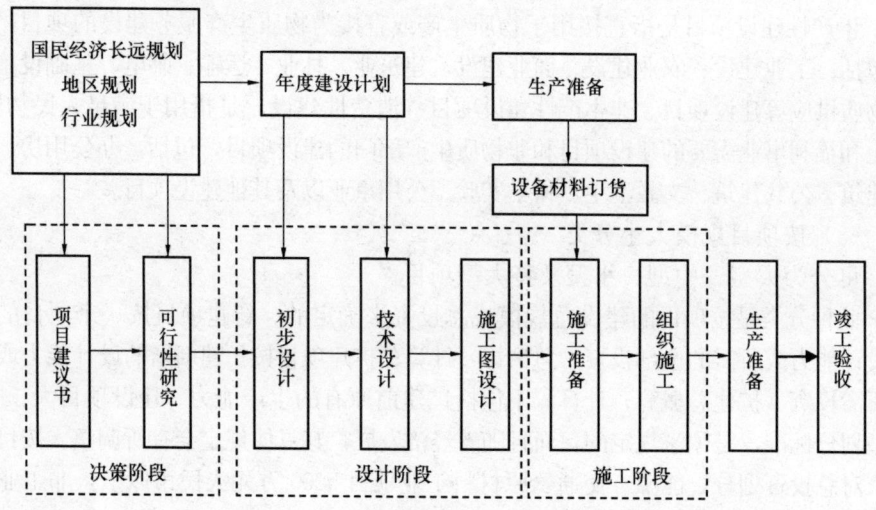

图 1-1   工程建设项目建设程序简图

① 建设项目提出的必要性和依据;

② 拟建规模、建设方案;

③ 建设的主要内容;

④ 建设地点的初步设想情况、资源情况、建设条件、协作关系等的初步分析;

⑤ 投资估算和资金筹措及还贷方案;

⑥ 项目进度安排;

⑦ 经济效益和社会效益的估计;

⑧ 环境影响的初步评价。

项目建议书的主要作用是为了推荐一个拟进行建设的项目的初步说明,论述它建设的必要性、重要性、条件的可行性和获得的可能性,供上级政府部门进行决策、选择和确定是否进行下一步工作的依据。

(2) 可行性研究报告阶段

可行性研究报告是项目决策的依据。是指由业主委托有能力和咨询资质的咨询单位对项目在技术上是否可行和经济上是否合理进行科学的分析和论证。可行性研究要依据国民经济的发展计划,对建设项目的投资建设,从技术和经济两个方面进行全面的、系统的、科学的、综合性的研究、分析、论证,得出是否可行的初步结论。如可行,应提出可行性报告,有的需要提出不同的方案,择优选用。特别是对重大的建设项目,要广泛征求社会各界,包括有关方面专家、学者和企业的意见,认真进行科学论证。最后提出是否可行的结论及具体实施的意见建议,并形成报告。可行性研究报告一般包括以下基本内容:

① 总论;

② 建设规模和建设方案;

③ 市场预测和确定的依据;

④ 建设标准、设备方案、工程技术方案;

⑤ 原材料、燃料供应、动力、运输、供水等协作配合条件;

⑥ 建设地点、占地面积、布置方案;

⑦ 项目设计方案;

⑧ 节能、节水措施;

⑨ 环境影响评价;

⑩ 劳动安全卫生与消防;

⑪ 组织机构与人力资源配置;

⑫ 项目实施进度计划;

⑬ 投资估算;

⑭ 融资方案;

⑮ 财务评价;

⑯ 经济效益评价;

⑰ 社会效益评价;

⑱ 风险分析;

⑲ 招标投标内容和核准招标投标事项;

⑳ 研究结论与建议;

㉑ 附图、附表、附件。

可行性研究报告经上级主管部门审查并批复后将作为设计阶段的依据。批复中一般会明确建设规模、主要的技术、工艺、投资额及其构成、资金来源等。且其批准的投资估算金额是工程造价的控制目标。

项目建议书和可行性研究报告的批复都可作为工程建设项目立项的标志。对于一些各方面相对单一、技术工艺要求不高、前期工作成熟,如教育、卫生等方面的项目,项目建议书和可行性研究报告也可以合并,一步编制项目可行性研究报告,也就是通常说的可行性研究报告代项目建议书。

可行性研究应按国家规定达到一定的深度和准确性,其投资估算和项目建议书或立项批复的投资额的差额应控制在10%以内,否则将对项目进行重新决策。

2. 设计阶段

可行性研究报告批准后,项目业主应委托或采用设计招标方式确定有相应资质的设计单位,按照批准的可行性研究报告的要求,编制设计文件。建设项目一般采用两段设计:初步设计和施工图设计。重大工程项目或技术较复杂的项目应进行三段设计:即初步设计、技术设计和施工图设计。

（1）初步设计

初步设计是一项带有规划性质的轮廓设计。是根据批准的可行性研究报告和必要而准确的设计基础资料，对设计对象进行通盘研究，阐明在指定的地点、时间和投资控制数内，拟建工程在技术上的可能性和经济上的合理性。通过对设计对象做出的基本技术规定，编制项目的总概算。初步设计文件经批准后，总平面布置、主要工艺过程、主要设备、建筑面积、建筑结构、总概算等不得随意修改、变更。批准后的设计概算即为工程投资的最高限额，未经批准，不得随意突破。确因不可抗拒因素造成初步设计提出的总概算超过可行性研究报告确定的总投资估算 10％以上，或其他主要指标需要变更时，要重新报批可行性研究报告并上报原批准部门审批。

初步设计主要内容包括：

① 设计依据、原则、范围和设计的指导思想；

② 自然条件和社会经济状况；

③ 工程建设的必要性；

④ 设规模、建设内容、建设方案、原材料、燃料和动力等的用量及来源；

⑤ 技术方案及工艺流程、主要设备选型和配置；

⑥ 主要建筑物、构筑物、公用辅助设施等的建设；

⑦ 占地面积和土地使用情况；

⑧ 总体运输；

⑨ 外部协作配合条件；

⑩ 综合利用、节能、节水、环境保护、劳动安全和抗震措施；

⑪ 生产组织、劳动定员和各项技术经济指标；

⑫ 工程投资及财务分析；

⑬ 资金筹措及实施计划；

⑭ 总概算表及其构成；

⑮ 附图、附表、附件。

（2）技术设计

技术设计是初步设计的深化。它的内容包括：进一步确定初步设计所采用的产品方案和工艺流程，校正初步设计中设备的选择和建筑物的设计方案以及其他重大技术问题。同时，在技术设计阶段，还应编制修正的总概算。一般修正的总概算不得超过初步设计的总概算。

（3）施工图设计

初步设计文件经批准后，建设单位即可通过招标、比选等方式择优选择设计单位进行施工图设计。施工图设计是初步设计和技术设计的具体化。其主要内容是根据批准的初步设计，绘制出正确、完整和尽可能详尽的建筑安装图纸。其设计深度应满足设备材料的安排、非标设备的制作以及建筑工程施工要求等。它是施工单位组织施工的基本依据。其主内容包括：具体确定各种型号、规格、设备及各种非标准设备的施工图；完整表现建筑物外形、内部空间分割、结构体系及建筑群组成和周围环境配合的施工图；各种运输、通信、管道系统、建筑设备的设计等。同时，在施工图设计阶段，还应根据施工图编制施工图预算，施工图预算同样一般不得超过总概算。

3. 准备与实施阶段

根据批准的设计文件和基本建设计划，可以着手建设项目的建设准备，其主要内容有以下几项：

(1) 准备必要的施工图纸；

(2) 组织设计文件的编审；

(3) 安排年度基本建设计划；

(4) 征地、拆迁和场地平整；

(5) 完成"三通一平"，即通路、通电、通水，修建临时生产和生活设施；

(6) 申报物资采购计划、组织设备、材料订货，作好开工前准备，包括计划、组织、监督等管理工作的准备，以及材料、设备、运输等物质条件的准备；组织大型专用设备预订和安排特殊材料的订货；

(7) 落实地方材料供应，办理征地拆迁手续；

(8) 提供必要的勘察测量资料；

(9) 落实水、电、道路等外部建设条件和施工力量等。

建设准备完成后，建设单位可以用招标方式选定施工单位和签订施工合同。施工单位要认真做好图纸会审，根据施工验收规范明确质量要求，并编制各单项工程的施工组织设计，编制材料、半成品和成品的需用量计划，组织材料及预制品的供应，以及委托加工订货等。严格按照施工图样的要求，有计划地进行施工，确保工程质量并按期完工。建设单位要做好各方面的配合协调工作，保证施工正常进行。

4. 生产准备与竣工验收阶段

在施工单位进行全面施工的同时，建设单位应积极地做好各项生产准备工作，以保证工程建成后能及时试车投产。生产准备工作的内容包括：培训生产人员，组织生产人员参加生产设备的安装、调试和验收；制定严格的组织生产管理制度和岗位生产操作规程；准备原材料、能源动力以及生产工具、器具等。

建设项目按照批准的设计内容建成后，都必须及时组织验收。这是基本建设程序的最终环节，是鉴定工程质量、办理工程转移手续的阶段。竣工项目经验收合格的，办理竣工手续，由基本建设阶段转入生产阶段，交付使用。

(1) 竣工验收的范围和标准

根据国家现行规定，凡新建、扩建、改建的基本建设项目和技术改造项目，按批准的设计文件所规定的内容建成，符合验收标准的，必须及时组织验收，办理固定资产移交手续。进行竣工验收必须符合以下要求：

① 项目已按设计要求完成，能满足生产使用；

② 主要工艺设备配套设施经联动负荷试车合格，形成生产能力，能够生产出设计文件所规定的产品；

③ 生产准备工作能适应投产的需要；

④ 环保设施、劳动安全卫生设施、消防设施已按设计要求与主体工程同时建成使用。

（2）竣工验收程序

① 根据建设项目的规模大小和复杂程度，整个项目的验收可分为初步验收和竣工验收两个阶段进行。规模较大、较为复杂的建设项目，应先进行初验，然后进行全部项目的竣工验收。规模较小、较简单的项目可以一次进行全部项目的竣工验收；

② 建设项目在竣工验收之前，由建设单位组织施工、设计及使用等单位进行初验。初验前由施工单位按照国家规定，整理好文件、技术资料，向建设单位提出交工报告。建设单位接到报告后，应及时组织初步验收；

③ 建设项目全部完成，经过各单项工程的验收，符合设计要求，并具备竣工图表、竣工决算、工程总结等必要文件资料，由项目主管部门或建设单位向负责验收的单位提出竣工验收申请报告。

对工业项目，需经负荷试运转和试生产的考核；对非工业项目，若符合设计要求，能正常使用，就可及时组织验收并交付使用；对大型联合企业，可以分期分批验收。验收时应有竣工验收报告、地下工程和隐蔽工程原始记录、竣工图和其他技术档案，这些技术文件交给建设单位存档保存。

1.3 建设工程概预算文件及分类

建设工程概预算文件是确定建设项目全部建设费用的经济文件，它包括建设项目从筹建到竣工验收各阶段确定工程造价的各种概预算书。按工程项目对象分类的工程概预算表现形式可分为建设项目总概预算书、单项工程综合概预算书、单位工程概预算书、其他工程费用概预算书和分项工程概预算书。

1.3.1 建设项目总概预算

建设项目总概预算书是确定一个建设项目从筹建到竣工验收过程的全部费用的文件，总概预算书一般由以下几部分组成：

（1）编制说明；

（2）工程项目综合概预算书；

（3）主要材料及设备数量清单；

（4）其他工程和费用概预算书；

（5）工程预备费；

（6）技术经济指标。

1.3.2 单项工程综合概预算

单项工程综合概预算书是确定单项工程建设费用的综合性文件，它是由各专业的单位工程概预算书所组成，是建设项目总概预算书的组成部分。单项工程综合概预算书一般由以下几部分组成：

（1）编制说明

编制说明列在综合概预算书前面，一般包括：

① 编制依据，说明设计文件、定额、材料及费用计算依据等；

② 编制方法，对于概算书说明采用的是概算定额还是概算指标；对于预算书说明采用的调价系数等、一些调整系数的确定等需要特殊说明的问题；

③ 主要材料和设备数量，说明主要建筑安装材料（钢材、木材、水泥、管道）、设备等的规格、数量等。

（2）综合概预算表

对于民用建设项目，综合概预算表一般包括一般土建工程、给水排水、暖通空调、燃气、电气设备安装工程等几个单位工程概预算表。

1.3.3 单位工程概预算

单位工程概预算书是单项工程综合概预算书的组成部分。是确定某一单项工程内的某个单位工程建设费用的文件。单位工程概预算书是根据设计图纸和概算指标、概算定额、预算定额、间接费率、计划利润率、税金和国家的有关规定等资料编制的。其包括建筑工程概预算和设备及其安装工程概预算两大类。是具体确定单项工程内各个专业工程计算费用的建设费用的文件，如土建工程、给水排水工程、电气工程、采暖、通风、空调及其他专业工程等。

1.3.4 其他工程费用概预算

其他工程费用概预算书是确定建筑工程、设备及其安装工程之外，与整个建设工程有关的费用，如土地征购费、拆迁费、工程勘察设计费、建设单位管理费、科研试验费、试车费等。这些费用均应在建设项目投资中支付，并列入建设项目总概预算书或单项工程综合概预算书中的其他工程费用文件中。它是根据设计文件和国家、各省市、自治区和主管部门规定的取费定额或标准以及相应的计算方法编制的。是以独立的项目列入总概算或综合概算书中的。

1.3.5　分项工程概预算

分项工程概预算书在土建公司，一般是作为单位工程概预算书的组成部分而不单独编制，但在专业施工公司（如机械化施工公司），则要根据其承担的专业施工项目进行编制。

1.3.6　建设工程概预算分类

建设生产活动是一项多环节、多因素、多专业、涉及广泛，内部、外部联系密切，综合性很强的复杂活动。一个建设项目，在立项之前和立项之后，工程的完成一般都要经过可行性研究（计划任务书）、设计、施工、竣工验收交付使用等阶段，每个阶段都要对建筑产品形成所需要的费用进行确定。这种随着工程进行阶段的不同和设计深度的不同所进行的工程建设费用的一系列计算过程即为建设工程概预算。建设工程概预算可按建设项目生命期分类和按工程项目对象分类两种方法，具体可归纳如图 1-2 所示。

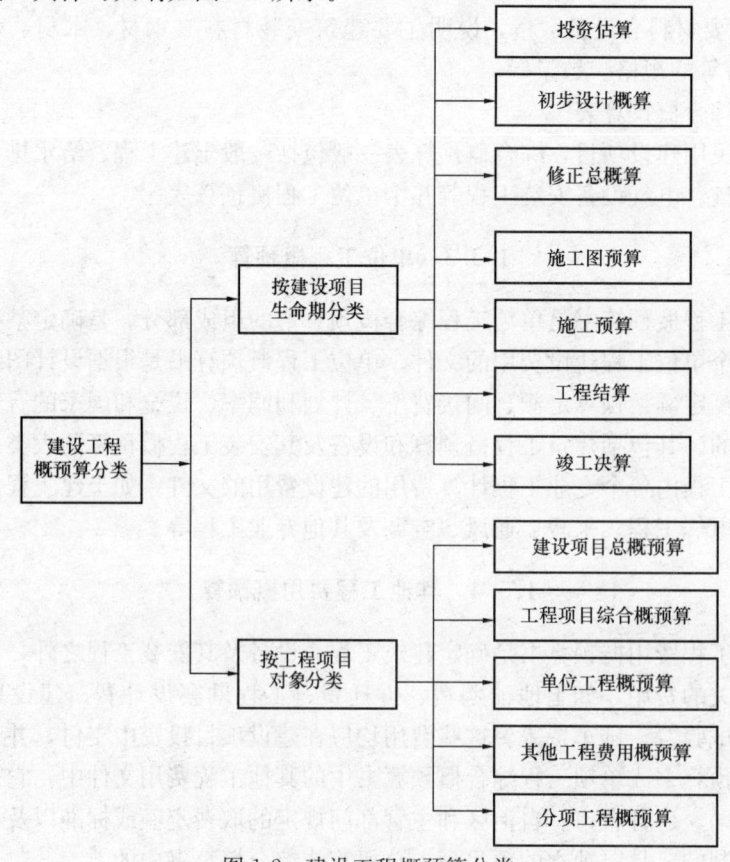

图 1-2　建设工程概预算分类

复 习 思 考 题

1. 简述工程概预算在我国的发展？
2. 工程概预算的特点？
3. 什么是造价工程师？造价工程师的权利和义务是什么？
4. 画图说明工程建设项目的建设程序。
5. 简述建设项目总概预算书的组成。

第2章 建设工程造价

2.1 建设工程造价

建设工程造价，就是建设工程从设想立项开始，经可行性研究、勘察设计、建设准备、工程施工、竣工投产这一全过程所耗费的费用之和。建设工程造价是按国家规定的计算标准、定额、计算规则、计算方法和有关政策法令，预先计算出来的价格，所以也称为"建设工程预算造价"。这样计算出来的价格，实际上是计划价格。如果将工程造价形成的全过程进行控制和管理，即工程造价管理，就能准确地掌握投入产出，控制投资，节约资金，提高投资效益。

2.2 建设工程造价费用的构成

建设工程造价即建设工程产品的价格，它的组成既要受到价值规律的制约，也要受到各类市场因素的影响。我国现行的建设工程造价的构成主要划分为建筑安装工程费用，设备、工器具购置费用，工程建设其他费用，预备费用，建设期贷款利息等。具体构成内容如图 2-1 所示。

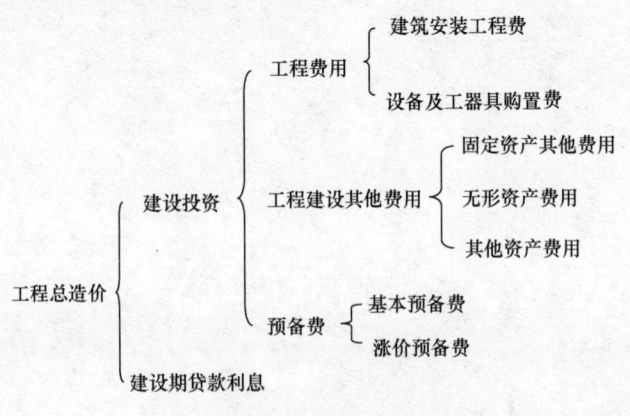

图 2-1 建设工程造价费用的构成

2.2.1 建筑安装工程费用

在工程建设中，建筑安装工程是一项主要的建设环节。建筑安装工程费用由建筑工程费用和安装工程费用两部分组成，在项目投资费用中占有相当大的比例，因此，国家制定了建筑安装工程的有关定额、标准、规则、方法来计算这部分费用。

建筑安装工程费用项目按费用构成要素组成划分为人工费、材料费、施工机具使用费、企业管理费、利润、规费和税金。其构成及计算详见 3.5.2。

2.2.2　设备、工器具购置费用

设备、工器具购置费用是购置在建工程项目所要求的用于生产或服务于生产、办公和生活的各种设备、工具、器具、生产家具等的费用。它由设备购置费和工具、器具及生产家具购置费所组成。

2.2.3　工程建设其他费用

工程建设其他费用是指从工程筹建起到工程竣工验收交付使用止的整个建设期间，除建筑安装工程费用和设备、工器具购置费外的，为保证工程建设顺利完成和交付使用后能够正常发挥效用而发生的各项费用总和。工程建设其他费用包括应在建设项目的建设投资中开支的固定资产其他费用、无形资产费用和其他资产费用。对工程建设其他费用，各地征收的费用名称及计算方法差异较大。

1. 固定资产其他费用

（1）建设管理费

建设管理费是指建设单位从项目筹建开始直至工程竣工验收合格或交付使用为止发生的项目建设管理费用。建设管理费包含以下内容：

① 建设单位管理费

建设单位管理费是指建设单位发生的管理性质的开支。包括：工作人员工资、工资性补贴、施工现场津贴、职工福利费、住房基金、基本养老保险费、基本医疗保险费、失业保险费、工伤保险费、办公费、差旅交通费、劳动保护费、工具用具使用费、固定资产使用费、必要的办公及生活用品购置费、必要的通信设备及交通工具购置费、零星固定资产购置费、招募生产工人费、技术图书资料费、业务招待费、设计审查费、工程招标费、合同契约公证费、法律顾问费、咨询费、完工清理费、竣工验收费、印花税和其他管理性质开支。

② 工程监理费

工程监理费是指建设单位委托工程监理单位实施工程监理的费用。此项费用应按国家发改委与建设部联合发布的《建设工程监理与相关服务收费管理规定》（发改价格〔2007〕670 号）计算。依法必须实行监理的建设工程施工阶段的监理收费实行政府指导价；其他建设工程施工阶段的监理收费和其他阶段的监理与相关服务收费实行市场调节价。

（2）建设用地费

任何一个建设项目都固定于一定地点与地面相连接，必须占用一定量的土地，也就必然要发生为获得建设用地而支付的费用，这就是土地使用费。它是指通过划拨方式取得土地使用权而支付的土地征用及迁移补偿费，或者通过土地使用权出让方式取得土地使用权而支付的土地使用权出让金。

① 土地征用及迁移补偿费

土地征用及迁移补偿费，是指建设项目通过划拨方式取得无限期的土地使用权，依照《中华人民共和国土地管理法》等规定所支付的费用。

② 土地使用权出让金

土地使用权出让金，指建设项目通过土地使用权出让方式，取得有限期的土地使用权，依照《中华人民共和国城镇国有土地使用权出让和转让暂行条例》规定，支付的土地使用权出让金。

（3）可行性研究费

可行性研究费是指在建设项目前期工作中，编制和评估项目建议书（或预可行性研究报告）、可行性研究报告所需的费用。此项费用应依据前期研究委托合同计列，或参照《国家计委关于印发〈建设项目前期工作咨询收费暂行规定〉的通知》（计投资〔1999〕1283 号）规定计算。

（4）研究试验费

研究试验费是指为建设项目提供和验证设计参数、数据、资料等所进行的必要的试验费用以及设计规定在施工中必须进行试验、验证所需费用。包括自行或委托其他部门研究试验所需人工费、材料费、试验设备及仪器使用费等。这项费用按照设计单位根据本工程项目的需要提出的研究试验内容和要求计算。在计算时要注意不应包括以下项目：

① 应由科技三项费用（即新产品试制费、中间试验费和重要科学研究补助费）开支的项目。

② 应在建筑安装费用中列支的施工企业对建筑材料、构件和建筑物进行一般鉴定、检查所发生的费用及技术革新的研究试验费。

③ 应由勘察设计费或工程费用中开支的项目。

（5）勘察设计费

勘察设计费是指委托勘察设计单位进行工程水文地质勘察、工程设计所发生的各项费用。包括：工程勘察费、初步设计费（基础设计费）、施工图设计费（详细设计费）、设计模型制作费。此项费用应按《工程勘察设计收费标准（2002年修订本）》的规定计算。

（6）环境影响评价费

环境影响评价费是指按照《中华人民共和国环境保护法》、《中华人民共和国环境影响评价法》等规定，为全面、详细评价本建设项目对环境可能产生的污染或造成的重大影响所需的费用。包括编制环境影响报告书（含大纲）、环境影响报告表以及对环境影响报告书（含大纲）、环境影响报告表进行评估等所需的费用。此项费用可参照《关于规范环境影响咨询收费有关问题的通知》（计价格〔2002〕125号）规定计算。

（7）劳动安全卫生评价费

劳动安全卫生评价费是指按照劳动部《建设项目（工程）劳动安全卫生监察规定》和《建设项目（工程）劳动安全卫生预评价管理办法》的规定，为预测和分析建设项目存在的职业危险、危害因素的种类和危险危害程度，并提出先进、科学、合理可行的劳动安全卫生技术和管理对策所需的费用。包括编制建设项目劳动安全卫生预评价大纲和劳动安全卫生预评价报告书以及为编制上述文件所进行的工程分析和环境现状调查等所需费用。必须进行劳动安全卫生预评价的项目包括：

① 属于国家计划委员会、国家基本建设委员会（已变更）、财政部《关于基本建设项目和大中型划分标准的规定》中规定的大中型建设项目。

② 属于《建筑设计防火规范》中规定的火灾危险性生产类别为甲类的建设项目。

③ 属于劳动部颁布的《爆炸危险场所安全规定》中规定的爆炸危险场所等级为特别危险场所和高度危险场所的建设项目。

④ 大量生产或使用《职业性接触毒物危害程度分级》规定的Ⅰ级、Ⅱ级危害程度的职业性接触毒物的建设项目。

⑤ 大量生产或使用石棉粉料或含有 10% 以上的游离二氧化硅粉料的建设项目。

⑥ 其他由劳动行政部门确认的危险、危害因素大的建设项目。

（8）场地准备及临时设施费

① 场地准备及临时设施费的内容

a. 建设项目场地准备费是指建设项目为达到工程开工条件所发生的场地平整和对建设场地余留的有碍于施工建设的设施进行拆除清理的费用。

b. 建设单位临时设施费是指为满足施工建设需要而供到场地界区的、未列入工程费用的临时水、电、路、信、气等其他工程费用和建设单位的现场临时建（构）筑物的搭设、维修、拆除、摊销或建设期间租赁费用，以及施工期间专用公路或桥梁的加固、养护、维修等费用。

② 场地准备及临时设施费的计算

a. 场地准备及临时设施应尽量与永久性工程统一考虑。建设场地的大型土石方工程应进入工程费用中的总图运输费用中。

b. 新建项目的场地准备和临时设施费应根据实际工程量估算，或按工程费用的比例计算。改扩建项目一般只计拆除清理费。

$$场地准备和临时设施费＝工程费用×费率＋拆除清理费 \qquad (2-1)$$

c. 发生拆除清理费时可按新建同类工程造价或主材费、设备费的比例计算。凡可回收材料的拆除工程采用以料抵工方式冲抵拆除清理费。

d. 此项费用不包括已列入建筑安装工程费用中的施工单位临时设施费用。

(9) 引进技术和引进设备其他费

① 引进项目图纸资料翻译复制费、备品备件测绘费。可根据引进项目的具体情况计列或按引进货价（FOB）的比例估列；引进项目发生备品备件测绘费时按具体情况估列。

② 出国人员费用。包括买方人员出国设计联络、出国考察、联合设计、监造、培训等所发生的旅费、生活费等。依据合同或协议规定的出国人次、期限以及相应的费用标准计算。生活费按照财政部、外交部规定的现行标准计算，旅费按中国民航公布的票价计算。

③ 来华人员费用。包括卖方来华工程技术人员的现场办公费用、往返现场交通费用、接待费用等。依据引进合同或协议有关条款及来华技术人员派遣计划进行计算。来华人员接待费用可按每人次费用指标计算。引进合同价款中已包括的费用内容不得重复计算。

④ 银行担保及承诺费。指引进项目由国内外金融机构出面承担风险和责任担保所发生的费用以及支付贷款机构的承诺费用。应按担保或承诺协议计取。投资估算和概算编制时可以担保金额或承诺金额为基数乘以费率计算。

(10) 工程保险费

工程保险费是指建设项目在建设期间根据需要对建筑工程、安装工程、机器设备和人身安全进行投保而发生的保险费用。包括建筑安装工程一切险、引进设备财产保险和人身意外伤害险等。

根据不同的工程类别，分别以其建筑、安装工程费乘以建筑、安装工程保险费率计算。民用建筑（住宅楼、综合性大楼、商场、旅馆、医院、学校）占建筑工程费的 2‰～4‰；其他建筑（工业厂房、仓库、道路、码头、水坝、隧道、桥梁、管道等）占建筑工程费的 3‰～6‰；安装工程（农业、工业、机械、电子、电器、纺织、矿山、石油、化学及钢铁工业、钢结构桥梁）占建筑工程费的 3‰～6‰。

(11) 联合试运转费

联合试运转费是指新建项目或新增加生产能力的工程，在交付生产前按照批准的设计文件所规定的工程质量标准和技术要求，进行整个生产线或装置的负荷联合试运转或局部联动试车所发生的费用净支出（试运转支出大于收入的差额部分费用）。试运转支出包括试运转所需原材料、燃料及动力消耗、低值易耗品、其他物料消耗、工具用具使用费、机械使用费、保险金、施工单位参加试运转人员工资以及专家指导费等；试运转收入包括试运转期间的产品销售收入和其他收入。联合试运转费不包括应由设备安装工程费用开支的调试及试车费用以及在试运转中暴露出来的因施工原因或设备缺陷等发生的处理费用。

（12）特殊设备安全监督检验费

特殊设备安全监督检验费是指在施工现场组装的锅炉及压力容器、压力管道、消防设备、燃气设备、电梯等特殊设备和设施，由安全监察部门按照有关安全监察条例和实施细则以及设计技术要求进行安全检验，应由建设项目支付的、向安全监察部门缴纳的费用。此项费用按照建设项目所在省（市、自治区）安全监察部门的规定标准计算。无具体规定的，在编制投资估算和概算时可按受检设备现场安装费的比例估算。

（13）市政公用设施费

市政公用设施费是指使用市政公用设施的建设项目，按照项目所在地省一级人民政府有关规定建设或缴纳的市政公用设施建设配套费用以及绿化工程补偿费用。此项费用按工程所在地人民政府规定标准计列。

2. 无形资产费用

无形资产费用是指直接形成无形资产的建设投资，主要包括专利及专有技术使用费。

（1）专利及专有技术使用费的主要内容

① 国外设计及技术资料费、引进有效专利、专有技术使用费和技术保密费。

② 国内有效专利、专有技术使用费用。

③ 商标权、商誉和特许经营权费等。

（2）专利及专有技术使用费的计算

在专利及专有技术使用费的计算时应注意以下问题：

① 按专利使用许可协议和专有技术使用合同的规定计列。

② 专有技术的界定应以省、部级鉴定批准为依据。

③ 项目投资中只计需在建设期支付的专利及专有技术使用费。协议或合同规定在生产期支付的使用费应在生产成本中核算。

④ 一次性支付的商标权、商誉及特许经营权费按协议或合同规定计列。协议或合同规定在生产期支付的商标权或特许经营权费应在生产成本中核算。

⑤ 为项目配套的专用设施投资，包括专用铁路线、专用公路、专用通信设施、送变电站、地下管道、专用码头等，如由项目建设单位负责投资但产权不归属本单位的，应作无形资产处理。

3. 其他资产费用

其他资产费用是指建设投资中除形成固定资产和无形资产以外的部分，主要包括生产准备及开办费等。

（1）生产准备及开办费的内容

是指建设项目为保证正常生产（或营业、使用）而发生的人员培训费、提前进厂费以及投产使用必备的生产办公、生活家具用具及工器具等购置费用。包括：

① 人员培训费及提前进厂费。包括自行组织培训或委托其他单位培训的人员工资、工资性补贴、职工福利费、差旅交通费、劳动保护费、学习资料费等。

② 为保证初期正常生产（或营业、使用）所必需的生产办公、生活家具用具购置费。

③ 为保证初期正常生产（或营业、使用）必需的第一套不够固定资产标准的生产工具、器具、用具购置费。不包括备品备件费。

（2）生产准备及开办费的计算

① 新建项目按设计定员为基数计算，改扩建项目按新增设计定员为基数计算：

$$生产准备费＝设计定员×生产准备费指标（元/人） \qquad (2-2)$$

② 可采用综合的生产准备费指标进行计算，也可以按费用内容的分类指标计算。

2.2.4　预　备　费

按我国现行规定，预备费包括基本预备费和涨价预备费。

1. 基本预备费

（1）基本预备费的内容

基本预备费是指针对在项目实施过程中可能发生难以预料的支出，需要事先预留的费用，又称工程建设不可预见费，主要指设计变更及施工过程中可能增加工程量的费用，基本预备费一般由以下三部分构成：

① 在批准的初步设计范围内，技术设计、施工图设计及施工过程中所增加的工程费用；设计变更、工程变更、材料代用、局部地基处理等增加的费用。

② 一般自然灾害造成的损失和预防自然灾害所采取的措施费用。实行工程保险的工程项目，该费用应适当降低。

③ 竣工验收时为鉴定工程质量对隐蔽工程进行必要的挖掘和修复费用。

（2）基本预备费的计算

基本预备费是按工程费用和工程建设其他费用二者之和为计取基础，乘以基本预备费费率进行计算。

$$基本预备费＝（工程费用＋工程建设其他费用）×基本预备费费率 \qquad (2-3)$$

基本预备费费率的取值应执行国家及部门的有关规定。

2. 涨价预备费

（1）涨价预备费的内容

涨价预备费是指针对建设项目在建设期间内由于材料、人工、设备等价格可能发生变化引起工程造价变化，而事先预留的费用，亦称为价格变动不可预见费。涨价预备费的内容包括：人工、设备、材料、施工机械的价差费，建筑安装工程费及工程建设其他费用调整，利率、汇率调整等增加的费用。

（2）涨价预备费的计算

涨价预备费一般根据国家规定的投资综合价格指数，按估算年份价格水平的投资额为基数，采用复利方法计算。计算公式为：

$$PF = \sum_{t=1}^{n} I_t \left[(1+f)^m (1+f)^{0.5} (1+f)^{t-1} - 1 \right] \tag{2-4}$$

式中　PF——涨价预备费；

　　　n——建设期年份数；

　　　I_t——建设期中第 t 年的投资计划额，包括工程费用、工程建设其他费用及基本预备费，即第 t 年的静态投资；

　　　f——年均投资价格上涨率；

　　　m——建设前期年限（从编制估算到开工建设，单位：年）。

2.2.5　建设期贷款利息

建设期利息包括向国内银行和其他非银行金融机构贷款、出口信贷、外国政府贷款、国际商业银行贷款以及在境内外发行的债券等在建设期间应计的借款利息。

当总贷款是分年均衡发放时，建设期利息的计算可按当年借款在年中支用考虑，即当年贷款按半年计息，上年贷款按全年计息。计算公式为：

$$q_j = \left(P_{j-1} + \frac{1}{2} A_j \right) \cdot i \tag{2-5}$$

式中　q_j——建设期第 j 年应计利息；

　　　P_{j-1}——建设期第（$j-1$）年末累计贷款本金与利息之和；

　　　A_j——建设期第 j 年贷款金额；

　　　i——年利率。

2.3　建设工程造价的计算

我国现行的建设工程造价构成与各项费用的计算方法见表 2-1。

建设工程造价构成与各项费用计算方法   表 2-1

序　号	费用名称	计算基础
(一)	分部分项工程费	分部分项合计
1.1	其中：人工费	分部分项人工费
1.2	其中：机械费	分部分项机械费
(二)	措施项目费	按计价规定计算
2.1	其中：安全文明施工费	按规定标准计算
(三)	其他项目费	
3.1	其中：暂列金额	按计价规定估算
3.2	其中：专业工程暂估价	按计价规定估算
3.3	其中：计日工	按计价规定估算
3.4	其中：总承包服务费	按计价规定估算
(四)	规费	按规定标准计算
(五)	税金(扣除不列入计税范围的工程设备金额)	[(一)+(二)+(三)+(四)]×规定税率
(六)	工程造价	(一)+(二)+(三)+(四)+(五)
(七)	建设期贷款利息	按实际利率计算
(八)	建设项目总造价	(六)+(七)

2.4　建设工程造价计价方法

2.4.1　工程造价计价的基本表达式

　　工程造价计价的形式和方法有多种，各不相同，但计价的基本过程和原理是相同的。如果仅从工程费用计算角度分析，工程造价计价的顺序是：分部分项工程单价→单位工程造价→单项工程造价→建设项目总造价。影响工程造价的主要因素有两个，即基本构造要素的单位价格和基本构造要素的实物工程数量，可用下列基本计算式表达：

$$工程造价＝\Sigma（工程实物量×单位价格）\qquad(2-6)$$

　　基本子项的单位价格高，工程造价就高；基本子项的实物工程数量大，工程造价也就大。在进行工程造价计价时，实物工程量的计量单位是由单位价格的计量单位决定的。如果单位价格计量单位的对象取得较大，得到的工程估算就较粗，反之则工程估算较细较准确。基本子项的工程实物量可以通过工程量计算规则和设计图纸计算而得，它可以直接反映工程项目的规模和内容。

对基本子项的单位价格分析，可以有两种形式：

(1) 直接费单价，如果分部分项工程单位价格仅仅考虑人工、材料、机械资源要素的消耗量和价格形成，即单位价格＝∑（分部分项工程的资源要素消耗量×资源要素的价格），该单位价格是直接费单价。资源要素消耗量的数据经过长期的收集、整理和积累形成了工程建设定额，它是工程计价的重要依据，它与劳动生产率、社会生产力水平、技术和管理水平密切相关。

(2) 综合单价，如果在单位价格中还考虑直接费以外的其他一切费用，则构成的是综合单价。

2.4.2　工程造价的计价方法

(1) 直接费单价——定额计价方法

直接费单价只包括人工费、材料费和机械台班使用费，它是分部分项工程的不完全价格。我国现行有两种计价方式，一种是单位估价法，它是运用定额单价计算的，即首先计算工程量，然后查定额单价（基价），与相对应的分项工程量相乘，得出各分项工程的人工费、材料费、机械费，再将各分项工程的上述费用相加，得出分部分项工程的直接费；另一种是实物估价法，它首先计算工程量，然后套基础定额，计算人工、材料和机械台班消耗量，将所有分部分项工程资源消耗量进行归类汇总，再根据当时、当地的人工、材料、机械单价，计算并汇总人工费、材料费、机械使用费，得出分部分项工程直接费，在此基础上再计算企业管理费、利润、规费和税金，将直接费与上述费用相加，即可得出单位工程造价。

(2) 综合单价——工程量清单计价方法

综合单价法指分部分项工程量的单价既包括分部分项工程直接费、其他直接费、现场经费、间接费、利润和税金，也包括合同约定的所有工料价格变化风险等一切费用，它是一种完全价格形式。考虑我国的现实情况，综合单价未包括规费、税金，根据《建设工程工程量清单计价规范》GB 50500—2013 的规定，我国目前的综合单价是指完成一个规定计量单位的分部分项工程量清单或措施项目清单所需的人工费、材料费、施工机械使用费和企业管理费与利润，以及一定范围内的风险费用。

工程量清单计价方法是一种国际上通行的计价方式，所采用的就是分部分项工程的完全单价。所谓工程量清单计价是指投标人根据招标人公开提供的工程量清单进行自主报价或招标人编制招标控制价以及承发包双方确定合同价款、调整工程竣工决算等活动。在招投标过程中，投标人可以根据工程量清单计价方法进行投标报价。工程量清单由招标人公开提供，投标人根据自身的实际情况自主确定工程量清单中各分部分项工程的综合单价进行投标价格计算。

复 习 思 考 题

1. 叙述建设工程费用组成。
2. 建设工程造价的职能有哪些？
3. 工程建设其他费用由哪些组成？
4. 工程造价计价方法有哪些？

第3章 建设工程定额及定额计价

3.1 建设工程定额概述

3.1.1 定额及其产生发展

1. 定额

所谓定额，就是规定额度或限额，又称为标准或尺度。是指在一定时期的生产、技术、管理水平下，生产活动中资源的消耗量所应遵守或达到的数量标准。这个标准由国家权力机关或地方权力机关制定。

建设工程定额是诸多定额中的一类。建设工程定额是由国家授权部门和地区统一组织编制、颁发并实施的工程建设标准。它的研究对象是工程建设范围内的生产消费规律，研究固定资产再生产过程中的生产消费定额。直接表现为完成单位合格建筑安装工程项目所消耗的人工、材料、施工机械台班数量及其基价的标准数值。它是建筑安装产品定价的依据，也是投资决策依据。建设工程定额是规范工程建设市场各方主体经济行为、规范以及固定资产投资活动和建筑市场的准绳。

2. 定额的产生

根据我国史书记载，在《大唐六典》中就有各种用工量的计算方法。北宋时期，分行业将工料限量与设计、施工、材料结合在一起的《营造法式》，是由国家所制定的一部建筑工程定额。到了清朝时期，为适应营造业的发展，专门设置了"洋房"和"算房"两个部门，"洋房"负责图样设计，"算房"则专门负责施工预算。可见，定额的使用范围被逐渐扩大，定额的功能也在不断增加。

定额的产生是与管理科学的形成和发展紧密联系在一起的。19 世纪末 20 世纪初，在资本主义发展最快的美国，形成了较为完整的经济管理理论。开始把定额和企业管理作为科学的是美国工程师泰勒。当时美国工业发展很快，但由于传统管理方法工人劳动强度很高，效率却很低。如何改进管理方法、提高劳动效率成为一个迫切需要解决的问题。泰勒适应了这一客观要求，开始研究如何提高企业管理水平和提高劳动生产率。他注重运用科学方法，做了大量有效的劳动生产试验。对工作时间合理利用进行细致研究，通过对工人劳动动作的分析，提出了所谓的标准操作方法，并在此基础上提出了较高的工时定额。用工时定额评价工人的劳动效率。为了使工人能达到规定的工时定额，提供劳动效率，制定了工具、机器、材料和作业环境的标准化原理。但泰勒的研究完全没有考虑工人的主观能动性和创造性，而是把工人当成其附属品来看待。继泰勒之后，一方面管理科学从操作方法、作业水平的研究向科学组织的研究上扩展，另一方面也利用现代科学技术和工程技术成果作为科学管理的手段。管理科学的发展极大地促进了现代定额的发展。因此，定额伴随着管理科学的产生而产生，伴随管理科学发展而发展，它在西方企业现代化管理中一直占有重要的地位。

由此可见，定额的产生是随着管理科学而产生，并随着管理科学的不断进步而发展，是企业实行科学管理的重要基础。

3.1.2 建设工程定额作用和特点

1. 建设工程定额的作用

定额是科学管理的产物，是实行科学管理的基础，它在社会主义市场经济中具有以下的重要地位与作用：

（1）定额是投资决策和价格决策的依据。定额可以对建筑市场行为进行有效的规范，如投资者可以利用定额提供的信息提高项目决策的科学性，优化投资行为，还可以利用定额权衡自己的财务状况、支付能力，预测资金投入和预期回报；并在投标报价时做出正确的价格决策，以获取更多的经济效益。

（2）定额是企业实行科学管理的基础。企业利用定额促使工人节约社会劳动时间和提高劳动生产效率，获取更多利润；计算工程造价，把生产的各类消耗控制在规定的限额内，以降低工程成本。

（3）定额有利于完善建筑市场信息系统。它的可靠性和灵敏性是市场成熟和效率的标志。实行定额管理可对大量建筑市场信息进行加工整理，也可对建筑市场信息进行传递，同时还可对建筑市场信息进行反馈。

2. 建设工程定额的特性

在社会主义市场经济的条件下，定额一般具有以下几方面的特性：

（1）科学性：主要表现为定额的编制是自觉遵循客观规律的要求，通过对施工生产过程进行长期的观察、测定、综合、分析，在广泛搜集资料和总结的基础上，实事求是地运用科学的方法制定出来的。定额的编制技术和方法上吸取了现代管理的成就，具有一整套既严密又科学的确定定额水平和行之有效的方法。

（2）权威性：主要表现在定额是由国家主管机关或它授权的各地管理部门组织编制的，定额一经批准颁发，任何单位都必须严格遵守和贯彻执行。

（3）统一性：主要表现在定额来源于群众，工程建设定额的统一性，主要是由国家对经济发展的有计划的宏观调控职能决定的。为了使国民经济按国家规划发展，就需要借助于一定的标准、参数等，对工程建设进行规划、组织、调节、控制。因此，定额的制定和执行都具有广泛的群众基础，并能为广大群众所接受。

（4）时效性：定额所规定的各种工料消耗量是由一定时期的社会生产力水平确定。为使定额发挥促进生产力的作用，定额的项目和标准也必然要适应生产力不断发展的要求，因此定额就会在一定的时期后重新编制或修订，因此，定额具有一定的时效性。

（5）稳定性：定额的相对稳定性主要表现在定额制定颁发后执行期间，定额都会表现出稳定的状态。保持定额的稳定性是维护定额的法规性和贯彻执行定额所必要的。如果定额处于经常修改变动之中，那么必然造成执行中的困难和混乱，同时也会给定额编制工作带来极大的困难。一个相对稳定的执行时期，通常为 5～10 年左右。

3.1.3　建设工程定额分类

建设工程定额的种类较多，有多种分类方法：按生产要素分类；按建设项目生命期分类；按专业分类；按编制单位与使用范围分类等。

1. 按生产要素分类

物质资料生产所必须具备的三要素是劳动者、劳动手段和劳动对象。劳动者是指从事生产活动的生产工人，劳动手段是指劳动者使用的生产工具和机械设备，劳动对象是指原材料、半成品和构配件。按此三要素进行分类可以分为劳动定额、材料消耗定额和机械台班使用定额。

（1）劳动消耗定额

劳动消耗定额又称人工定额。是规定在一定生产技术装备、合理的劳动组织与合理使用材料的条件下，完成质量合格的单位产品所需劳动消耗量标准，或规定单位时间内完成质量合格产品的数量标准。

（2）材料消耗定额

材料消耗定额是指在节约与合理使用材料的条件下，完成质量合格的单位产品所需消耗各种建筑材料（包括各种原材料、燃料、成品、半成品、构配件、周转材料的摊销等）的数量标准。

（3）机械台班使用定额

机械台班使用定额又称机械台班消耗定额。就是指在合理施工组织与合理使用机械的正常施工条件下，规定施工机械完成质量合格的单位产品所需消耗机械台班的数量标准，或规定施工机械在单位台班时间内应完成质量合格产品的数量标准。

2. 按定额用途分类

（1）施工定额

施工定额是以同一性质的施工过程（工序）或专业工种为研究对象，表示完成单位合格工程量所消耗的人工、材料、机械台班的数额。施工定额是施工企业（建筑安装企业）组织生产和加强管理在企业内部使用的一种定额，属于企业定额性质，是工程建设定额中分项最细、定额子目最多的一种定额，也是工程建设定额中的基础性定额。

施工定额本身由劳动定额、材料定额、机械使用定额三个相对独立部分构成。是编制工程施工方案、施工预算、施工作业计划、签发施工任务单和工程结算等的依据。

（2）预算定额

预算定额是以分项工程为对象编制的定额，表示完成单位分项工程所消耗的各种人工、材料、机械台班、基价等标准指标数额。它在施工图设计和施工准备阶段，是编制施工图预算、签订施工合同、实施工程付款的依据；在施工实施阶段，其又是施工企业编制和考核施工组织设计、进行材料调拨和施工机械调度的依据；在工程竣工阶段，是编制施工图决算的依据。同时也是编制概算定额的基础资料。

（3）概算定额

概算定额是以扩大的分部分项工程为对象编制的。它是计算和确定其劳动力、材料、机械台班消耗量所使用的定额。它是编制扩大初步设计阶段设计概算、确定建设项目投资额的依据。一般是在预算定额的基础上综合扩大而成的，每一综合分项都包含数项预算定额。

（4）概算指标

概算指标是概算定额的扩大与综合。它以单项工程规模为基础，收集大量具体工程的技术经济资料，通过统计分析而编制的不同类型工程的单位规模（平方米、万元投资、构筑物容量等）所消耗的人工、材料、造价及主要分项实物量等参考指标数额。概算指标项目的设定和初步设计的深度相适应。它是设计单位编制工程概算或建设单位编制年度任务计划、施工准备期间编制材料和机械设备供应的依据，也可供国家编制年度建设计划参考。

（5）投资估算指标

投资估算指标是在项目建议书和项目可行性研究阶段编制投资估算、计算资金需要量而使用的一种定额。它非常概略，一般以独立的单项工程或整个工程项目为编制对象，编制内容是包括单项工程投资、工程建设其他费用和预备费、建设期贷款利息、流动资金等所有项目费用之和。其概略程度与可行性研究阶段相适应，加快了估价速度。

3. 按专业分类

建设工程消耗量定额按其专业的不同分类如下：

（1）建筑工程消耗量定额

建筑工程即指房屋建筑的土建工程。建筑工程消耗量定额是指各地区（或企业）编制确定的完成每一建筑分项工程（即每一土建分项工程）所需人工、材料和机械台班消耗量标准的定额。它是业主或建筑施工企业（承包商）计算建筑工程造价主要的参考依据。

（2）装饰工程消耗量定额

装饰工程即指房屋建筑室内外的装饰装修工程。装饰工程消耗量定额是指各地区（或企业）编制确定的完成每一装饰分项工程所需人工、材料和机械台班消耗量标准的定额，它是业主或装饰施工企业（承包商）计算装饰工程造价主要的参考依据。

（3）安装工程消耗量定额

安装工程即指房屋建筑室内外各种管线、设备的安装工程。安装工程消耗量定额是指各地区（或企业）编制确定的完成每一安装分项工程所需人工、材料和机械台班消耗量标准的定额。它是业主或安装施工企业（承包商）计算安装工程造价主要的参考依据。

（4）市政工程消耗量定额

市政工程即指城市道路、桥梁等公共公用设施的建设工程。市政工程消耗量定额是指各地区（或企业）编制确定的完成每一市政分项工程所需人工、材料和机械台班消耗量标准的定额。它是业主或市政施工企业（承包商）计算市政工程造价主要的参考依据。

（5）园林绿化工程消耗量定额

园林绿化工程即指城市园林、房屋环境等的绿化通称，园林绿化工程消耗量定额是指各地区（或企业）编制确定的完成每一园林绿化分项工程所需人工、材料和机械台班消耗量标准的定额。它也是业主或园林绿化施工企业（承包商）计算园林绿化工程造价主要的参考依据。

此外，建设工程定额还可按建设用途和费用定额进行划分，前者包括施工定额、预算定额、概算定额和概算指标等，后者包括间接费用定额、其他工程费用定额等。

4. 按编制单位与适用范围分类

建筑工程定额按编制单位与使用范围可分为全国统一定额、省（市）地区定额、行业专用定额和企业定额。

（1）全国统一定额

全国统一定额是指由国家主管部门（住房和城乡建设部）编制，作为各省（市）编制地区定额依据的各种定额。如《全国建筑安装工程统一劳动定额》、《全国统一建筑工程基础定额》、《全国统一建筑装饰工程消耗量定额》等。

（2）省（市）地区定额

省（市）地区定额是指由各省、市、自治区建设主管部门制定的各种定额，如《××市建筑工程消耗量定额》。可以作为该地区建设工程项目标底编制的依据，施工企业在没有自己的企业定额时也可以作为投标计价的依据。

（3）行业专用定额

行业专用定额是指由国家所属的主管部、委制定而行业专用的各种定额，如《铁路工程消耗量定额》、《交通工程消耗量定额》等。

（4）企业定额

企业定额是指建筑施工企业根据本企业的施工技术水平和管理水平，以及各地区有关工程造价计算的规定，供本企业使用的《工程消耗量定额》。

3.2 消耗量定额与企业定额

3.2.1 人工消耗定额

（1）人工消耗定额的概念

人工消耗定额是指在一定的技术装备、合理的劳动组织与合理使用材料的条件下，规定完成质量合格的单位产品所需劳动消耗量的标准，或规定在单位时间内完成质量合格产品的数量标准。

人工消耗定额的研究对象是生产过程中活劳动的消耗量，即劳动者所付出的劳动量。具体来说，它所要考虑的是完成质量合格单位产品的活劳动消耗量，是指产品生产过程的有效劳动，对产品有规定的质量要求，是符合质量规定要求的劳动消耗量。

（2）人工消耗定额的表现形式

人工消耗定额是衡量劳动消耗量的计量尺度。生产单位产品的劳动消耗量可以用劳动时间来表示，同样在单位时间内劳动消耗量也可以用生产的产品数量来表示。因此，人工消耗定额按其表示形式的不同，可分为时间定额和产量定额。

① 时间定额：时间定额又称工时定额。是指在一定的生产技术装备、合理的劳动组织与合理使用材料的条件下，规定完成质量合格的单位产品所需消耗的劳动时间。时间定额一般是以"工日"或"工时"为计量单位。计算公式如下：

$$时间定额 = \frac{消耗的总工日数}{产品数量} \tag{3-1}$$

② 产量定额：产量定额又称每工产量。指在一定生产技术装备、合理的劳动组织与合理使用材料的条件下，规定某工种某技术等级的工人（或工人班组）在单位时间内应完成质量合格的产品数量。由于建筑产品的多样性，产量定额一

般是以 m、m²、m³、kg、t、块、套、组、台等为计量单位。计算公式如下：

$$产量定额 = \frac{产品数量}{消耗的总工日数} \tag{3-2}$$

时间定额和产量定额是同一人工消耗定额的不同表现形式，它们都表示同一劳动定额，但各有其用途。时间定额因为计量单位统一，便于进行综合，计算劳动量比较方便；而产量定额具有形象化的特点，目标直观明确，便于班组分配工作任务。

（3）时间定额与产量定额的关系

时间定额与产量定额，它们之间的关系可用下式来表示：

$$时间定额 \times 产量定额 = 1 \tag{3-3}$$

$$时间定额 = \frac{1}{产量定额} \text{ 或产量定额} = \frac{1}{时间定额} \tag{3-4}$$

也就是说，当时间定额减少时，产量定额就会增加；反之，当时间定额增加时，产量定额就会减少，然而其增加和减少的比例是不相同的。

（4）人工消耗定额的表示方法

人工消耗定额的表示方法，不同于其他行业的劳动定额，其表示方法有单式表示法、复式表示法及综合与合计表示法。

① 单式表示法在人工消耗定额表中，单式表示法一般只列出时间定额，或产量定额，即两者不同时列出。

② 复式表示法在人工消耗定额表中，复式表示法既列出时间定额，又列出产量定额。

③ 综合与合计表示法在人工消耗定额表中，综合定额与合计定额都表示同一产品的各单项（工序或工种）定额的综合或合计，按工序合计的定额称为综合定额，按工种综合的定额称为合计定额。计算公式如下：

$$综合时间定额 = \Sigma 各单项工序时间定额 \tag{3-5}$$

$$合计时间定额 = \Sigma 各单项工种时间定额 \tag{3-6}$$

$$综合产量定额 = \frac{1}{综合时间定额} \tag{3-7}$$

$$合计产量定额 = \frac{1}{合计时间定额} \tag{3-8}$$

3.2.2　材 料 消 耗 定 额

（1）材料消耗定额的概念

材料消耗定额指在节约与合理使用材料的条件下，完成质量合格的单位产品所需消耗各种建筑材料（包括各种原材料、燃料、成品、半成品、构配件、周转材料的摊销等）的数量标准。

（2）材料消耗定额量的组成

完成质量合格单位产品所需消耗的材料数量，由材料净用量和材料损耗量两部分组成。即：

$$材料消耗量＝材料净用量＋材料损耗量 \tag{3-9}$$

材料净用量指构成产品实体的（即产品本身必须占有的）理论用量。材料损耗量是指完成单位产品过程中各种材料的合理损耗量，它包括各种材料从现场仓库（或堆放地）领出到完成质量合格单位产品过程中的施工操作损耗量、场内运输损耗量和加工制作损耗量（半成品加工）。计入材料消耗定额内的材料损耗量，应当是在正常施工条件下，采用合理施工方法时所需而不可避免的合理损耗量。

在建筑产品施工过程中，某种材料损耗量的多少，常用材料损耗率来表示。建筑材料损耗率表见表 3-1。

安装材料损耗率表（摘录）　　　表 3-1

序号	材　料　名　称	损耗率（%）
1	裸软导线（包括铜、铝、钢线、钢芯铝线）	1.3
2	绝缘线（包括橡皮铜、塑料铅皮、软花线）	1.8
3	电力电缆	1.0
4	控制电缆	1.5
5	硬母线（包括钢、铝、铜、带型、管型、棒型、槽型）	2.3
6	拉线材料（包括铜绞线、镀锌铁线）	1.5
7	管材、管件（包括无缝、焊接钢管及电线管）	3.0
8	板材（包括钢板、镀锌薄钢管）	5.0
9	型钢	5.0
10	管件（包括管箍、护口、锁紧螺母、管卡子等）	3.0
11	金具（包括耐张、悬垂、并勾、吊接等线夹及联板）	1.0
12	紧固件（包括螺栓、螺母、垫圈、弹簧垫圈）	2.0
13	木螺栓、圆钉	4.0
14	绝缘子类	2.0
15	照明灯具及辅助器具（成套灯具、镇流器、电容器）	1.0
16	荧光灯、高压水银、氙气灯	1.5
17	白炽灯泡	3.0
18	玻璃灯罩	5.0
19	胶木开关、灯头、插销等	3.0
20	低压电瓷制品（包括鼓形绝缘子、瓷夹板、瓷管）	3.0
21	低压保险、瓷闸盒、胶盖阀	1.0

序号	材料名称	损耗率（%）
22	塑料制品（包括塑料槽板、塑料板、塑料管）	5.0
23	木槽板、木护圈、方圆木台	5.0
24	木杆材料（包括木杆、横担、横木、桩木等）	1.0

注：1. 绝缘导线、电缆、硬母线和用于母线的裸软导线，其损耗率中不包括为连接电气设备、器具而预留的长度，也不包括因各种弯曲（包括弧度）而增加的长度。这些长度均包括在工程量的基本长度中。

2. 用于 10kV 以下架空线路中的裸软导线的损耗率中已包括因弧垂及因杆位高低差而增加的长度。

3. 拉线用的镀锌铁线损耗率中不包括为制作上、中、下把所需的预留长度。计算用线量的基本长度时，应以全根拉线的展开长度为准。

材料损耗率计算公式如下：

$$材料损耗率 = \frac{材料损耗量}{材料消耗量} \times 100\% \tag{3-10}$$

则材料消耗量的计算公式如下：

$$材料消耗量 = 材料净用量 \times (1 + 材料损耗率) \tag{3-11}$$

（3）材料消耗定额的制定方法

直接构成工程实体所需的材料消耗称为直接性材料消耗。施工中直接性材料消耗的损耗量可分为两类，一类是完成质量合格产品所需各种材料的合理消耗；另一类则是可以避免的材料损失，而材料消耗定额中不应包括可以避免的材料损失。

直接性材料消耗定额的制定方法有理论计算法、观察法、实验法和统计法等。现分述如下：

① 理论计算法：理论计算法是利用理论计算公式计算出某种建筑产品所需的材料净用量，然后根据建筑材料损耗率表查找所用材料的损耗率，从而制定材料消耗定额的一种方法。

理论计算法主要用于砌块、板材类等不易产生损耗，容易确定废料的材料消耗定额。如砖、钢材、玻璃、镶贴材料、混凝土块（板）、各种安装管材、电线、镀锌钢板等分管材料、保温材料等。

② 观察法：该方法属于技术测定法的一种方法，是指在施工现场对完成某一建筑产品的材料消耗量进行实际的观察测定。

③ 实验法：该方法指在实验室内通过专门的仪器设备测定材料消耗量的一种方法。这种方法主要是对材料的结构、物理性能和化学成分进行科学测试和分析，通过整理计算制定材料消耗定额的方法。该方法适用于实验测定的混凝土、

砂浆、沥青膏、油漆、涂料等的材料消耗定额。

④ 统计法：该方法指以已完工程实际用料的大量统计资料为依据，包括预付工程材料数量、竣工后工程材料剩余数量和完成建筑产品数量等，通过分析计算从而获得材料消耗的各项数据，然后制定出材料消耗定额。

(4) 机械台班消耗定额

机械台班消耗定额又称机械使用定额，是指在正常的施工生产条件及合理的劳动组合和合理使用施工机械的条件下，生产单位合格产品所必须消耗的一定品种、规格施工机械的作业时间标准。其中包括准备与结束时间、基本作业时间、辅助作业时间以及工人必需的休息时间。机械台班定额以台班为单位，工人使用一台机械，工作一个班（8h），称为一个台班。其表达形式有时间定额和产量定额两种。

① 机械时间定额

机械时间定额是指在正常的施工生产条件下，某种机械生产单位合格产品所必须消耗的台班数量。可按下式计算：

$$机械时间定额=\frac{1}{机械台班产量定额} \tag{3-12}$$

它既包括机械本身的工作时间，又包括使用该机械工人的工作时间。

② 机械台班产量定额

机械台班产量定额是指某种机械在合理的施工组织和正常的施工条件下，单位时间内完成合格产品的数量。可按下式计算：

$$机械台班产量定额=\frac{1}{机械时间定额} \tag{3-13}$$

机械时间定额与机械台班产量定额成反比，互为倒数关系。

③ 操纵机械或配合机械的人工时间定额

规定配合机械完成某一单位合格产品所必须消耗的人工数量的标准，称机械人工时间定额。可按下式计算：

$$人工时间定额=\frac{小组成员工日数总和}{机械台班产量定额} \tag{3-14}$$

或：

$$机械台班产量定额=\frac{小组成员工日数总和}{人工时间定额} \tag{3-15}$$

3.2.3　企　业　定　额

《建筑工程施工发包与承包计价管理办法》（中华人民共和国住房和城乡建设部令第16号）第十条规定："投标报价应当依据工程量清单、工程计价有关规定、企业定额和市场价格信息等编制。"所谓企业定额，指建筑安装企业根据企业自身的技术水平和管理水平所确定的完成单位合格产品必需的人工、材料和施工机械台班的消耗量，以及其他生产经营要素消耗的数量标准。

企业定额反映了企业个别的劳动生产率和技术装备水平。每个企业均应拥有反映自己企业能力的企业定额，企业定额的企业水平与企业的技术和管理水平相适应。从一定意义上讲，企业定额是企业的商业秘密，是企业参与市场竞争的核心竞争能力的具体表现。

（1）企业定额的特点

① 企业定额的各项平均消耗量指标要比社会平均水平低，以体现企业定额的先进性；

② 企业定额可以体现本企业在某些方面的技术优势；

③ 企业定额可以体现本企业局部或全面管理方面的优势；

④ 企业所有的各项单价都是动态的、变化的，具有市场性；

⑤ 企业定额与施工方案能全面接轨。

（2）企业定额的作用

① 企业定额是施工企业进行建设工程投标报价的重要依据

自 2003 年 7 月 1 日起，我国开始实行《建设工程工程量清单计价规范》GB 50500—2003。工程量清单计价，是一种与市场经济适应、通过市场形成建设工程价格的计价模式，它要求各投标企业必须通过能综合反映企业的施工技术、管理水平、机械设备工艺能力、工人操作能力的企业定额来进行投标报价——这样才能真正体现出个别成本间的差距，实现市场竞争。因此，实现工程量清单计价的关键及核心就在于企业定额的编制和使用。

企业定额反映出企业的生产力水平、管理水平和市场竞争力。按照企业定额计算出的工程费用是企业生产和经营所需的实际成本。在投标过程中，企业首先按本企业的企业定额计算出完成拟建工程的成本，在此基础上考虑预期利润和可能的工程风险费用，制定出建设工程项目的投标报价。由此可见，企业定额是形成企业个别成本的基础，根据企业定额进行的投标报价具有更大的合理性，能有效提升企业投标报价的竞争力。

② 企业定额可提高企业的管理水平和生产力水平

随着我国加入世界贸易组织（WTO）以及经济全球化的加剧，企业要在激烈的市场竞争中占据有利的地位，就必须降低管理成本。企业定额能直接对企业的技术、经营管理水平及工期、质量、价格等因素进行准确的测算和控制。而且，企业定额作为企业内部生产管理的数据库，能够结合企业自身技术力量和科学的管理方法，使企业的管理水平不断提高。编制企业定额是企业促进其科学管理水平提高的一个重要环节。同时，企业定额是企业生产力的综合反映。发挥优势，企业编制定额是加强企业内部监控、进行成本核算的依据，是有效控制造价的手段。

③ 企业定额是业内推广先进技术和鼓励创新的工具

企业定额代表企业先进施工技术水平、施工机具和施工方法。它实际上也是企业推动技术和管理创新的一种重要手段。

④ 企业定额可规范建筑市场秩序以及发承包方行为

企业定额的应用，促使企业在市场竞争中按实际消耗水平报价。避免施工企业为在竞标中取胜，无节制的压价，造成企业效率低下、生产亏损，避免业主在招投标中腐败现象发生。

（3）消耗量定额与企业定额的区别与联系

消耗量定额是国家建设行政主管部门制定颁布的，具有强制性和权威性。企业定额是施工企业自己依据多年的施工和经营管理经验积累而编制的指导自己企业施工的定额，具有实践性和自主性。

工程量清单报价时，投标企业如果没有自己的企业定额，可根据企业自身情况参照消耗量定额进行报价。

3.3　概算定额与概算指标

3.3.1　概　算　定　额

1. 概算定额的概念

概算定额也称扩大结构定额，它是以预算定额为基础，根据通用设计或标准图集等资料，计算和确定完成合格的工程项目所需的人工、材料和机械台班的数量标准，是介于预算定额和概算指标之间的一种定额。

2. 概算定额的作用

（1）概算定额是初步设计阶段编制设计概算和技术设计阶段编制修正概算的依据；

（2）概算定额是编制投资规划，控制基本建设投资的依据；

（3）概算定额是进行设计方案比选的依据；

（4）概算定额是编制主要材料需用量的计算依据；

（5）概算定额是编制概算指标的依据。

3. 概算定额的组成及内容

概算定额由文字说明、定额项目表和附录组成。说明包括总说明、章说明和节说明。其中：总说明包括概算定额的作用、适用范围、编制依据、适用规定及说明等。章说明包括工程量计算规则及有关说明、特殊问题处理方法的说明等。节说明主要包括定额的工程内容说明。定额项目表包括定额表及附注说明。定额

表由定额编号、计量单位、人工、材料、机械台班消耗量组成。附录主要包括主
要材料（半成品、成品）损耗率表及其他等。

3.3.2　概　算　指　标

1. 概算指标的概念

概算指标是指以一个单项建筑工程或一个单位建筑工程为编制对象，规定的
完成一定计量单位合格产品所需人工、材料、机械台班消耗数量和资金数量的标
准。常以每 $1m^3$ 或 $100m^2$ 建筑面积，每万元投资金额为计量单位。

2. 概算指标的作用

(1) 作为编制初步设计概算的主要依据。

(2) 作为基本建设计划工作的参考。

(3) 作为设计机构和建设单位选址和进行设计方案比较的参考。

(4) 作为投资估算指标的编制依据。

3. 概算指标的组成及内容

(1) 总说明。从总体上说明概算指标的作用、编制依据、适用范围和使用方
法等。

(2) 示意图。说明工程的结构形式，工业建筑项目还需表示出起重机起重
能力。

(3) 结构特征。说明工程的结构形式、层高、层数、建筑面积等。

(4) 经济指标。说明该工程项目每 $100m^2$ 建筑面积构筑物中每座的工程造价
指标，及其中土建、水、暖、电气等单位工程的相应造价。

(5) 构造内容及工程量指标。说明构造内容及相应计量单位的工程量指标及
人工、主要材料消耗量指标。

4. 概算指标的应用

概算指标的应用比概算定额具有更大的灵活性。由于它是一种综合性很强
的指标，不可能与拟建工程的建筑特征、结构特征、自然条件、施工条件完全
一致，因此在选用概算指标时必须十分慎重，选用的指标与设计对象在各个方
面应尽量一致或接近，不一致的主要地方进行调整换算，以提高概算的准
确性。

概算指标的应用一般有两种情况：第一种情况，如果设计对象的结构特
征与概算指标的规定一致时，可直接套用；第二种情况，如果设计对象的结
构特征与概算指标的规定局部不一致时，要对概算指标的局部内容调整后再
套用。

3.4　预　算　定　额

3.4.1　预算定额概述

1. 预算定额的概念和作用

(1) 预算定额的概念

预算定额指完成一定计量单位质量合格的分项工程或结构构件所需消耗的人工、材料和机械台班的数量标准。

预算定额是由国家主管部门或被授权的省、市有关部门组织编制并颁发的一种法令性指标，也是一项重要的经济法规。预算定额中的各项消耗量指标，反映了国家或地方政府对完成单位建筑产品基本构造要素（即每一单位分项工程或结构构件）所规定的人工、材料和机械台班等消耗的数量限额。

(2) 预算定额的作用

① 预算定额是编制施工图预算、确定建筑安装工程造价的基础。

② 预算定额是编制施工组织设计的依据。

③ 预算定额是工程结算的依据。

④ 预算定额是施工单位进行经济活动分析的依据。

⑤ 预算定额是编制概算定额的基础。

⑥ 预算定额是合理编制招标标底、投标控制价、投标报价的基础。

2. 预算定额编制的原则和依据

(1) 预算定额的编制原则

① 社会平均必要劳动量确定定额水平的原则

在社会主义市场经济条件下，确定预算定额的各种消耗量指标，应遵循价值规律的要求，按照产品生产中所消耗的社会平均必要劳动量确定其定额水平。即在正常施工的条件下，以平均的劳动强度、平均的劳动熟练程度、平均的技术装备水平，确定完成每一单位分项工程或结构构件所需要的劳动消耗量，并据此作为确定预算定额水平的主要原则。

② 简明扼要、适用方便的原则

预算定额的内容与形式，既要体现简明扼要、层次清楚、结构严谨、数据准确，还应满足各方面使用的需要，如编制施工图预算、办理工程结算、编制各种计划和进行成本核算等的需要，使其具有多方面的适用性，且使用方便。

(2) 预算定额的编制依据

① 现行的劳动定额和施工定额。

② 现行的设计规范、施工验收规范、质量评定标准和安全操作规程。

③ 具有代表性的典型工程施工图及有关图集。

④ 新技术、新结构、新材料和先进的施工方法等。

⑤ 相关的科学实验、技术测定的统计、经验资料等。

⑥ 现行的预算定额、材料预算价格及有关文件规定等。

3. 预算定额与施工定额的区别和联系

预算定额不同于施工定额，它不是企业内部使用的定额，不具有企业定额的性质。

预算定额是一种具有广泛用途的计价定额。因此，须按照价值规律的要求，以社会必要劳动时间来确定预算定额的定额水平。即以本地区、现阶段、社会正常生产条件及社会平均劳动熟练程度和劳动强度，来确定预算定额水平。这样的定额水平，才能使大多数施工企业经过努力，能够用产品的价格收入来补偿生产中的消费，并取得合理的利润。

预算定额是以施工定额为基础编制的。施工定额给出的是定额的平均先进水平，所以确定预算定额时，水平相对要降低一些。预算定额考虑的是施工中的一般情况，而施工定额考虑的是施工的特殊情况。预算定额实际考虑的因素比施工定额多，要考虑一个幅度差，幅度差是预算定额与施工定额的重要区别。（幅度差，是指在正常施工条件下，施工定额未包括，而在施工过程中又可能发生而增加的附加额）。

3.4.2　预算定额资源消耗量指标的确定

1. 预算定额计量单位及精度要求

预算定额的计量单位关系到预算工作的繁简和准确性。因此，要依据分部、分项工程的形体不同及其所固有的规律来确定计量单位。一般有以下几种情况：

（1）物体的截面有一定的形状和大小而长度不同时，应以长度米（m）为计量单位。如管道、轨道的安装及电线管敷设等。

（2）物体有一定的厚度而面积不固定时，以平方米（m^2）为计量单位较为适宜。如风管制作安装、刷油、除锈等工程。

（3）当物体的长、宽、高都不固定时，应采用立方米（m^3）为计量单位。如土方开挖、绝热工程。

（4）有的分项工程质量、价格的差异较大，则采用吨（t）、千克（kg）为计量单位。如给水排水管道的支架制作安装、风管部件的制作安装、机械设备的安装等。

（5）有的则根据成品、半成品和机械设备的不同特征，以个、片、组、套、台、部等为计量单位。如灯具、暖气片、风机、大便器等安装工程。

另外，定额计量单位一定要与定额项目的内容相适应，确切地反映各分项工程产品的形态特征与实物数量，并便于使用和计算。定额项目中各种消耗量指标的数值单位及精度的取定：

人工——以"工日"为单位，取两位小数；

机械——以"台班"为单位，取两位小数；

单价——以"元"为单位，取两位小数。

以"t"为单位的消耗量指标，应保留三位小数，第四位小数四舍五入；

以"m³"、"m²"、"m"、"kg"为单位的消耗量指标，应保留三位小数，第四位小数四舍五入；

以"个"、"项"、"组"、"套"等为单位的消耗量指标，应取整数（考虑损耗率的主要材料数量时除外）。

2. 人工消耗量指标的确定

预算定额中，人工消耗量应包括为完成该分项工程定额单位所必需的用工数量，即应包括基本用工和其他用工两部分。人工消耗量一是以现行的全国《统一建筑安装工程劳动定额》为基础进行计算，二是以现场测定进行计算。

（1）基本用工

基本用工是指完成某一合格分项工程所必需消耗的技术工种用工。例如，为完成各种墙体工程中的砌砖、调运砂浆、铺砂浆、运砖等所需要的工日数量。基本用工以技术工种相应劳动定额的工时定额计算，按不同工种列出定额工日。其计算式为：

$$基本用工 = \sum（某工序工程量 \times 相应工序的时间定额）\qquad (3\text{-}16)$$

（2）其他用工

其他用工是辅助基本用工完成生产任务所耗用的人工。按其工作内容的不同可分为以下三类：

① 辅助用工。是指技术工种劳动定额内不包括但在预算定额内又必须考虑的工时，称为辅助用工，如材料加工、筛砂、洗石、淋灰、机械土方配合用工等。其计算式为：

$$辅助用工 = \sum（某工序工程数量 \times 相应工序时间定额）\qquad (3\text{-}17)$$

② 超运距用工。是指预算定额中规定的材料、半成品的平均水平运距超过劳动定额规定运输距离的用工。其计算式为：

$$超运距用工 = \sum（超运距运输材料数量 \times 相应超运距时间定额）\qquad (3\text{-}18)$$

$$超运距 = 预算定额取定运距 - 劳动定额已包括的运距 \qquad (3\text{-}19)$$

③ 人工幅度差。主要是指预算定额与劳动定额由于定额水平不同而引起的水平差。另外还包括定额中未包括，但在一般施工作业中又不可避免的且无法计量的用工。如各工种间工序搭接、交叉作业时不可避免的停歇工时消耗，施工机械转移以及水电线路移动造成的间歇工时消耗，质量检查影响操作消耗的工时，

以及施工作业中不可避免的其他零星用工等。其计算采用乘系数的方法，即：

$$人工幅度差＝（基本用工＋辅助用工＋超运距用工）×人工幅度差系数$$
$$(3-20)$$

人工幅度差系数，一般土建工程为 10％，设备安装工程为 12％。

由上述得知，建筑工程预算定额各分项工程的人工消耗指标就等于该分项工程的基本用工数量与其他用工数量之和。即

$$人工消耗量＝基本用工数量＋其他用工数量 \qquad (3-21)$$

式中：

$$其他用工数量＝辅助用工数量＋超运距用工数量＋人工幅度差用工数量$$
$$(3-22)$$

3. 材料消耗量指标的确定

预算定额中的材料消耗量指标由材料净用量和材料损耗量构成。其中材料损耗量包括材料的施工操作损耗、场内运输损耗、加工制作损耗和场内管理损耗。不包括二次搬运和材料规格改装的加工损耗。

（1）主材净用量的确定：预算定额中主材净用量的确定，应结合分项工程的构造做法，按照综合取定的工程量及有关资料进行计算确定。

（2）主材损耗量的确定：预算定额中主材损耗量的确定，是在计算出主材净用量的基础上乘以损耗系数得出的。在已知主材净用量和损耗率的条件下，要计算出主材损耗量就需要找出它们之间的关系系数，这个关系系数称为损耗系数。主材损耗量和损耗率和损耗系数之间关系如下：

$$总消耗量＝净用量＋损耗量 \qquad (3-23)$$

$$损耗率＝\frac{损耗量}{总消耗量}×100\% \qquad (3-24)$$

$$损耗量＝净用量×损耗系数 \qquad (3-25)$$

$$损耗系数＝\frac{损耗量}{净用量}×100\% \qquad (3-26)$$

$$损耗系数＝\frac{损耗率}{1-损耗率} \qquad (3-27)$$

（3）次要材料消耗量的确定：预算定额中对于用量很少、价值不大的次要材料，估算其用量后，合并成"其他材料费"，以"元"为单位列入预算定额表中。

（4）周转性材料摊销的确定

周转性材料按多次使用、分次摊销的方式计入预算定额。

4. 机械台班消耗量指标的确定

预算定额中的机械台班消耗量指标，一般按全国《统一建筑安装工程劳动定额》中的机械台班产量，并考虑一定的机械幅度差进行计算。机械幅度差是指合

理的施工组织条件下机械的停歇时间。

计算机械台班消耗量指标时，机械幅度差以系数表示。如某省机械台班消耗量定额中，对大型机械的幅度差系数规定为：土石方机械 1.25；吊装机械 1.3；打桩机械 1.33；其他专用机械，如打夯、钢筋加工、木工、水磨石等，幅度差系数为 1.1。

垂直运输的塔吊、卷扬机，以及混凝土搅拌机、砂浆搅拌机是按工人小组配备使用的，应按小组产量计算台班产量，不增加机械幅度差。

3.4.3　预算定额基价的确定

1. 定额人工费的确定

（1）定额人工费的构成

定额人工费的构成内容如下：

① 生产工人基本工资：生产工人基本工资指发放给建安工人的基本工资。现行的生产工人基本工资执行岗位工资和技能工资制度。根据《全民所有制大中型建筑安装企业的岗位技能工资试行方案》中的规定，其基本工资是按岗位工资、技能工资和年限工资（按职工工作年限确定的工资）计算的。工人岗位工资标准设 8 个岗次，技能工资按初级工、中级工、高级工、技师和高级技师五类工资标准分 33 个档次。计算公式如下：

$$基本工资（G_1）=\frac{生产工人平均月工资}{年平均每月法定工作日} \qquad (3-28)$$

式中　年平均每月法定工作日＝（全年日历日数－法定假日数）/12。

② 生产工人工资性补贴：生产工人工资性补贴指按规定标准发放的物价补贴，煤、燃气补贴，交通费补贴，住房补贴，流动施工津贴和地区津贴等。计算公式如下：

$$工资性补贴（G_2）=\frac{\Sigma年发放标准}{全年日历日-法定假日}+\frac{\Sigma月发放标准}{年平均每月法定工作日}$$
$$+每工作日发放标准 \qquad (3-29)$$

式中，法定假日是指双休日和法定节日。

③ 生产工人辅助工资：生产工人辅助工资指生产工人年有效施工天数以外非作业天数的工资，包括职工学习、培训期间的工资，调动工作、探亲、休假期间的工资，因天气影响的停工工资，女工哺乳时间的工资，病假在 6 个月以内的工资及产、婚、丧假期的工资。计算公式如下：

$$生产工人辅助工资（G_3）=\frac{全年无效工作日×（G_1+G_2）}{全年日历日－法定假日} \qquad (3-30)$$

④ 职工福利费：该费用指按规定计提的职工福利费。计算公式如下：

职工福利费（G_4）＝（$G_1＋G_2＋G_3$）×福利费计提比例（％）　（3-31）

⑤ 生产工人劳动保护费：生产工人劳动保护费指按规定标准发放的劳动保护用品的购置费及修理费，徒工服装补贴，防暑降温费，在有碍身体健康的环境中施工的保健费用等。计算公式如下：

$$生产工人劳动保护费（G_5）＝\frac{生产工人年平均支出劳动保护费}{全年日历日－法定假日}　（3-32）$$

（2）定额人工费的确定

定额人工费等于上述各项费用之和。计算公式如下：

$$定额人工费（G）＝（G_1＋G_2＋G_3＋G_4＋G_5）　（3-33）$$

近年来，国家陆续出台了养老保险、医疗保险、失业保险、住房公积金等社会保障的改革措施，新的人工工资标准会逐步将上述费用纳入人工预算单价中。

2. 材料预算价格的确定

材料预算价格又称材料单价，是指材料由来源地或交货地点到达工地仓库或施工现场存放地点后的出库价格。材料费占整个建筑工程直接费的比例很大，材料费是根据材料预算价格计算出来的。因此，正确地确定材料预算价格有利于提高预算质量，促进企业加强经济核算和降低工程成本。

工程施工中所用的材料按其消耗的不同性质，可分为实体性消耗材料和周转性消耗材料两类。由于这两类材料消耗性质的不同，其单价的概念和费用构成也不尽相同。以下介绍实体性材料预算价格的确定。

实体性材料的预算价格，是指通过施工单位采购活动到达施工现场时的材料价格。该价格的高低取决于材料从其来源地到达施工现场过程中所发生费用的多少，它包括材料的原价、供销部门手续费、包装费、运输费和采购及保管费等。一般可按下式计算：

材料预算价格＝［材料原价＋运杂费×（1＋运输损耗率）×（1＋采购保管费率）］　　　　　　　　　　　　　　　　　　　　　　（3-34）

（1）材料原价的确定

材料原价是指材料的出厂价、交货地价格、市场采购价或批发价；进口材料应以国际市场价格加上关税、手续费及保险费构成材料原价，也可以按国际通用的材料到岸价或者口岸价作为原价。确定原价时，同一种材料因产地或供应单位的不同而有几种原价时，应根据不同来源地的供应数量及不同的单价，计算出加权平均原价。

（2）材料运杂费

材料运杂费是指材料由来源地（或交货地）运到工地仓库（或存放地点）的全部过程中所发生的一切费用，见图 3-1 材料运输流程示意图所示。

从图中可以看出，材料的运杂费主要包括：

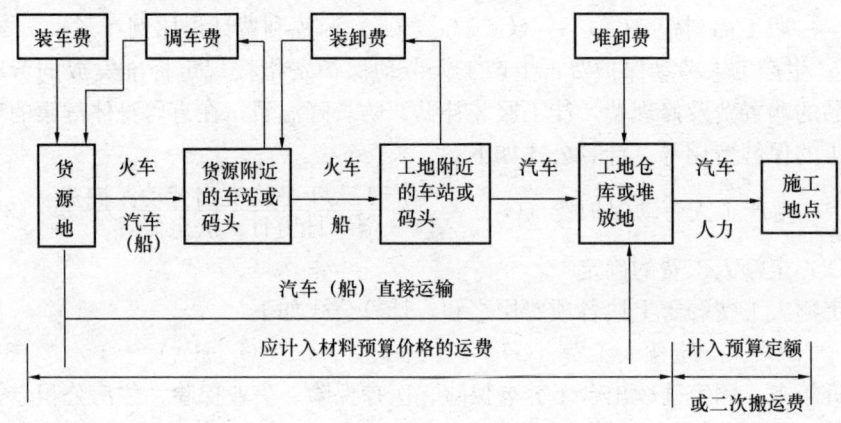

图 3-1　材料运输流程示意图

① 调车（驳船）费，是指机车到专用线（船只到专用码头）或非公用地点装货时的调车（驳船）费。

② 装卸费，是指给火车、轮船、汽车上下货物时所发生的费用。

③ 运输费，是指火车、汽车、轮船运输材料的运输费。

④ 附加工作费，是指货物从货源地运至工地仓库期间所发生的材料搬运、分类堆放及整理等费用。

⑤ 途中损耗，是指材料在装卸、运输过程中不可避免的合理损耗。

材料途中损耗＝（原价＋调车费＋装卸费＋运输费）×途中损耗率

（3）材料采购及保管费

材料采购及保管费是指材料部门在组织采购、供应和保管材料过程中所发生的各种费用，包括各级材料部门的职工工资、职工福利、劳动保护费、差旅及交通费、办公费等。

建筑材料的种类、规格繁多，采购保管费不可能按每种材料在采购过程中所发生的实际费用计取，只能规定几种费率。目前，由国家经贸委规定的综合采购保管费率为 2.5％（其中采购费率为 1％，保管费率为 1.5％）。由建设单位供应材料到现场仓库，施工单位只收保管费。

采购保管费＝［材料原价＋运杂费＋运输损耗费］×采购保管费率 (3-35)

3. 机械台班预算价格的确定

（1）施工机械台班单价的概念

施工机械台班单价指一台施工机械在正常运转条件下一个工作台班所需支出和分摊的各项费用之总和。施工机械使用费的比例，将随着施工机械化水平的提高而增加，相应人工费也随之逐步减少。

（2）施工机械台班单价的组成

施工机械台班单价按规定由 7 项费用组成，这些费用按其性质不同划分为第一类费用（即需分摊费用），第二类费用（即需支出费用）和其他费用。

① 第一类费用（又称不变费用）

第一类费用指不分施工地点和条件的不同，也不管施工机械是否开动运转都需要支付，并按该机械全年的费用分摊到每一个台班的费用。内容包括折旧费、大修理费、经常修理费、安拆费及场外运输费。

② 第二类费用（又称可变费用）

第二类费用指因施工地点和条件的不同而有较大变化的费用。内容包括机上人员工资、动力燃料费、养路费及车船使用税、保险费。

（3）施工机械台班单价的确定

① 第一类费用的确定

a. 台班折旧费：台班折旧费指施工机械在规定使用期限内收回施工机械原值及贷款利息而分摊到每一台班的费用。计算公式如下：

$$台班折旧费 = \frac{施工机械预算价格 \times （1 - 残值率） + 贷款利息}{耐用总台班} \qquad (3\text{-}36)$$

式中，施工机械预算价格是按照施工机械原值、购置附加费、供销部门手续费和一次运杂费之和计算。

施工机械原值可按施工机械生产厂家或经销商的销售价格计算。

供销部门手续费和一次运杂费可按施工机械原值的 5% 计算。

残值率指施工机械报废时回收的残值占施工机械原值的百分比。残值率按目前有关规定执行：即运输机械 2%，掘进机械 5%，特大型机械 3%，中小型机械 4%。

耐用总台班指施工机械从开始投入使用到报废前使用的总台班数。计算公式如下：

$$耐用总台班 = 修理间隔台班 \times 大修理周期$$

b. 台班大修理费：台班大修理费指施工机械按规定的大修理间隔台班必须进行的大修理，以恢复施工机械正常功能所需的费用。计算公式如下：

$$台班大修理费 = \frac{一次大修理费 \times （大修理周期 - 1）}{耐用总台班} \qquad (3\text{-}37)$$

c. 台班经常修理费：经常修理费指施工机械除大修理以外的各级保养和临时故障排除所需的费用。包括为保障施工机械正常运转所需替换设备，随机使用工具，附加的摊销和维护费用；机械运转与日常保养所需润滑与擦拭材料费用；以及机械停置期间的正常维护和保养费用等。为简化起见一般可用以下公式计算：

$$台班经常修理费 = 台班大修理费 \times K \qquad (3\text{-}38)$$

式中，K 值为施工机械台班经常维修系数，K 等于台班经常维修费与台班大修理费的比值。如载重汽车 6t 以内为 5.61，6t 以上为 3.93；自卸汽车 6t 以内为 4.44，6t 以上为 3.34；塔式起重机为 3.94 等。

d. 安拆费及场外运费：安拆费指施工机械在现场进行安装与拆卸所需的人工、材料、机械和试运转费，以及机械辅助设施的折旧、搭设、拆除等费用。

场外运费指施工机械整体或分体，从停放地点运至施工现场或由一个施工地点运至另一个施工地点，运输距离在 25km 以内的施工机械进出场及转移费用。包括施工机械的装卸、运输辅助材料及架线等费用。

安拆费及场外运费根据施工机械的不同，可分为计入台班单价、单独计算和不计算三种类型。

② 第二类费用的确定

a. 机上人员工资。机上人员工资指施工机械操作人员（如司机、司炉等）及其他操作人员的工资、津贴等。

b. 动力燃料费。该费用指施工机械在运转作业中所耗用的固体燃料（煤、木柴）、液体燃料（汽油、柴油）及水、电等费用。计算公式如下：

$$台班动力燃料费＝台班动力燃料消耗量×相应单价 \tag{3-39}$$

c. 养路费及车船使用税。养路费及车船使用税指施工机械按照国家有关规定应缴纳的养路费和车船使用税。计算公式如下：

$$台班养路费＝\frac{核定吨位×每月每吨养路费×12个月}{年工作台班} \tag{3-40}$$

$$台班车船使用税＝\frac{每年每吨车船使用税}{年工作台班} \tag{3-41}$$

d. 保险费。该费用指按照有关规定应缴纳的第三者责任险、车主保险费等。

3.4.4　单位估价表

(1) 单位估价表的概念

单位估价表，或称地区统一基价表。即全国各省、市、地区主管部门根据全国统一基础定额或企业基础定额中的每个项目所制定的综合工日、材料耗用（或摊销）量、机械台班量等定额数量，乘以本地区所确定的人工单价、材料取定价和机械台班单价等，而制定出的定额各相应项目的基价、人工费、材料费和机械费等以货币形式表现出来的一种价格表，称为单位估价表或本地区的统一基价表。单位估价表是各个分项工程单位预算价格的一种货币形式价值指标。它是现行建筑工程预算定额在某个城市或地区的另一种表现形式，是该城市或地区编制施工图预算的直接基础资料。

(2) 单位估价表计价的确定

$$\text{定额基价}=\text{人工费}+\text{材料费}+\text{机械费} \tag{3-42}$$

$$\text{人工费}=\text{预算定额人工消耗工日数}\times\text{地区相应热工预算价格} \tag{3-43}$$

$$\text{材料费}=\Sigma\,(\text{预算定额材料消耗数量}\times\text{地区材料预算价格}) \tag{3-44}$$

$$\text{机械费}=\Sigma\,(\text{预算定额机械消耗数量}\times\text{地区相应机械台班预算价格}) \tag{3-45}$$

（3）单位估价表的编制依据

① 现行全国统一基础定额和本地区统一预算定额；

② 现行本地区建筑安装工人工资标准；

③ 现行本地区材料预算价格（包括材料市场价格和材料预算价格）；

④ 现行本地区施工机械台班预算价格；

⑤ 国家与地区有关单位估价表编制方法及其他有关规定及计算手册等资料。

（4）单位估价表与预算定额的关系

从理论上讲，预算定额只规定单位分项工程或结构构件的人工、材料、机械台班消耗的数量标准，不用货币表示。地区单位估价表是将单位分项工程或结构构件的人工、材料、机械台班消耗量在本地区用货币形式表示，一般不列工、料、机消耗的数量标准。但实际上，为了便于进行施工图预算的编制，往往将预算定额和地区单位估价表合并。即在预算定额中不仅列出"三量"指标，同时列出"三费"指标及定额基价，还列出基价所依据的单价并在附录中列出材料预算价格表，使预算定额与地区单位估价表融为一体。定额基价构成及其与定额关系如图 3-2 所示。

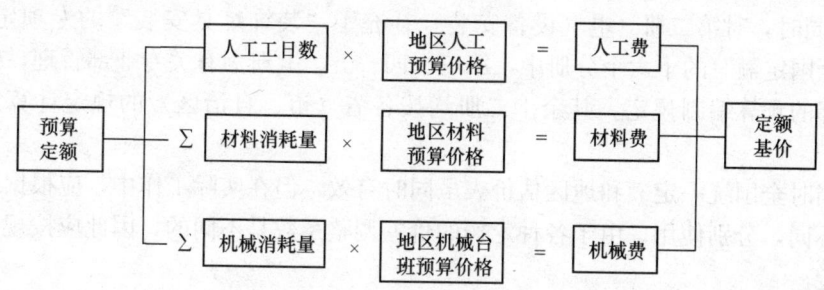

图 3-2　定额基价构成及其与定额关系

3.4.5　现行安装工程预算定额及其应用

1. 预算定额的组成及内容

全国统一安装工程预算定额由以下内容组成：

（1）册说明

介绍关于定额的主要内容、适用范围、编制依据、适用条件、工作内容以及工料、机械台班消耗量和相应预算价格的确定方法、确定依据等。

（2）目录

目录是为查、套定额提供索引。

（3）各章说明

介绍本章定额的适用范围、内容、计算规则以及有关定额系数的规定等。

（4）定额项目表

它是每册安装定额的核心内容。其中包括：分节工作内容、各分项定额的人工、材料和机械台班消耗量指标以及定额基价、未计价材料等内容。

（5）附录

一般置于各册定额表的后面，其内容主要有材料、元件等重量表、配合比表、损耗率表以及选用的一些价格表等。

2. 安装工程预算定额介绍

安装工程预算定额，是指完成单位安装工程量所消耗的人工、材料、机械台班的实物量指标，及其相应安装费基价的标准数值。它是编制安装工程预（结）算、计算主材及定额安装费的标准，也是各地区编制单位估价表的依据，还是编制概算定额、概算指标的基础资料。

以前，我国统一执行国家计委于 1986 年颁发的《全国统一安装工程预算定额》。该定额按技术专业区分共有十六册，另有"机械台班费"和"焊接材料耗量"两册定额资料。另外，1987 年以后陆续颁布了该定额的《解释汇编》两册和《工程量计算规则汇编》；1992 年又颁布了《补充定额汇编》（增添定额项目）；同时，对第二册（电气设备安装）补充了"装饰灯具安装"的专项定额。在"全国定额"的十六个分册中，第三、四、五、七册为有关专业部管理，执行专业部的预算编制规定。其余十二册均按各省（市、自治区）的规定计算预算费用。

当时全国统一定额和地区估价表虽同时有效，但在实际工作中，应根据安装专业不同，分别使用。由于各种定额的价差调整系数是不同的，因此应按规定分别取定。

目前，由原建设部批准，机械工业部主编，于 2000 年 3 月 17 日颁布了新的十二册版《全国统一安装工程预算定额》及配套的"安装工程量计算规则"。该定额是在总结 1986 年十六册"全国统一安装定额"执行情况的基础上，依据十多年经济发展和科学进度的新形势而制定的。

第一册　机械设备安装工程 GYD-201—2000；

第二册　电气设备安装工程 GYD-202—2000；

第三册　热力设备安装工程 GYD-203—2000；

第四册　炉窑砌筑工程 GYD-204—2000；

第五册　静置设备与工艺金属结构制作 GYD-205—2000；

第六册　工业管道工程 GYD-206—2000；

第七册　消防及安全防范设备安装工程 GYD-207—2000；

第八册　给水排水、采暖、燃气工程 GYD-208—2000；

第九册　通风空调工程 GYD-209—2000；

第十册　自动化控制装置及仪表安装工程 GYD-210—2000；

第十一册　刷油、防腐蚀、绝热工程 GYD-211—2000；

第十二册　通信设备及线路工程 GYD-212—2000（另行发布）。

此外，还有《全国统一安装工程施工仪器仪表台班费用定额》（GYD-201—1999）和《全国统一安装工程预算工程量计算规则》（GYD$_{GZ}$-201—2000）作为第一册～第十一册定额的配套使用。

3. 安装工程预算定额各专业定额执行界限

《全国统一安装工程预算定额》的各分册均有规定的适用范围，但是，由于工程内容的广泛，定额执行中难免相互交叉。因此，在区分主体与补充（附属）项目的条件下，必须划分相关的定额界限，才能实行合理调价、正确编制预算。1986 年版《全国统一安装工程预算定额》的十六个分册中，专业部管理四个分册，其余十二个分册归地方管理，因而定额执行界限作了明确规定。2000 年版《全国统一安装工程预算定额》的十二分册的项目多为通用安装内容，全部由地方管理，定额界限较明显，相互交叉内容较少。

2000 年《全国统一安装工程预算定额》执行简表　　表 3-2

分册	名称	标准代码	适用范围	备　注	执行规定
一	机械设备安装工程	CYD-201—2000	工业与民用建筑中新建，扩建及技术改造项目的通用机械设备安装工程	旧设备拆除按定额（人工＋机械）×50％计算	1. 原建设部于 2000 年 3 月 17 日发布实施；2. 主材执行市场价或地方政府指导价
二	电气设备安装工程	CYD-202—2000	工业与民用建筑中新建、扩建工程的 10kV 以下变配电设备及线路安装，车间动力、电气照明，防雷接地，电梯电气等安装	不用于高压 l0kV 以上输变电线路及发电站安装	
三	热力设备安装工程	CYD-203—2000	新建、扩建和技术改造项目中，各种工业锅炉设备安装		
四	炉窑砌筑工程	CYD-204—2000	新建、扩建和技术改造项目中，各种工业炉窑耐火与隔热砌体工程（其中蒸汽锅炉限于蒸发量 75t/h 以内中、小型），不定形面积材料内衬及炉内金具件的制作与安装	不含烟道	

续表

分册	名称	标准代码	适用范围	备　注	执行规定
五	静置设备与工艺金属结构制作安装工程	CYD-205—2000	金属容器、塔类、油罐、气柜及工艺结构等制作与安装	含单件重100kg以上管道支架、平台等	
六	工业管道工程	CYD-206—2000	厂区范围内生产用（含生产与生活共用）介质输送管道，如给水、排水、蒸汽、煤气等管道安装	不含地沟、回填、砌筑等	1. 原建设部于2000年3月17日发布实施；2. 主材执行市场价或地方政府指导价
七	消防及安全防范设备安装	CYD-207—2000	工业与民用建筑中新建、扩建和整体更新改造工程的消防及安全防范设备安装	管线、电气，通用机械、金属结构、仪表等相关分册	
八	给水排水、采暖、燃气工程	CYD-208—2000	工业与民用建筑工程中生活用给水排水、采暖、燃气项目的管道与设备安装	不含厂区外管道及厂区内生产用管道	
九	通风空调工程	CYD-209—2000	工业与民用建筑项目中的通风、空调工程		
十	自动化控制仪表安装工程	CYD-210—2000	新建、扩建项目中的自动化控制装置及仪表的安装调试，包括监控、监测、计算机、工厂通风等系统安装调试		
十一	刷油、防腐蚀、绝热工程	CYD-211—2000	设备、管道、金属结构等刷油、防腐蚀、绝热工程	安装工程的各册配套定额	
十二	通信设备及线路工程	CYD-212—2000	专业通信工程中管线、架空线、电缆、设备、公用电源等安装与调试		暂执行1986年"全统定额"第四、五册及颁布规定

　　为了合理区分特种专业和通用专业在定额执行中的界限，根据2000年版新定额的编制原则，参照1986年版原定额所规定的执行界限，以新定额十二分册

划分为基础，对定额执行界限介绍如下，以供判定。

（1）第一册"机械设备"、第三册"热力设备"，第五册"静置设备与工艺金属结构"的设备安装定额之间，执行以下划分界限：

①第一册适用于一般工业及民用建筑中常用的机械设备安装（通用机械）。其中风机、泵、压缩机的安装，如施工及验收技术规范要求必须解体拆装检查的，在套用安装定额时，同时执行本册拆装检查定额。化学工业工程中的通用设备可执行"第五册"，而专用设备则执行部管专项定额。各种传动设备安装，按规范要求解体拆装检查的，也可执行第一册拆装检查安装。

②第三册中的风机和泵的安装定额，只适用于电站和热力工程，且必须按设备型号对号套用。定额的工作内容已包括解体拆装、一般缺陷修理及随机供应的配套附件安装。要求机泵整套供货。

③第一册的安装定额已包括地脚螺栓二次灌浆。而第三册定额不包括二次灌浆，应执行第一册的二次灌浆定额。

（2）第六册"工业管道"、专业部"长输管道"、第八册"给水排水、采暖、燃气管道"及土建"市政管道"等，应执行以下划分界限：

①对于城市或厂矿的第一个接收站的站外管道，城市或厂矿第一个贮水池界外的供水管道，应执行专业部的"长输管道"定额。

②第六册、第八册与"市政管理"定额，均为两者碰头点分界。给水以水表井为界；排水以围墙外第一个污水井为界；燃气以总表为界。

③10km 到 25km 之间的缺项定额，架空输送管道执行第六册；埋地输送管道执行专业部定额。管道运输执行地方规定。

④城市供水和排水（不含住宅区）管道，城市燃气及油、气管道，执行"市政工程预算定额"。厂区内生产管道（或生产与生活共用），执行第六册定额。住宅区内的给水排水、蒸汽、燃气管道，应执行第八册定额。

（3）安装工程定额与土建工程定额，应执行以下划分界限：

①安装工程与土建工程是两个不同的施工专业系列，根据产品的不同（建筑物、构筑物与专用设备），执行不同的定额。

②建筑物的附属项目，如落水管安装、室外水泥排水管敷设、金属构配件制作与安装等，应执行建筑工程定额。

③与设备安装工程相配套的建筑物、构筑物，属于土建工程。如厂房、设备基础、贮水池、池沟、盖板等，应执行土建工程定额。

④土建工程系列中，应按专业不同，分别执行相应定额。如桥涵、场外道路、城市下水道等，属市政工程；场内道路、场内室外排水等，为建筑工程；绿化、园林小品、园内小桥、园林道路、水榭、亭廊等，执行"仿古园林"定额；拆除工程应执行修缮定额；建筑装饰、装潢工程也有专业定额。

（4）安装工程按技术专业不同，依据定额规定的"适用范围"划分界限。

2000 年版《全国统一安装工程预算定额》的十二个分册，都分别在其"说明"中，对定额的编制依据、使用范围、基价标定、加价系数、执行规定等，作了具体说明。因此，执行定额应按表 3-2 规定的"适用范围"严格划分界限。

4. 安装工程预算定额的应用要点

（1）设备与材料的划分

安装工程材料与设备界限的划分，目前国家尚未正式规定，通常凡是经过加工制造，由多种材料和部件按各自用途组成独特结构，具有功能、容量及能量传递或转换性能的机器、容器和其他机械、成套装置等均称为设备。而在工艺生产过程中不起单元工艺生产作用的设备本体以外的零配件、附件、成品、半成品等均称为材料。

（2）计价材料与未计价材料的区别

为提高概预算的准确性，安装工程中，多采用将常规计价材料和未计价材料费分开计取的方法。计价材料指编制定额时，其价格计入定额基价的材料。一般是所消耗的价值不是很大，在价格构成中占比较轻的辅助性或次要材料费用。未计价材料指构成工程实体的主体材料，由于其价格相差比较大且占造价比例比较高，只规定了它的名称、规格、品种和消耗数量，定额基价中，未计算它的价值，其价值是根据本地区定额，按地区材料预算单价（即材料预算价格）或当地材料市场价计算后汇总在预算表中。比如同规格的铜芯和铝芯同轴电缆，同是 5 芯电缆，由于材质不同，主材价格不同，但是安装费是一样的。简言之，未计价材就是定额子目中只有含量，没有单价的材料。

未计价材料消耗量与材料费计算方法为：

$$\text{某项未计价材料消耗量} = \text{工程量} \times \text{某项未计价材料定额消耗量} \quad (3\text{-}46)$$

$$\text{某项未计价材料费} = \text{工程量} \times \text{某项未计价材料定额消耗量} \times \text{材料预算价格}$$

$$(3\text{-}47)$$

（3）注意定额各册（篇）之间的关系

在编制单位工程施工图预算中，除需要使用本专业定额及有关资料外，还涉及其他专业定额的套用。而具体应用中，有时不同册（篇）定额所规定的费用等计算有所不同时，应该如何解决这一类问题呢？原则上按各定额册（篇）规定的计算规则计算工程量及有关费用。并且套用相应定额子目。如果定额各册（篇）规定不一样，此时要分清工程主次，采用"以主代次"的原则计算有关费用。比如主体工程使用的是第二册（篇）《电气设备安装工程》定额，而电气工程中支架的除锈、刷油等工程量需要套用第十一册（篇）《刷油、防腐蚀、绝热工程》中的相应子目，所以只能按第二册（篇）定额规定计算有关费用。

3.5 定额计价方式的建筑安装工程费用构成

3.5.1 按照工程造价形成的构成

我国建筑安装工程费按照工程造价形成由分部分项工程费、措施项目费、其他项目费、规费、税金组成，分部分项工程费、措施项目费、其他项目费又包含人工费、材料费、施工机具使用费、企业管理费和利润。其具体构成如图 3-3 所示。

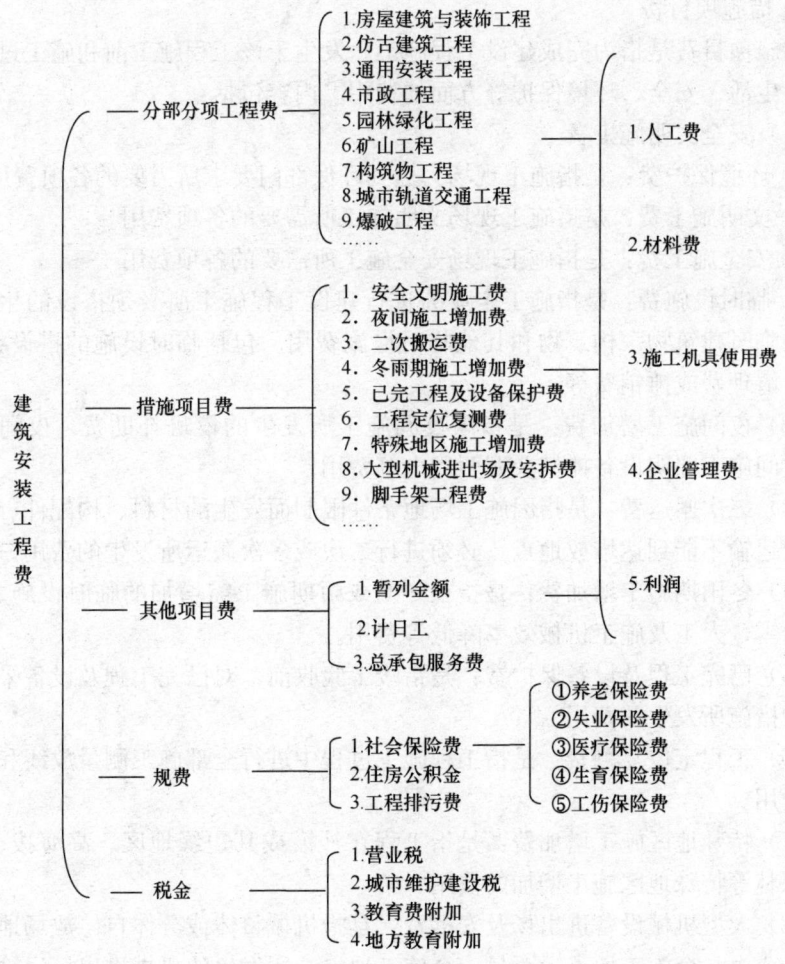

图 3-3 建筑安装工程费用组成

1. 分部分项工程费

分部分项工程费是指各专业工程的分部分项工程应予列支的各项费用。

（1）专业工程：是指按现行国家计量规范划分的房屋建筑与装饰工程、仿古建筑工程、通用安装工程、市政工程、园林绿化工程、矿山工程、构筑物工程、城市轨道交通工程、爆破工程等各类工程。

（2）分部分项工程：指按现行国家计量规范对各专业工程划分的项目。如房屋建筑与装饰工程划分的土石方工程、地基处理与桩基工程、砌筑工程、钢筋及钢筋混凝土工程等。

各类专业工程的分部分项工程划分见现行国家或行业计量规范。

2. 措施项目费

措施项目费是指为完成建设工程施工，发生于该工程施工前和施工过程中的技术、生活、安全、环境保护等方面的费用。内容包括：

（1）安全文明施工费

① 环境保护费：是指施工现场为达到环保部门要求所需要的各项费用。

② 文明施工费：是指施工现场文明施工所需要的各项费用。

③ 安全施工费：是指施工现场安全施工所需要的各项费用。

④ 临时设施费：是指施工企业为进行建设工程施工所必须搭设的生活和生产用的临时建筑物、构筑物和其他临时设施费用。包括临时设施的搭设、维修、拆除、清理费或摊销费等。

（2）夜间施工增加费：是指因夜间施工所发生的夜班补助费、夜间施工降效、夜间施工照明设备摊销及照明用电等费用。

（3）二次搬运费：是指因施工场地条件限制而发生的材料、构配件、半成品等一次运输不能到达堆放地点，必须进行二次或多次搬运所发生的费用。

（4）冬雨期施工增加费：是指在冬期或雨期施工需增加的临时设施、防滑、排除雨雪，人工及施工机械效率降低等费用。

（5）已完工程及设备保护费：是指竣工验收前，对已完工程及设备采取的必要保护措施所发生的费用。

（6）工程定位复测费：是指工程施工过程中进行全部施工测量放线和复测工作的费用。

（7）特殊地区施工增加费：是指工程在沙漠或其边缘地区、高海拔、高寒、原始森林等特殊地区施工增加的费用。

（8）大型机械设备进出场及安拆费：是指机械整体或分体自停放场地运至施工现场或由一个施工地点运至另一个施工地点，所发生的机械进出场运输及转移费用及机械在施工现场进行安装、拆卸所需的人工费、材料费、机械费、试运转费和安装所需的辅助设施的费用。

（9）脚手架工程费：是指施工需要的各种脚手架搭、拆、运输费用以及脚手架购置费的摊销（或租赁）费用。

措施项目及其包含的内容详见各类专业工程的现行国家或行业计量规范。

3. 其他项目费

（1）暂列金额：是指建设单位在工程量清单中暂定并包括在工程合同价款中的一笔款项。用于施工合同签订时尚未确定或者不可预见的所需材料、工程设备、服务的采购，施工中可能发生的工程变更、合同约定调整因素出现时的工程价款调整以及发生的索赔、现场签证确认等的费用。

（2）计日工：是指在施工过程中，施工企业完成建设单位提出的施工图纸以外的零星项目或工作所需的费用。

（3）总承包服务费：是指总承包人为配合、协调建设单位进行的专业工程发包，对建设单位自行采购的材料、工程设备等进行保管以及施工现场管理、竣工资料汇总整理等服务所需的费用。

4. 规费

规费是指按国家法律、法规规定，由省级政府和省级有关权力部门规定必须缴纳或计取的费用。包括：

（1）社会保险费

① 养老保险费：是指企业按照规定标准为职工缴纳的基本养老保险费。

② 失业保险费：是指企业按照规定标准为职工缴纳的失业保险费。

③ 医疗保险费：是指企业按照规定标准为职工缴纳的基本医疗保险费。

④ 生育保险费：是指企业按照规定标准为职工缴纳的生育保险费。

⑤ 工伤保险费：是指企业按照规定标准为职工缴纳的工伤保险费。

（2）住房公积金：是指企业按规定标准为职工缴纳的住房公积金。

（3）工程排污费：是指按规定缴纳的施工现场工程排污费。

其他应列而未列入的规费，按实际发生计取。

5. 税金

是指国家税法规定的应计入建筑安装工程造价内的营业税、城市维护建设税、教育费附加以及地方教育附加。

建筑安装工程税金是指国家税法规定的应计入建筑安装工程费用的营业税，城市维护建设税及教育费附加。

① 营业税

营业税是按计税营业额乘以营业税税率确定。其中建筑安装企业营业税税率为 3%。计算公式为：

$$应纳营业税 = 计税营业额 \times 3\% \tag{3-48}$$

计税营业额是含税营业额，指从事建筑、安装、修缮、装饰及其他工程作业收取的全部收入，包括建筑、修缮、装饰工程所用原材料及其他物资和动力的价款。当安装的设备的价值作为安装工程产值时，亦包括所安装设备的价款。但建筑安装工程总承包方将工程分包或转包给他人的，其营业额中不包括付给分包或转包方的价款。营业税的纳税地点为应税劳务的发生地。

② 城市维护建设税

城市维护建设税是为筹集城市维护和建设资金，稳定和扩大城市、乡镇维护建设的资金来源，而对有经营收入的单位和个人征收的一种税。

城市维护建设税是按应纳营业税额乘以适用税率确定，计算公式为：

$$应纳税额＝应纳营业税额×适用税率 \tag{3-49}$$

城市维护建设税的纳税地点在市区的，其适用税率为营业税的 7%；所在地为县镇的，其适用税率为营业税的 5%，所在地为农村的，其适用税率为营业税的 1%。城建税的纳税地点与营业税纳税地点相同。

③ 教育费附加

教育费附加是按应纳营业税额乘以 3% 确定，计算公式为：

$$应纳税额＝应纳营业税额×3\% \tag{3-50}$$

建筑安装企业的教育费附加要与其营业税同时缴纳。即使办有职工子弟学校的建筑安装企业，也应当先缴纳教育费附加，教育部门可根据企业的办学情况，酌情返还给办学单位，作为对办学经费的补助。

④ 地方教育附加

地方教育附加是指各省、自治区、直辖市根据国家有关规定，为实施"科教兴省"战略，增加地方教育的资金投入，促进本省、自治区、直辖市教育事业发展，开征的一项地方政府性基金。该收入主要用于各地方的教育经费的投入补充。按照地方教育附加使用管理规定，在各省、直辖市的行政区域内，凡缴纳增值税、消费税、营业税的单位和个人，都应按规定缴纳地方教育附加。地方教育费附加，以单位和个人实际缴纳的增值税、消费税、营业税的税额为计征依据。与增值税、消费税、营业税同时计算征收，征收率由各省地方税务机关自行制定。

$$地方教育附加＝（增值税＋消费税＋营业税）×2\% \tag{3-51}$$

3.5.2　按照费用构成要素的构成

我国建筑安装工程费按照费用构成要素划分为：人工费、材料（包含工程设备，下同）费、施工机具使用费、企业管理费、利润、规费和税金组成。其中人工费、材料费、施工机具使用费、企业管理费和利润包含在分部分项工程费、措施项目费、其他项目费中（见图 3-3）。

1. 人工费

　　人工费是指按工资总额构成规定，支付给从事建筑安装工程施工的生产工人和附属生产单位工人的各项费用。内容包括：

　　(1) 计时工资或计件工资：是指按计时工资标准和工作时间或对已做工作按计件单价支付给个人的劳动报酬。

　　(2) 奖金：是指对超额劳动和增收节支支付给个人的劳动报酬。如节约奖、劳动竞赛奖等。

　　(3) 津贴补贴：是指为了补偿职工特殊或额外的劳动消耗和因其他特殊原因支付给个人的津贴，以及为了保证职工工资水平不受物价影响支付给个人的物价补贴。如流动施工津贴、特殊地区施工津贴、高温 (寒) 作业临时津贴、高空津贴等。

　　(4) 加班加点工资：是指按规定支付的在法定节假日工作的加班工资和在法定日工作时间外延时工作的加点工资。

　　(5) 特殊情况下支付的工资：是指根据国家法律、法规和政策规定，因病、工伤、产假、计划生育假、婚丧假、事假、探亲假、定期休假、停工学习、执行国家或社会义务等原因按计时工资标准或计时工资标准的一定比例支付的工资。

　　2. 材料费

　　材料费是指施工过程中耗费的原材料、辅助材料、构配件、零件、半成品或成品、工程设备的费用。内容包括：

　　(1) 材料原价：是指材料、工程设备的出厂价格或商家供应价格。

　　(2) 运杂费：是指材料、工程设备自来源地运至工地仓库或指定堆放地点所发生的全部费用。

　　(3) 运输损耗费：是指材料在运输装卸过程中不可避免的损耗。

　　(4) 采购及保管费：是指为组织采购、供应和保管材料、工程设备的过程中所需要的各项费用。包括采购费、仓储费、工地保管费、仓储损耗。

　　工程设备是指构成或计划构成永久工程一部分的机电设备、金属结构设备、仪器装置及其他类似的设备和装置。

　　3. 施工机具使用费

　　施工机具使用费是指施工作业所发生的施工机械、仪器仪表使用费或其租赁费。

　　(1) 施工机械使用费：以施工机械台班耗用量乘以施工机械台班单价表示，施工机械台班单价应由下列七项费用组成：

　　① 折旧费：指施工机械在规定的使用年限内，陆续收回其原值的费用。

　　② 大修理费：指施工机械按规定的大修理间隔台班进行必要的大修理，以恢复其正常功能所需的费用。

　　③ 经常修理费：指施工机械除大修理以外的各级保养和临时故障排除所需

的费用。包括为保障机械正常运转所需替换设备与随机配备工具附具的摊销和维护费用，机械运转中日常保养所需润滑与擦拭的材料费用及机械停滞期间的维护和保养费用等。

④ 安拆费及场外运费：安拆费指施工机械（大型机械除外）在现场进行安装与拆卸所需的人工、材料、机械和试运转费用以及机械辅助设施的折旧、搭设、拆除等费用；场外运费指施工机械整体或分体自停放地点运至施工现场或由一施工地点运至另一施工地点的运输、装卸、辅助材料及架线等费用。

⑤ 人工费：指机上司机（司炉）和其他操作人员的人工费。

⑥ 燃料动力费：指施工机械在运转作业中所消耗的各种燃料及水、电等。

⑦ 税费：指施工机械按照国家规定应缴纳的车船使用税、保险费及年检费等。

（2）仪器仪表使用费：是指工程施工所需使用的仪器仪表的摊销及维修费用。

4. 企业管理费

企业管理费是指建筑安装企业组织施工生产和经营管理所需的费用。内容包括：

（1）管理人员工资：是指按规定支付给管理人员的计时工资、奖金、津贴补贴、加班加点工资及特殊情况下支付的工资等。

（2）办公费：是指企业管理办公用的文具、纸张、账表、印刷、邮电、书报、办公软件、现场监控、会议、水电、烧水和集体取暖降温（包括现场临时宿舍取暖降温）等费用。

（3）差旅交通费：是指职工因公出差、调动工作的差旅费、住勤补助费，市内交通费和误餐补助费，职工探亲路费，劳动力招募费，职工退休、退职一次性路费，工伤人员就医路费，工地转移费以及管理部门使用的交通工具的油料、燃料等费用。

（4）固定资产使用费：是指管理和试验部门及附属生产单位使用的属于固定资产的房屋、设备、仪器等的折旧、大修、维修或租赁费。

（5）工具用具使用费：是指企业施工生产和管理使用的不属于固定资产的工具、器具、家具、交通工具和检验、试验、测绘、消防用具等的购置、维修和摊销费。

（6）劳动保险和职工福利费：是指由企业支付的职工退职金、按规定支付给离休干部的经费，集体福利费、夏季防暑降温、冬季取暖补贴、上下班交通补贴等。

（7）劳动保护费：是企业按规定发放的劳动保护用品的支出。如工作服、手套、防暑降温饮料以及在有碍身体健康的环境中施工的保健费用等。

（8）检验试验费：是指施工企业按照有关标准规定，对建筑以及材料、构件和建筑安装物进行一般鉴定、检查所发生的费用，包括自设试验室进行试验所耗用的材料等费用。不包括新结构、新材料的试验费，对构件做破坏性试验及其他特殊要求检验试验的费用和建设单位委托检测机构进行检测的费用，对此类检测发生的费用，由建设单位在工程建设其他费用中列支。但对施工企业提供的具有合格证明的材料进行检测不合格的，该检测费用由施工企业支付。

（9）工会经费：是指企业按《工会法》规定的全部职工工资总额比例计提的工会经费。

（10）职工教育经费：是指按职工工资总额的规定比例计提，企业为职工进行专业技术和职业技能培训，专业技术人员继续教育、职工职业技能鉴定、职业资格认定以及根据需要对职工进行各类文化教育所发生的费用。

（11）财产保险费：是指施工管理用财产、车辆等的保险费用。

（12）财务费：是指企业为施工生产筹集资金或提供预付款担保、履约担保、职工工资支付担保等所发生的各种费用。

（13）税金：是指企业按规定缴纳的房产税、车船使用税、土地使用税、印花税等。

（14）其他：包括技术转让费、技术开发费、投标费、业务招待费、绿化费、广告费、公证费、法律顾问费、审计费、咨询费、保险费等。

5. 利润

利润是指施工企业完成所承包工程获得的盈利。利润的计算同样因计算基础的不同而不同。

① 以直接费为计算基础时利润的计算方法：
$$利润＝（直接费＋间接费）×相应利润率（\%） \tag{3-52}$$

② 以人工费和机械费为计算基础时利润的计算方法：
$$利润＝直接费中的人工费和机械费合计×相应利润率（\%） \tag{3-53}$$

③ 以人工费为计算基础时利润的计算方法：
$$利润＝直接费中的人工费合计×相应利润率（\%） \tag{3-54}$$

在建设产品的市场定价过程中，应根据市场的竞争状况适当确定利润水平。取定的利润水平过高可能会导致丧失一定的市场机会，取定的利润水平过低又会面临很大的市场风险，相对于相对固定的成本水平来说，利润率的选定体现了企业的定价政策，利润率的确定是否合理也反映出企业的市场成熟度。

6. 规费

规费是指按国家法律、法规规定，由省级政府和省级有关权力部门规定必须缴纳或计取的费用。同 3.5.1.4。

7. 税金

税金是指国家税法规定的应计入建筑安装工程造价内的营业税、城市维护建设税、教育费附加以及地方教育附加。同 3.5.1.5。

复习思考题

1. 建设工程定额的分类方法有哪几种？各分为哪些种类？

2. 什么是企业定额？什么是预算定额？二者有何区别与联系？

3. 为什么一般只会在安装工程概预算中出现未计价主材？计价材料和未计价主材材料费在计入预算表中时，有何区别？

4. 若安装成合格产品的 1000m² 某塑料管道需要 1022.6 米该种管材，试计算该管材的损耗率与损耗系数？

5. 要丝接安装 DN20 的管道，每 100m 的时间定额若为 2.5 个工日，请计算每工产量定额是多少？若由 10 名工人组成的班组安装（组织合理的情况下）1600 米该管道，需要多少天完成？

6. 定额计价模式下，建筑安装工程费用构成有哪两种分类方式，分别由哪些项目构成？

7. 根据计算基础不同，利润的计算包括哪些？

第4章 工程量清单及其计价

4.1 概 述

4.1.1 工程量清单的概念及作用

工程量清单（Bills of Quantities，简称 B. Q）是指建设工程的分部分项工程项目、措施项目、其他项目、规费项目和税金项目的名称和相应数量等内容的明细清单。工程量清单是工程量清单计价的基础，贯穿于建设工程的招投标阶段和施工阶段，是编制招标控制价、投标报价、计算工程量、支付工程款、调整合同价款、办理竣工结算及工程索赔等的依据。其主要作用如下：

（1）工程量清单为投标者提供一个公开、公平、公正的竞争环境。工程量清单作为招标文件的组成部分，由招标人统一提供给投标者，统一的工程量避免了由于计算不准确和项目不一致等人为因素造成的不公正影响，使投标者站在同一起跑线上，创造了一个公平的竞争环境。

（2）工程量清单是建设工程计价和询标、评标的基础。在招投标过程中，招标控制价的编制和投标人的投标报价，都必须在工程量清单的基础上进行计算，且为后面的询标、评标奠定了基础。

（3）工程量清单是工程付款和结算的依据。在施工阶段，发包人依照承包人完成的工程量清单中规定的内容以及合同单价支付工程进度款。工程结算时，承发包双方按照工程量清单计价表中的序号对已实施的工程或项目，按合同单价和相关合同条款核算结算价款。

（4）工程量清单是调整工程价款、处理工程索赔的依据。当发生工程变更或工程索赔事件后，根据工程量清单和合同单价来调整合同价款或计算索赔费用。

（5）有利于实现风险的合理分担。计价规范中规定：采用工程量清单计价的工程，应在招标文件、合同中明确计价中的风险内容及其范围（幅度），不得采用无限风险、所有风险或类似语句规定计价中的风险内容及其范围（幅度）。综合单价中应包括招标文件中划分的应由投标人承担的风险范围及其费用，招标文件中没有明确的，应提请招标人明确。从而避免了业主和投标单位因风险承担不对等而产生争议或纠纷，且这种要求符合风险合理分担与责权对等的原则。

4.1.2　工程量清单计价规范简介

工程量清单计价是一种主要由市场定价的计价模式，即招标人提供工程项目的工程量清单，投标人根据工程量清单自主报价，通过评标竞争确定工程造价的计价方式。为了适应我国建设市场和工程投资体制改革及建设管理体制改革的需要，加快我国建筑工程计价模式与国际接轨的步伐，建设部于 2003 年颁布实施《建设工程工程量清单计价规范》GB 50500—2003，并在全国范围内逐步推广工程量清单计价方法，这是我国工程造价管理过程中一个里程碑式的改革。GB 50500—2003 规范实施以来，在各地和有关部门的工程建设中得到了有效推行，积累了宝贵的经验，取得了丰硕的成果。但在执行中，也反映出一些不足之处。

2008 年住房和城乡建设部标准定额司在对 GB 50500—2003 进行修订的基础上，推出了《建设工程工程量清单计价规范》GB 50500—2008。GB 50500—2008 规范总结了实施以来的经验，针对执行中存在的问题，特别是清理拖欠工程款工作中普遍反映的，在工程实施阶段中有关工程价款调整、支付、结算等方面缺乏依据的问题，主要修编了原规范正文中不尽合理、可操作性不强的条款及表格格式，特别增加了采用工程量清单计价如何编制工程量清单和招标控制价、投标报价、合同价款约定以及工程计量与价款支付、工程价款调整、索赔、竣工结算、工程计价争议处理等内容，并增加了条文说明。GB 50500—2008 规范的出台，对巩固工程量清单计价改革的成果，进一步规范工程量清单计价行为具有十分重要的意义。

为规范建设工程施工发承包计价行为，顺应市场要求，结合建设工程行业特点，统一建设工程工程量清单的编制和计价方法，实现"政府宏观调控、部门动态监管、企业自主报价、市场形成价格"的宏观目标，在总结以往经验的基础上，住房和城乡建设部与国家质量监督检验检疫总局及时对《建设工程工程量清单计价规范》GB 50500—2008 进行全方位修改、补充和完善，于 2013 年发布施行了国家标准《建设工程工程量清单计价规范》GB 50500—2013（以下简称《计价规范》）。该《计价规范》适用于建设工程施工发承包计价活动，共 15 章，具体内容涵盖了从工程招投标开始到工程竣工结算办理完毕的全过程，包括招标工程量清单、招标控制价、投标报价、合同价款约定、工程计量、合同价款调整、合同价款中期支付、竣工结算与支付、合同解除的价款结算与支付、合同价款争议的解决、工程计价资料与档案以及计价表格。

与 GB 50500—2008 规范相比，《计价规范》将原清单规范中的六个专业（建筑、装饰、安装、市政、园林、矿山），重新进行了精细化调整，调整后分为九个专业，分别为房建筑与装饰工程、通用安装工程、市政工程、园林绿化工程、仿古建筑工程、矿山工程、构筑物工程、城市轨道交通工程、爆破工程。由此可见清单规范各个专业之间的划分更加清晰、更有针对性。

《计价规范》新增了对招标工程量清单和已标价工程量清单做了明确阐释。且对发包人提供的暂供材料、暂估材料及承包人提供的材料等处理方式做了明确说明。对计价风险的说明，由以前的适用性条文修改为了强制性条文：采用工程量清单计价的工程，应在招标文件、合同中明确计价中的风险内容及其范围（幅度），不得采用无限风险、所有风险或类似语句规定计价中的风险内容及其范围（幅度）。并且新增了对风险的补充说明：综合单价中应包括招标文件中划分的应由投标人承担的风险范围及其费用，如是工程造价咨询人编制，应提请招标人明确；如是招标人编制，应予明确。新增了对招标控制价复查结果的更正说明：当招标控制价复查结论与原公布的招标控制价误差大于±3％的，应当责成招标人改正。诸多由适用性改为强制性的条文和新增的责任划分说明，都透露出随着计价的改革，清单规范对责任划分原则更加清晰明确，对发承包双方应承担的责任尽可能的明确，以减少后期出现的争议。

原清单规范对工程量偏差的说明，只是给出了解决方式，但未明确给出调整的比例和计算过程，而《计价规范》给出了明确的计算说明：合同履行期间，若工程变更导致清单项目的工程数量发生变化，且超过工程量偏差超过 15％时，调整原则为：a. 工程量增加 15％以上时，其增加部分的工程量的综合单价应予调低；b. 当工程量减少 15％以上时，减少后剩余部分的工程量的综合单价应予调高，并给出了详细的调整公式。且对工程变更引起综合单价的调整明确给出了调整综合单价的计算方式。

4.1.3 工程量清单计价的特点

工程量清单计价具有强制性、实用性、竞争性、通用性的特点。

（1）强制性。主要表现在，一是由建设主管部门按照强制性国家标准的要求批准颁布，规定全部使用国有资金或国有资金投资为主的大中型建设工程应按计价规范规定执行；二是明确工程量清单是招标文件的组成部分，并规定了招标人在编制工程量清单时必须遵守的规定做到四统一即：统一项目编码、项目名称、计量单位、工程量计算规则。

（2）实用性。附录中工程量清单项目及计算规则的项目名称表现的是工程实体项目，项目名称明确清晰，工程量计算规则简洁明了；特别还列有项目特征和工程内容，易于编制工程量清单时确定具体项目名称和投标报价。

（3）竞争性。一是《计价规范》中的措施项目，清单中只列措施项目名称一栏，投标人根据企业的施工组织设计，视具体情况报价。因为这些项目在各个企业间各有不同，是企业竞争项目，是留给企业竞争的空间；二是《计价规范》中人工、材料可以依据企业的定额和市场价格信息，也可以参照建设行政主管部门发布的社会平均消耗量定额进行报价，将报价权交给了企业。

（4）通用性。采用工程量清单计价将于国际惯例接轨，符合工程量计算方法标准化、工程量计算规则统一化、工程造价确定市场化的要求。

4.2　工程量清单的编制

工程施工招标发包可采用多种方式，但采用工程量清单方式招标发包，工程量清单必须作为招标文件的组成部分，连同招标文件并发（或售）给投标人。其准确性和完整性由招标人负责，投标人依据工程量清单进行投标报价。工程量清单应由具有编制能力的招标人编制，或受其委托具有相应资质工程造价咨询资质人进行编制。

工程量清单由分部分项工程量清单、措施项目清单、其他项目清单、规费项目清单、税金项目清单组成。

4.2.1　编制工程量清单的依据

编制工程量清单的依据如下：

（1）《建设工程工程量清单计价规范》GB 50500—2013 和相关工程的国家计量规范；

（2）国家或省级、行业建设主管部门颁发的计价依据和办法；

（3）建设工程设计文件及相关资料；

（4）与建设工程项目有关的标准、规范、技术资料；

（5）拟定的招标文件；

（6）施工现场情况、地勘水文资料、工程特点及常规施工方案；

（7）其他相关资料。

4.2.2　编制工程量清单的程序

（1）做好准备工作。熟悉了解工程设计文件、工程地质水文资料、施工现场情况、国家和省市工程量清单方面的法律法规及相关规定等各种资料，做好计算等方面的工作。

（2）编制分部分项工程量清单。分部分项工程量清单应根据《计价规范》及相关工程现行国家计量规范规定的项目编码、项目名称、项目特征、计量单位和工程量计算规则进行编制。

（3）编制措施项目清单、其他项目清单、规费项目清单、税金项目清单。

（4）编写总说明。

4.2.3　分部分项工程量清单的编制

分部分项工程量清单应包括五个要件——项目编码、项目名称、项目特征、计量单位、工程量，这五个要件在分部分项工程量清单的组成中缺一不可。应根据相关工程现行国家计量规范规定的项目编码、项目名称、项目特征、计量单位和工程量计算规则进行编制。分部分项工程量清单编制程序见图 4-1。

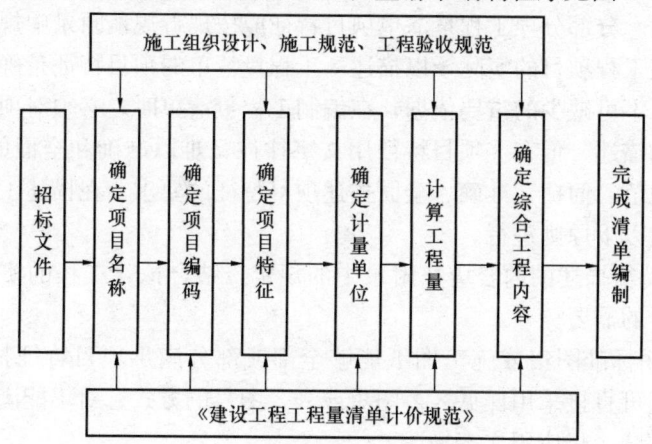

图 4-1　分部分项工程量清单编制程序

（1）项目名称的确定

分部分项工程量清单的项目名称应按现行规范附录的项目名称结合拟建工程的实际确定。附录中未包括的项目，在编制工程量清单时，编制人应作补充。在编制补充项目时应注意以下三个方面：

① 补充项目的编码应按规范的规定确定；

② 在工程量清单中应附补充项目的项目名称、项目特征、计量单位、工程量计算规则和工作内容；

③ 将编制的补充项目报省级或行业工程造价管理机构备案。

（2）项目编码的设置

项目编码是对分部分项工程量清单项目名称规定的数字标识。分部分项工程量清单项目编码，以五级编码设置，采用十二位阿拉伯数字表示。一至九位应按现行规范附录的规定设置，十至十二位应根据拟建工程的工程量清单项目名称设置，同一招标工程的项目编码不得有重码。第一级为工程分类顺序码（分二位：01—房屋建筑与装饰工程；02—仿古建筑工程；03—通用安装工程；04—市政工程；05—园林绿化工程；06—矿山工程；07—构筑物工程；08—城市轨道交通工程；09—爆破工程。以后进入国标的专业工程代码以此类推）；第二级为专业工程顺序码（分二位）；第三级为分部工程顺序码（分二位）；第四级为分项工程项目名称顺序码（分三位）；第五级为工程量清单项目名称顺序码（由工程量清单编制人编制，从 001 开始）。如 031001004001 表示通用安装工程第十章给水排水、采暖、燃气工程第一节给水排水、采暖、燃气管道铜管第 001。

（3）项目特征的描述

项目特征是对体现分部分项工程量清单、措施项目清单价值的特有属性和本质特征的描述。分部分项工程量清单项目特征应按现行规范附录中规定的项目特征，结合拟建工程项目的实际予以描述。工程量清单的项目特征是确定一个清单项目综合单价不可缺少的重要依据，在编制工程量清单时，必须对项目特征进行准确和全面的描述，但有些项目特征用文字往往又难以准确和全面的描述清楚。因此为达到规范、简捷、准确、全面描述项目特征的要求，在描述工程量清单项目特征时应按以下原则进行。

① 项目特征描述的内容应按附录中的规定，结合拟建工程的实际，能满足确定综合单价的需要。

② 若采用标准图集或施工图纸能够全部或部分满足项目特征描述的要求，项目特征描述可直接采用详见××图集或××图号的方式。对不能满足项目特征描述要求的部分，仍应用文字描述。

清单项目特征主要涉及项目的自身特征如材质、型号、规格等；项目的工艺特征及对项目施工方法可能产生影响的特征。投标人的报价受这些特征影响很大。若项目特征描述不清，将导致投标人对招标人的需求理解不全面，达不到正确报价的目的。对清单项目特征不同的项目应分别列项，如基础工程，仅混凝土强度等级不同，足以影响投标人的报价，故应分开列项。

承包人在招标工程量清单中对项目特征的描述，应被认为是准确的和全面的，并且与施工要求相符合。承包人应按照发包人提供的工程量清单，根据其项目特征描述的内容及有关要求实施合同工程，直到其被改变为止。合同履行期间，出现实际施工设计图纸（含设计变更）与招标工程量清单任一项目的特征描述不符，且该变化引起该项目的工程造价增减变化的，应按照实际施工的项目特征重新确定相应工程量清单项目的综合单价，计算调整的合同价款。

（4）计量单位的确定

分部分项工程量清单项目的计量单位应按现行规范附录中规定的计量单位确定。当计量单位有两个或两个以上时，应根据所编工程量清单项目的特征要求，选择最适宜表现该项目特征并方便计量的单位。除各专业另有特殊规定外，均按以下基本单位进行计量：

①以重量计算的项目——吨或千克（t 或 kg）；

②以体积计算的项目——立方米（m^3）；

③以面积计算的项目——平方米（m^2）；

④以长度计算的项目——米（m）；

⑤以自然计量单位计算的项目——个、套、块、组、台……

⑥没有具体数量的项目——宗、项……

（5）工程量计算

分部分项工程量清单项目工程量的计算原则应按现行规范附录中规定的工程量计算规则计算。工程量计算规则是指对清单项目工程量的计算规定。除另有特殊说明外，所有清单项目的工程量以实体工程量为准，且以完成后的净值计算。因此，在计算综合单价时应考虑施工中的各种损耗和需要增加的工程量，或在措施费清单中列入相应的措施费用。采用工程量清单计算规则，工程实体的工程量是唯一的。统一的清单工程量，为投标者提供了一个平等竞争的条件，由企业根据自身的实力填写不同的单价，以方便招标人对不同的报价进行比较。

4.2.4　措施项目清单的编制

措施项目清单是指为完成工程项目施工，发生于该工程施工准备和施工过程中技术、生活、安全、环境保护等方面的项目清单。措施项目清单应根据相关工程现行国家计量规范的规定编制。措施项目清单应根据拟建工程的实际情况列项。由于影响措施项目设置的因素太多，计量规范不可能将施工中可能出现的措施项目一一列出。在编制措施项目清单时，因工程情况不同，出现计价规范及附录中未列的措施项目，可根据工程的具体情况对措施项目清单进行补充。

措施项目中包括不能计算工程量的项目清单和可以计算工程量的项目清单。一般来说，不能计算的工程量的项目清单，其费用的发生和金额的大小与使用时间、施工方法或者两个以上工序相关，与实际完成的实体工程量的多少关系不大，以"项"为计量单位，如大中型施工机械进出场及安拆费、文明施工和安全防护、临时设施等，称为"总价项目"；可以计算工程量的项目清单宜采用分部分项工程量清单的方式编制，如脚手架工程等，更有利于措施费的确定和调整，称为"单价项目"。

措施项目清单的编制需考虑多种因素，除工程本身的因素外，还涉及水文、气象、环境、安全等因素。措施项目清单的编制，需要：（1）参考拟建工程的施工组织设计，以确定环境保护、文明安全施工、材料的二次搬运等项目；（2）参阅施工技术方案，以确定夜间施工、大型机具进出场及安拆、脚手架、垂直运输机械、组装平台、大型机具使用等项目；（3）参阅相关的施工规范与工程验收规范，可以确定施工技术方案没有表述的，但是为了实现施工规范与工程验收规范要求而必须发生的技术措施；（4）招标文件中提出的某些必须通过一定的技术措施才能实现的要求；（5）确定设计文件中不足以写进施工方案，但要通过一定的技术措施才能实现的内容。

措施项目清单为可调整清单，投标人对招标文件中所列项目，可根据企业自身特点作适当的变更增减。投标人要对拟建工程可能发生的措施项目和措施费用作通盘考虑。清单一经报出，即被认为是包括了所有应该发生的措施项目的全部费用。如果报出的清单中没有列项，且施工中又必须发生的项目，业主有权认为，其已经综合在分部分项工程量清单的综合单价中。将来措施项目发生时，投标人不得以任何借口提出索赔与调整。

4.2.5　其他项目清单的编制

工程建设标准的高低、工程的复杂程度、工程的工期长短、工程的组成内容、发包人对工程管理要求等都直接影响其他项目清单的具体内容。因此，根据拟建工程的具体情况和参考《计价规范》提供暂列金额、暂估价、计日工、总承包服务费 4 项内容作为列项；不足部分，应根据工程的具体情况进行补充。

（1）暂列金额

暂列金额是招标人在工程量清单中暂定并包括在合同价款中的一笔款项。用于工程合同签订时尚未确定或者不可预见的所需材料、工程设备、服务的采购，施工中可能发生的工程变更、合同约定调整因素出现时的合同价款调整以及发生的索赔、现场签证确认等费用。我国规定对政府投资工程实行概算管理，经项目审批部门批复的设计概算是工程投资控制的刚性指标，即使商业性开发项目也有成本的预先控制问题，否则，无法相对准确地预测投资的收益和科学合理地进行投资控制。但工程建设自身的特性决定了工程的设计需要根据工程进展不断地进行优化和调整，业主需求可能会随着工程建设进展而出现变化，工程建设过程还会存在一些不能预见、不能确定的因素。消化这些因素必然会影响合同价格的调整，暂列金额正是因应这类不可避免的价格调整而设立，以便达到合理确定和有效控制造价的目标 。已签约合同价中的暂列金额由发包人掌握使用。不管采用何种合同形式，其理想的标准是一份合同的价格就是其最终的竣工结算价格，或者至少两者应尽可能接近。

（2）暂估价

暂估价是指招标阶段直至签订合同协议时，招标人在招标文件中提供的用于支付必然发生但暂时不能确定价格的材料以及专业工程金额。类似于 FIDIC 合同条款中的 Prime Cost Items，是在招标阶段预见肯定要发生，只是因为标准不明确或者需要由专业承包人完成，暂时又无法确定具体价格时采用的一种价格形式。暂估价的数量和拟用项目应当结合工程量清单中的"暂估价表"予以补充说明。

暂估价包括材料暂估单价、工程设备暂估单价、专业工程暂估价。为方便合同管理，需要纳入分部分项工程项目清单综合单价中的暂估价应只是材料、工程设备费，以方便投标人组价。暂估价中的材料、工程设备暂估价应根据工程造价信息或参照市场价格估算。专业工程暂估价应是综合暂估价，包括除规费和税金以外的管理费、利润等。专业工程暂估价应分不同专业，按有关计价规定估算。

（3）计日工

计日工是为解决现场零星工作采取的一种计价方式。国际上常见的标准合同条款中，大多数都设立了计日工（Daywork）计价机制。它以完成零星工作所消耗的人工工时、材料数量、机械台班进行计量，并按照计日工表中填报的适用项目的单价进行计价支付。计日工适用的所谓零星工作一般是指合同约定之外的或者因变更而产生的、工程量清单中没有相应项目的额外工作，尤其是那些时间不允许事先商定价格的额外工作。

（4）总承包服务费

总承包服务费是为了解决招标人在法律、法规允许的条件下进行专业工程分包及自行供应材料、工程设备，并需要总承包人对发包的专业工程提供协调和配合服务，对甲供材料、工程设备提供收、发和保管以及施工现场管理时发生并向总承包人支付的费用。招标人应当预计该项费用并根据投标人的投标报价向投标人支付该项费用。

4.2.6　规费项目清单的编制

规费项目清单应根据《建筑安装工程费用项目组成》建标［2013］44号文的规定，包括下列内容列项：

（1）社会保险费：包括养老保险费、失业保险费、医疗保险费、工伤保险费、生育保险费；

（2）住房公积金；

（3）工程排污费。

规费作为政府和有关权力部门规定必须缴纳的费用，编制人对《建筑安装工程费用项目组成》未包括的规费项目，在编制规费项目清单时应根据省级政府或省级有关权力部门的规定列项。

4.2.7　税金项目清单的编制

税金项目清单规费项目清单应根据《建筑安装工程费用项目组成》建标［2013］44号文的规定，包括下列内容：

（1）营业税；

（2）城市维护建设税；

（3）教育费附加；

（4）地方教育费附加

如国家税法发生变化，税务部门依据职权增加了税种，应对税金项目清单进行补充。

4.3　工程量清单计价

4.3.1　编　制　依　据

（1）《建设工程工程量清单计价规范》GB 50500—2013

清单计价规范中的项目编码、项目名称、计量单位、计算规则、项目特征、工程内容等，是计算清单工程量和计算计价工程量的依据。清单计价规范中的费用划分是计算综合单价、措施项目费、其他项目费、规费和税金的依据。

（2）工程招标文件

工程招标文件包括对拟建工程的技术要求、分包要求、材料供货方式的要求等，是确定分部分项工程量清单、措施项目清单、其他项目清单的依据。

（3）建设工程设计文件及相关资料

建设工程设计文件是计算清单工程量、计价工程量、措施项目清单等的依据。

（4）企业定额，国家或省级、行业建设主管部门颁发的计价定额

该定额是计算计价工程量的工料机消耗量后，确定综合单价的依据。

（5）工料机市场价

工料机市场价是计算综合单价的依据。

（6）工程造价管理机构发布的管理费率、利润率、规费费率、税率等造价信息分别是计算管理费、利润、规费、税金的依据。

4.3.2　编　制　程　序

工程量清单计价应采用综合单价法，其计算程序如下：

① 计算清单工程量（一般由招标人提供）；

② 计算计价工程量；

③ 根据计价工程量套用计价定额或有关消耗量定额进行工料分析；

④ 确定工料机单价；

⑤ 分析和计算清单工程量的综合单价；

⑥ 计算分部分项工程量清单费；

⑦ 计算措施项目清单费；

⑧ 计算其他项目清单费；

⑨ 计算规费和税金；

⑩ 汇总工程量清单报价。

工程量清单计价编制程序示意图，如图 4-2 所示。

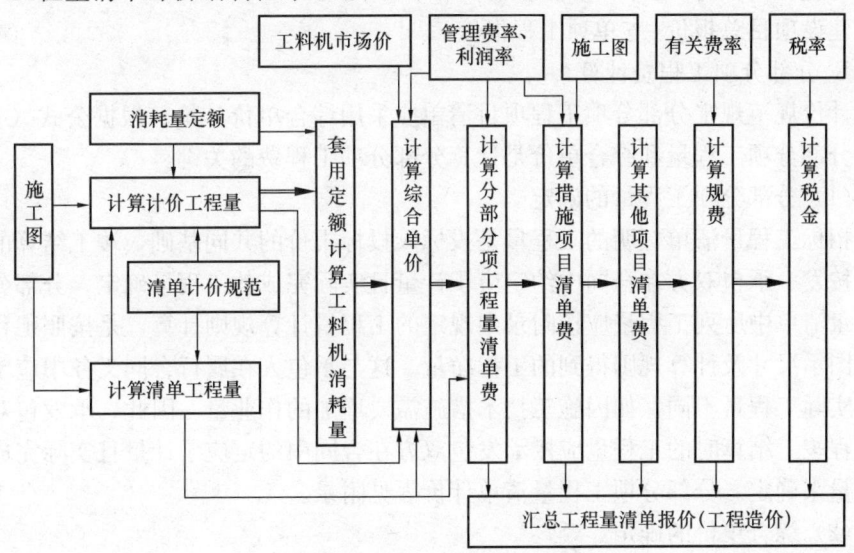

图 4-2 工程量清单计价编制程序示意图

4.3.3 工程量清单计价方法

工程量清单计价法是指建设工程招投标中，招标人按照国家统一的《建设工程工程量清单计价规范》GB 50500—2013，提供工程数量清单，由招标人依据工程量清单计算所需的全部费用，包括分部分项工程费、措施项目费、其他项目费、规费和税金，自主报价，并按照经评审合理低价中标的工程造价计价模式。《计价规范》规定实行工程量清单计价应采用综合单价法，不论分部分项工程项目、措施项目、其他项目、还是以单价或以总价形式表现的项目，其综合单价是指完成一个规定清单项目所需的人工费、材料和工程设备费、施工机具使用费和企业管理费、利润以及一定范围内的风险费用。综合单价计算见公式 4-1：

综合单价＝人工费＋材料费＋施工机具使用费＋企业管理费＋利润
　　　　＋由投标人承担的风险费用＋其他项目清单中的材料暂估价

(4-1)

利用综合单价法，需分项计算清单项目，再汇总得到工程总造价。

分部分项工程费＝∑(分部分项工程量×综合单价)　　　　　　　　　(4-2)

措施项目费＝∑(措施项目工程量×综合单价)＋∑单项措施费　　　　(4-3)

其他项目费＝暂列金额＋暂估价＋计日工＋总承包服务费　　　　　　(4-4)

单位工程造价＝分部分项工程费＋措施项目费＋其他项目费

＋规费＋税金   （4-5）

单项工程报价＝∑单位工程报价   （4-6）

建设项目总报价＝∑单项工程报价   （4-7）

1. 分部分项工程费计算

计价规范规定分部分项工程项目清单应采用综合单价计价。根据公式（4-2）确定分部分项工程量和综合单价是计算分部分项工程费的关键。

（1）分部分项工程量的确定

招标工程量清单标明的工程量是投标人投标报价的共同基础，竣工结算的工程量按发、承包双方在合同中约定应予计量且实际完成的工程量确定。分部分项工程量清单中所列工程量应按附录中规定的工程量计算规则计算，是按照工程图纸的图示尺寸及计算规则得到的工程净量。这与承包人在履行合同义务中应予完成的实际工程量不同，如因施工技术措施需要增加的作业量。因此，承发包双方在工程竣工结算时的工程量应按承发包双方在合同中约定应予计量且实际完成的工程量来确定。分部分项工程量清单计价表见附录。

（2）综合单价的确定

根据计价规范中工程量清单综合单价的定义可以看出，并不包括规费和税金等不可竞争的费用。综合单价的计算通常采用以计价定额为基础进行组合计算。因计价规范与定额中的工程量计算规则及工程内容等存在差异，故要通过具体计算后综合而成，而不是简单的将其所包含的各项费用进行汇总。计算步骤如图 4-3 所示。

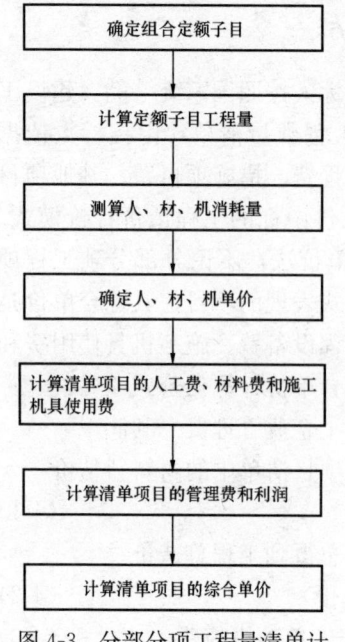

图 4-3 分部分项工程量清单计价综合单价的确定

① 确定组合定额子目

比较清单项目与定额项目的工程内容，并根据清单项目的特征描述，确定拟组价清单项目由哪些定额子目组合。

② 计算定额子目工程量

采用工程量清单计价时需要考虑施工方案、施工工法、工程现场条件等因素，应各按照与所采用的定额相对应的工程量计算规则进行计算。

③ 测算人、材、机消耗量

人、材、机消耗量计价规范中没有具体规定，一般可以采用企业定额或者参照建设行政主管部门发布的消耗量定额。

④ 确定人、材、机单价

根据工程项目的实际情况、市场资源的供求状况及市场价格，确定人工单价、材料价格和施工机械台班单价。

⑤ 计算清单项目人工费、材料费和施工机具使用费

$$人工费＋材料费＋施工机具使用费＝\Sigma 计价工程量 \times [\Sigma(人工消耗量 \times 人工单价)＋\Sigma(材料消耗量 \times 材料单价)＋\Sigma(施工机械台班消耗量 \times 机械台班单价)＋(工程使用的仪器仪表摊销费＋维修费)] \tag{4-8}$$

⑥ 计算清单项目的管理费和利润

企业管理费和利润通常按照相关的费率乘以计价基础计算。

⑦ 计算清单项目的综合单价

$$综合单价＝(人工费＋材料费＋施工机具使用费＋企业管理费＋利润)/清单工程量 \tag{4-9}$$

2. 措施项目费计算

措施项目清单计价应根据拟建工程的施工组织设计及可计量的措施项目，采用综合单价法计价（同分部分项工程综合单价法），并入分部分项工程量清单。不能计算工程量的措施项目，以“项”为计量单位进行计价，包括除规费、税金外的全部费用。措施项目清单中的安全文明施工费应按照国家或省级、行业建设主管部门的规定计价，不得作为竞争性费用。

措施项目费的计算如下：

（1）国家计量规范规定应予计量的措施项目，其计算公式为：

$$措施项目费＝\Sigma(措施项目工程量 \times 综合单价) \tag{4-10}$$

（2）国家计量规范规定不宜计量的措施项目计算方法如下

① 安全文明施工费

$$安全文明施工费＝计算基数 \times 安全文明施工费费率(\%) \tag{4-11}$$

计算基数应为定额基价（定额分部分项工程费＋定额中可以计量的措施项目费）、定额人工费或（定额人工费＋定额机械费），其费率由工程造价管理机构根据各专业工程的特点综合确定。

② 夜间施工增加费

$$夜间施工增加费＝计算基数 \times 夜间施工增加费费率(\%) \tag{4-12}$$

③ 二次搬运费

$$二次搬运费＝计算基数 \times 二次搬运费费率(\%) \tag{4-13}$$

④ 冬雨期施工增加费

$$冬雨期施工增加费＝计算基数 \times 冬雨期施工增加费费率(\%) \tag{4-14}$$

⑤ 已完工程及设备保护费

$$已完工程及设备保护费＝计算基数 \times 已完工程及设备保护费费率(\%) \tag{4-15}$$

上述②～⑤项措施项目的计费基数应为定额人工费或（定额人工费＋定额机械费），其费率由工程造价管理机构根据各专业工程特点和调查资料综合分析后确定。

3. 其他项目费

其他项目清单计价应根据工程特点和计价规范相应的条款。暂列金额应根据工程特点，按有关计价规定估算，施工过程中由建设单位掌握使用、扣除合同价款调整后如有余额，归建设单位。发包人在招标工程量清单中给定暂估价的材料、工程设备属于依法必须招标的，中标价格与招标工程量清单中所列的暂估价的差额以及相应的规费、税金等费用，应列入合同价格。发包人在工程量清单中给定暂估价的专业工程不属于依法必须招标的，由发包人、总承包人与分包人按有关计价依据进行计价。计日工由建设单位和施工企业按施工过程中的签证计价。总承包服务费应根据招标工程量清单中列出的内容和提出的要求所发生费用确定，施工企业投标时自主报价，施工过程中按签约合同价执行。

4. 规费与税金

规费和税金应按国家或省级、行业建设主管部门的规定计算，不得作为竞争性费用。计算规费时一般按国家及有关部门规定的计算公式和费率标准进行计算。

5. 风险费用的确定

风险是指工程项目建设过程中承发包双方在招投标活动、合同履约及施工中所面临的涉及工程造价方面的风险。采用工程量清单计价的工程，应在招标文件或合同中明确计价中的风险内容及其范围（幅度），不得采用无限风险、所有风险或类似语句规定计价中的风险内容及其范围（幅度）。若因国家法律、法规、规章和政策变化或省级或行业建设主管部门发布的人工费调整影响合同价款，应由发包人承担。由于承包人使用机械设备、施工技术以及组织管理水平等自身原因造成施工费用增加的应由承包人全部承担。

由于市场物价波动影响合同价款，应由发承包双方合理分摊并在合同中约定。合同中没有约定，发、承包双方发生争议时，按下列规定实施：

（1）材料、工程设备的涨幅超过招标时基准价格5％以上由发包人承担；

（2）施工机械使用费涨幅超过招标时的基准价格10％以上由发包人承担。

因不可抗力事件导致的费用，发、承包双方应按以下原则分别承担并调整工程价款：

（1）工程本身的损害、因工程损害导致第三方人员伤亡和财产损失以及运至施工场地用于施工的材料和待安装的设备的损害，由发包人承担；

（2）发包人、承包人人员伤亡由其所在单位负责，并承担相应费用；

（3）承包人的施工机械设备损坏及停工损失，由承包人承担；

（4）停工期间，承包人应发包人要求留在施工场地的必要的管理人员及保卫人员的费用由发包人承担；

（5）工程所需清理、修复费用，由发包人承担。

4.3.4　工程量清单计价表格

工程计价表宜采用统一格式。各省、自治区、直辖市建设行政主管部门和行业建设主管部门可根据本地区、本行业的实际情况，在 GB 50500—2013 计价规范中计价表格的基础上补充完善。

工程计价表格由工程计价文件封面、工程计价文件扉页、工程计价总说明、工程计价汇总表、分部分项工程和措施项目计价表、其他项目计价表、规费税金项目计价表、工程计量申请（核准）表及合同价款支付申请（核准表）主要材料、工程设备一览表组成，部分表格请见本书附录 A。

工程计价表格使用规定：

（1）工程量清单编制应符合下列规定：

① 工程量清单编制使用表格包括：封 A-1、扉 A-1、表 A-01、表 A-05、表 A-07、表 A-08、表 A-09、表 A-11、表 A-12 或表 A-13。

② 扉页应按规定的内容填写、签字、盖章，由造价员编制的工程量清单应由负责审核的造价工程师签字、盖章。受委托编制的工程量清单，应由造价工程师签字、盖章以及工程造价咨询人盖章。

③ 总说明应按下列内容填写：

a. 工程概况：建设规模、工程特征、计划工期、施工现场实际情况、自然地理条件、环境保护要求等。

b. 工程招标和专业工程发包范围。

c. 工程量清单编制依据。

d. 工程质量、材料、施工等的特殊要求。

e. 其他需要说明的问题。

（2）招标控制价、投标报价的编制应符合下列规定：

① 使用表格

a. 招标控制价使用表格包括：封 A-2、扉 A-2、表 A-01、表 A-02、表 A-03、表 A-04、表 A-05、表 A-06、表 A-07、表 A-08、表 A-09、表 A-11、表 A-12 或表 A-13。

b. 投标报价使用的表格包括：封 A-3、扉 A-3、表 A-02、表 A-03、表 A-04、表 A-05、表 A-06、表 A-07、表 A-08、表 A-09、表 A-10、招标文件提供的表 A-11、表 A-12 或表 A-13。

② 扉页应按规定的内容填写、签字、盖章，除承包人自行编制的投标报价和竣工结算外，受委托编制的招标控制价、投标报价、竣工结算，应由造价工程师签字、盖章以及工程造价咨询人盖章。

③总说明应按下列内容填写：

a. 工程概况：建设规模、工程特征、计划工期、合同工期、实际工期、施工现场及变化情况、施工组织设计的特点、自然地理条件、环境保护要求等。

b. 编制依据等。

（3）投标人应按招标文件的要求，附工程量清单综合单价分析表。

4.3.5 招标控制价的编制

1. 招标控制价的概念

招标控制价是指招标人根据国家或省级、行业建设主管部门颁发的有关计价依据和办法，以及拟定的招标文件和招标工程量清单，编制的招标工程的最高限价。有关招标控制价的一般规定：

（1）国有资金投资的工程建设项目应实行工程量清单招标，招标人应编制招标控制价。

（2）招标控制价应由具有编制能力的招标人或受其委托具有相应资质的工程造价咨询人编制和复核。

（3）招标控制价超过批准的概算时，招标人应将其报原概算审批部门审核。

（4）招标控制价应在招标时公布，不应上调或下浮，招标人应将招标控制价及有关资料报送工程所在地工程造价管理机构备查。

（5）投标人的投标报价高于招标控制价的，其投标应予以拒绝。

2. 计价依据

招标控制价的编制依据如下：

（1）《建设工程工程量清单计价规范》GB 50500—2013；

（2）国家或省级、行业建设主管部门颁发的计价定额和计价办法；

（3）建设工程设计文件及相关资料；

（4）拟定的招标文件及招标工程量清单；

（5）与建设项目相关的标准、规范、技术资料；

（6）施工现场情况、工程特点及常规施工方案；

（7）工程造价管理机构发布的工程造价信息；工程造价信息没有发布的，参照市场价；

（8）其他的相关资料。

3. 编制内容及方法

采用工程量清单计价时，分部分项工程费、措施项目费、其他项目费、规费和税金构成招标控制价的编制内容。

（1）分部分项工程费的编制

分部分项工程费采用综合单价法编制，计算方法见 4.3 节。分部分项工程费应根据拟定的招标文件中的分部分项工程量清单项目的特征描述及有关要求计价：综合单价中应包括拟定的招标文件中要求投标人承担的风险费用。拟定的招标文件没有明确的，应提请招标人明确。拟定的招标文件提供了暂估单价的材料和工程设备，按暂估的单价计入综合单价。

（2）措施项目费的编制

措施项目费应根据招标文件中的措施项目清单、拟定的施工组织设计及施工规范与工程验收规范等进行确定。具体方法同措施项目清单计价方法。

（3）其他项目费的编制

暂列金额应按招标工程量清单中列出的金额填写；暂估价中的材料、工程设备单价应按招标工程量清单中列出的单价计入综合单价；暂估价中的专业工程金额应按招标工程量清单中列出的金额填写；计日工应按招标工程量清单中列出的项目根据工程特点和有关计价依据确定综合单价计算；总承包服务费应根据招标工程量清单列出的内容和要求估算。

（4）规费和税金的编制

规费和税金应按国家或省级、行业建设主管部门的规定计算，不得作为竞争性费用。

4.3.6　投标报价的编制

1. 投标报价的概念

投标报价是指投标人投标时报出的工程合同价。投标报价应由投标人或受其委托具有相应资质的工程造价咨询人编制。除《计价规范》强制性规定外，投标人应依据招标文件及其招标工程量清单自主确定报价成本。《中华人民共和国招标投标法实施条例》第五十一条规定："有下列情形之一的，评标委员会应当否决其投标……（五）投标报价低于成本或者高于招标文件设定的最高投标限价；"《评标委员会和评标方法暂行规定》（国家计委等七部委第 12 号令）第二十一条规定："在评标过程中，评标委员会发现投标人的报价明显低于其他投标报价或者在设有标底时明显低于标底的，使得其投标报价可能低于其个别成本的，应当要求该投标人做出书面说明并提供相关证明材料。投标人不能合理说明或者不能提供相关证明材料的，由评标委员会认定该投标人以低于成本报价竞标，应当否决其投标。"根据上述法律、规章的规定，计价规范规定投标人的投标报价不得低于成本。

实行工程量清单招标，招标人在招标文件中提供工程量清单，其目的是使各投标报价中具有共同的竞争平台。因此，投标人在投标报价中填写的工程量清单的项目编码、项目名称、项目特征、计量单位、工程量必须于招标人招标文件中提供的一致。

投标人应以拟建工程的施工方法、技术措施等为基础计算投标报价。

2. 计价依据

投标报价的计价依据有：

（1）《建设工程工程量清单计价规范》GB 50500—2013；

（2）国家或省级、行业建设主管部门颁发的计价办法；

（3）企业定额，国家或省级、行业建设主管部门颁发的计价定额；

（4）招标文件、工程量清单及其补充通知、答疑纪要；

（5）建设工程设计文件及相关资料；

（6）施工现场情况、工程特点及拟定的投标施工组织设计或施工方案；

（7）与建设项目相关的标准、规范等技术资料；

（8）市场价格信息或工程造价管理机构发布的工程造价信息；

（9）其他的相关资料。

3. 编制内容及方法

采取工程量清单计价的投标报价由分部分项工程费、措施项目费、其他项目费、规费和税金组成。在编制投标报价前，须复核清单工程量。由于工程量清单中的各分部分项工程量并不十分准确，如设计深度不够有可能引起较大的误差，且工程量数值影响着分项工程的单价以及施工工法的选择、人力、物力等投入，因此要对工程量进行复核。

（1）分部分项工程费报价

分部分项工程费应依据招标文件及其招标工程量清单中分部分项工程量清单项目的特征描述确定综合单价计算。在招投标过程中，若出现招标文件中分部分项工程量清单特征描述与设计图纸不符，投标人应以分部分项工程量清单特征描述为准，确定投标报价的综合单价；若施工中的施工图纸或设计变更与工程量清单项目特征描述不同，发、承包双方应按实际施工的项目特征，依据合同约定重新确定综合单价。且综合单价中应考虑招标文件中要求投标人承担的风险费用。在施工过程中，当出现的风险内容及其范围（幅度）在合同约定的范围内时，工程价款不做调整。招标工程量清单中提供了暂估单价的材料和工程设备，按暂估的单价计入综合单价。

（2）措施项目费投标报价

投标人根据工程项目实际情况以及施工组织设计或施工方案，自主确定措施项目费，但其中安全文明施工费应按国家或省级、行业建设主管部门的规定确定。由于各投标人拥有的施工装备、技术水平和采用的施工方法有所差异，招标人提出的措施项目清单是根据一般情况确定的，没有考虑不同投标人的具体情况，因此投标人可根据工程实际情况结合施工组织设计，对招标人所列的措施项目进行增补。措施项目费计价方法同工程量清单计价方法。

（3）其他项目费投标报价

其他项目费投标报价时，投标人应遵循以下规定：暂列金额应按招标工程量清单中列出的金额填写；材料、工程设备暂估价应按招标工程量清单中列出的单价计入综合单价；专业工程暂估价应按招标工程量清单中列出的金额填写；计日工应按招标工程量清单中列出的项目和数量，自主确定综合单价并计算计日工总额；总承包服务费应根据招标工程量清单中列出的内容和提出的要求自主确定。

（4）规费和税金投标报价

投标人在投标报价时应按照国家或省级、行业建设主管部门的有关规定计算规费和税金。

（5）投标报价应注意的问题

招标工程量清单与计价表中列明的所有需要填写的单价和合价的项目，投标人均应填写且只允许有一个报价。未填写单价和合价的项目，视为此项费用已包含在已标价工程量清单中其他项目的单价和合价之中。竣工结算时，此项目不得重新组价予以调整。

投标总价应当与分部分项工程费、措施项目费、其他项目费和规费、税金的合计金额一致。即投标人在投标报价时，不能进行投标总价优惠（或降价、让利），投标人对招标人的任何优惠（或降价、让利）均应反映在相应清单项目的综合单价中。

复 习 思 考 题

1. 什么是工程量清单及工程量清单计价？
2. 编制工程量清单的主要依据有哪些？
3. 工程量清单计价费用由哪几部分组成？
4. 如何确定综合单价？
5. 采用清单计价时，建设工程造价如何计算？
6. 什么是招标控制价，其编制依据有哪些？
7. 简述投标报价编制方法？

第5章 投 资 估 算

5.1 概 述

投资估算是指在项目决策过程中，对建设项目投资数额（包括工程造价和流动资金）进行的估计。投资估算是进行建设项目技术经济评价和投资决策的基础，在项目建议书、预可行性研究、可行性研究、方案设计阶段（包括概念方案设计和报批方案设计）应编制投资估算。

5.1.1 投资估算作用

（1）项目建议书阶段的投资估算，是多方案比选，优化设计，合理确定项目投资的基础。是项目主管部门审批项目建议书的依据之一，并对项目的规划、规模起参考作用，从经济上判断项目是否应列入投资计划。

（2）项目可行性研究阶段的投资估算，是项目投资决策的重要依据，是正确评价建设项目投资合理性、分析投资效益、为项目决策提供依据的基础。当可行性研究报告被批准之后，其投资估算额就作为建设项目投资的最高限额，不得随意突破。

（3）项目投资估算对工程设计概算起控制作用，它为设计提供了经济依据和投资限额，设计概算不得突破批准的投资估算额。投资估算一经确定，即成为限额设计的依据，用以对各设计专业实行投资切块分配，作为控制和指导设计的尺度或标准；

（4）项目投资估算是进行工程设计招标，优选设计方案的依据。

（5）项目投资估算可作为项目资金筹措及制订建设贷款计划的依据，建设单位可根据批准的投资估算额进行资金筹措向银行申请贷款。

5.1.2 投资估算阶段

投资估算贯穿于整个建设项目投资决策过程之中，投资决策过程可划分为项目的投资机会研究或项目建议书阶段，初步可行性研究阶段及详细可行性研究阶段，因此投资估算工作也分为相应三个阶段。不同阶段所具备的条件和掌握的资料不同，对投资估算的要求也各不相同，因而投资估算的准确程度在不同阶段也不同，进而每个阶段投资估算所起的作用也不同。

（1）投资机会研究或项目建议书阶段

这一阶段主要是选择有利的投资机会，明确投资方向，提出概略的项目投资建议，并编制项目建议书。该阶段工作比较粗略，投资额的估计一般是通过与已建类似项目的对比得来的，因而投资估算的误差率可在 30％左右。这一阶段的投资估算是作为相关管理部门审批项目建议书，初步选择投资项目的主要依据之一，对初步可行性研究及投资估算起指导作用，决定一个项目是否真正可行。

（2）初步可行性研究阶段

这一阶段主要是在投资机会研究结论的基础上，弄清项目的投资规模、原材料来源、工艺技术、厂址、组织机构和建设进度等情况，进行经济效益评价，判断项目的可行性，做出初步投资评价。该阶段是介于项目建议书和详细可行性研究之间的中间阶段，误差率一般要求控制在 20％左右。这一阶段是作为决定是否进行详细可行性研究的依据之一，同时也是确定某些关键问题需要进行辅助性专题研究的依据之一，这个阶段可对项目是否真正可行作出初步的决定。

（3）详细可行性研究阶段

详细可行性研究阶段也称为最终可行性研究阶段，主要是进行全面、详细、深入的技术经济分析论证阶段，要评价选择拟建项目的最佳投资方案，对项目的可行性提出结论性意见。该阶段研究内容详尽，投资估算的误差率应控制在 10％以内。这一阶段的投资估算是进行详尽经济评价，决定项目可行性，选择最佳投资方案的主要依据，也是编制设计文件，控制初步设计及概算的主要依据。

5.1.3　投　资　估　算　原　则

投资估算是拟建项目前期可行性研究的重要内容，是经济效益评价的基础，是项目决策的重要依据。估算质量如何，将决定着项目能否纳入投资建设计划。因此，在编制投资估算时应符合下列原则：

（1）实事求是的原则

从实际出发，深入开展调查研究，掌握第一手资料，不能弄虚作假。

（2）合理利用资源，效益最高的原则

市场经济环境中，利用有限经费、有限的资源，尽可能满足需要。

（3）尽量做到快、准的原则

一般投资估算误差都比较大。通过艰苦细致的工作，加强研究，积累尽量多的资料，尽量做到又快、又准拿出项目的投资估算。

（4）适应高科技发展的原则

从编制投资估算角度出发，在资料收集，信息储存、处理、使用以及编制方法选择和编制过程应逐步实现计算机化、网络化。

5.2 编 制 依 据

投资估算的编制依据是指在编制投资估算时需要计量、价格确定、工程计价有关参数、率值确定的基础资料。

投资估算的编制依据主要有以下几个方面：

(1) 国家、行业和地方政府的有关规定。

(2) 工程勘察与设计文件，图示计量或有关专业提供的主要工程量和主要设备清单。

(3) 行业部门、项目所在地工程造价管理机构或行业协会等编制的投资估算指标、概算指标（定额）、工程建设其他费用定额（规定）、综合单价、价格指数和有关造价文件等。

(4) 类似工程的各种技术经济指标和参数。

(5) 工程所在地的同期的工、料、机市场价格，建筑、工艺及附属设备的市场价格和有关费用。

(6) 政府有关部门、金融机构等部门发布的价格指数、利率、汇率、税率等有关参数。

(7) 与建设项目相关的工程地质资料、设计文件、图纸等。

(8) 委托人提供的其他技术经济资料。

5.3 编 制 程 序

不同类型的工程项目可选用不同的投资估算方法，不同的投资估算方法有不同的投资估算编制程序。现从工程项目费用组成考虑，介绍一般较为常用的投资估算编制程序：

(1) 熟悉工程项目的特点，组成，内容和规模等；

(2) 收集有关资料，数据和估算指标等；

(3) 选择相应的投资估算方法；

(4) 估算工程项目各单位工程的建筑面积及工程量；

(5) 进行单项工程的投资估算；

(6) 进行附属工程的投资估算；

(7) 进行工程建设其他费用的估算；

(8) 进行预备费用的估算；

(9) 计算固定资产投资方向调节税；

(10) 计算贷款利息；

（11）汇总工程项目投资估算总额；

（12）检查、调整不适当的费用，确定工程项目的投资估算总额；

（13）估算工程项目主要材料、设备及需用量。

5.4 工作内容及文件组成

5.4.1 投资估算的工作内容

工程造价咨询单位可接受有关单位的委托编制整个项目的投资估算、单项工程投资估算、单位工程投资估算或分部分项工程投资估算，也可接受委托进行投资估算的审核与调整，配合设计单位或决策单位进行方案比选、优化设计、限额设计等方面的投资估算工作，亦可进行决策阶段的全过程造价控制等工作。

估算编制一般应依据建设项目的特征、设计文件和相应的工程造价计价依据或资料对建设项目总投资及其构成进行编制，并对主要技术经济指标进行分析。

对建设项目进行评估时应进行投资估算的审核，政府投资项目的投资估算审核除依据设计文件外，还应依据政府有关部门发布的有关规定、建设项目投资估算指标和工程造价信息等计价依据。

建设项目的设计方案、资金筹措方式、建设时间等进行调整时，应进行投资估算的调整。设计方案进行方案比选时工程造价人员应主要依据各个单位或分部分项工程的主要技术经济指标确定最优方案，注册造价工程师应配合设计人员对不同技术方案进行技术经济分析，确定合理的设计方案。对于已经确定的设计方案，注册造价工程师可依据有关技术经济资料对设计方案提出优化设计的建议和意见，通过优化设计和深化设计使技术方案更加经济合理。

对于采用限额设计的建设项目、单位工程或分部分项工程，注册造价工程师应配合设计人员确定合理的建设标准，进行投资分解和投资分析，确保限额的合理可行。

造价咨询单位在承担全过程造价咨询或决策阶段的全过程造价控制时，除应进行全面的投资估算的编制外，还应主动地配合设计人员通过方案比选、优化设计和限额设计等手段进行工程造价控制与分析，确保建设项目经济合理的前提下做到技术先进。

5.4.2 投资估算的文件组成

投资估算文件一般由封面、签署页、编制说明、投资估算分析、总投资估算表、单项工程估算表、主要技术经济指标等内容组成。

投资估算编制说明一般阐述以下内容：

(1) 工程概况;

(2) 编制范围;

(3) 编制方法;

(4) 编制依据;

(5) 主要技术经济指标;

(6) 有关参数、率值选定的说明;

(7) 特殊问题的说明(包括采用新技术、新材料、新设备、新工艺);必须说明的价格的确定;进口材料、设备、技术费用的构成与计算参数;采用巨形结构、异形结构的费用估算方法;环保(不限于)投资占总投资的比例;未包括项目或费用的必要说明等;

(8) 采用限额设计的工程还应对投资限额和投资分解做进一步说明;

(9) 采用方案比选的工程还应对方案比选的估算和经济指标做进一步说明。

投资分析应包括以下内容:

(1) 工程投资比例分析。一般建筑工程要分析土建、装饰、给水排水、电气、暖通、空调、动力等主体工程和道路、广场、围墙、大门、室外管线、绿化等室外附属工程总投资的比例;一般工业项目要分析主要生产项目(列出各生产装置)、辅助生产项目、公用工程项目(给水排水、供电和电讯、供气、总图运输及外管)、服务性工程、生活福利设施、厂外工程占建设总投资的比例。

(2) 分析设备购置费、建筑工程费、安装工程费、工程建设其他费用、预备费占建设总投资的比例;分析引进设备费用占全部设备费用的比例等。

(3) 分析影响投资的主要因素。

(4) 与国内类似工程项目的比较,分析说明投资高低的原因。投资分析可单独成篇,亦可列入编制说明中叙述。

总投资估算包括汇总单项工程估算、工程建设其他费用,估算基本预备费、价差预备费,计算建设期利息等;单项工程投资估算;应按建设项目划分的各个单项工程分别计算组成工程费用的建筑工程费、设备购置费、安装工程费;工程建设其他费用估算,应按预期将要发生的工程建设其他费用种类,逐项详细估算其费用金额。

估算人员应根据项目特点,计算并分析整个建设项目、各单项工程和主要单位工程的主要技术经济指标。

5.5 编 制 办 法

建设项目投资估算要根据主体专业设计的阶段和深度,结合各自行业的特点,所采用的生产工艺流程的成熟性,以及编制者所掌握的国家及地区、行业或部门相关投资估算基础资料和数据的合理、可靠、完整程度（包括造价咨询机构本身统计和积累的可靠的相关造价基础资料），采用生产能力指数法、系数估算法、比例估算法、混合法（生产能力指数法与比例估算法、系数估算法与比例估算法等综合使用）、指标估算法进行建设项目投资估算。

建设项目投资估算无论采用何种办法，应充分考虑拟建项目设计的技术参数和投资估算所采用的估算系数、估算指标，在质和量方面所综合的内容，应遵循口径一致的原则。同时，应将所采用的估算系数和估算指标价格、费用水平调整到项目建设所在地及投资估算编制年的实际水平。对于建设项目的边界条件，如建设用地费和外部交通、水、电、通信条件，或市政基础设施配套条件等差异所产生的与主要生产内容投资无必然关联的费用，应结合建设项目的实际情况修正。

5.5.1　项目建议书阶段投资估算

项目建议书阶段的投资估算一般要求编制总投资估算，总投资估算表中工程费用的内容应分解到主要单项工程，工程建设其他费用可在总投资估算表中分项计算。估算方法可采用生产能力指数法、系数估算法、比例估算法、混合法（生产能力指数法与比例估算法、系数估算法与比例估算法等综合使用）、指标估算法等。

1. 生产能力指数法

生产能力指数法是根据已建成的类似建设项目生产能力和投资额，进行粗略估算拟建建设项目相关投资额的方法。本办法主要应用于设计深度不足，拟建建设项目与类似建设项目的规模不同，设计定型并系列化，行业内相关指数和系数等基础资料完备的情况。

其计算公式为：

$$C = C_1 (Q/Q_1)^X \cdot f \tag{5-1}$$

式中　C——拟建建设项目的投资额；

　　　C_1——已建成类似建设项目的投资额；

　　　Q——拟建建设项目的生产能力；

　　　Q_1——已建成类似建设项目的生产能力；

　　　X——生产能力指数（$0 \leqslant X \leqslant 1$）；

　　　f——不同的建设时期、不同的建设地点而产生的定额水平、设备购置和建筑安装材料价格、费用变更和调整等综合调整系数。

2. 系数估算法

系数估算法是根据已知的拟建建设项目主体工程费或主要生产工艺设备费为基数，以其他辅助或配套工程费占主体工程费或主要生产工艺设备费的百分比为系数，进行估算拟建建设项目与类似建设项目的规模不同，设计定型并系列化，行业内相关指数和系数等基础资料完备的情况。

其计算公式为：

$$C = E(1 + f_1 P_1 + f_2 P_2 + f_3 P_3 + \cdots) + I \tag{5-2}$$

式中　　　C——拟建建设项目的投资额；

E——拟建建设项目的主体工程费或主要生产工艺设备费；

P_1、P_2、P_3——已建成类似建设项目的辅助或配套工程费占主体工程费或主要生产工艺设备费的比例；

f_1、f_2、f_3——由于建设时间、地点而产生的定额水平、建筑安装材料价格、费用变更和调整等综合调整系数；

I——根据具体情况计算的拟建建设项目各项其他基本建设费用。

3. 比例估算法

比例估算法是根据已知的同类建设项目主要生产工艺设备投资占整个建设项目的投资比例，先逐项估算出拟建建设项目主要生产工艺设备投资，再按比例进行估算拟建建设项目相关投资额的方法。本办法主要应用于设计深度不足，拟建建设项目与类似建设项目的主要生产工艺设备投资比例较大，行业内相关系数等基础资料完备的情况。

其计算公式为：

$$C = \sum_{i=1}^{n} Q_i P_i / k \tag{5-3}$$

式中　C——拟建建设项目的投资额；

k——主要生产工艺设备费占拟建建设项目投资的比例；

n——主要生产工艺设备的品种；

Q_i——第 i 种主要生产工艺设备的数目；

P_i——第 i 种主要生产工艺设备的购置费（到厂价格）。

4. 混合法

混合法是根据主体专业设计的阶段和深度，投资估算编制者所掌握的国家及地区、行业或部门相关投资估算基础资料和数据（包括造价咨询机构自身统计和积累的相关造价基础资料），对一个拟建建设项目采用生产能力指数法与比例估算法或系数估算法与比例估算法混合进行估算其相关投资额的方法。

5. 指标估算法

指标估算法是把拟建建设项目以单项工程或单位工程，按建设内容纵向划分为各个主要生产设施、辅助及公用设施、行政及福利设施以及各项其他基本建设费用，按费用性质横向划分为建筑工程、设备购置、安装工程等，根据各种具体的投资估算指标，进行各单位工程或单项工程投资的估算，在此基础上汇集制成拟建建设项目的各个单项工程费用和拟建建设项目的工程费用投资估算。再按相关规定估算工程建设其他费用、预备费、建设期贷款利息等。形成拟建建设项目总投资。

5.5.2 可行性研究阶段投资估算

可行性研究阶段建设项目投资估算原则上采用指标估算法。对于对投资有重大影响的主体工程应估算出分部分项工程量，参考相关综合定额（概算指标）或概算定额编制主要单项工程的投资估算。

预可行性研究阶段、方案设计阶段项目建设投资估算根据设计深度，可以参照可行性研究阶段的编制办法进行。对于子项单一的大型民用公共建筑，主要单项工程估算应细化到单位工程估算书。可行性研究投资估算深度应满足项目的可行性研究与评估，并最终满足国家和地方相关部门批复或备案的要求。

1. 建筑工程费

（1）工业与民用建筑物和构筑物的一般土建及装修、给水排水、采暖、通风、照明工程，建筑物以建筑面积或建筑体积为单位，套用规模相当、结构形式和建筑标准相适应的投资估算指标或类似工程造价资料进行估算。构筑物以延长米、平方米、立方米或座为单位，套用技术标准、结构形式相适应的投资估算指标或类似工程造价资料进行估算；当无适当估算指标或类似工程造价资料时，可采用计算主体实物工程量套用相关综合定额或概算定额的方法进行估算。

（2）大型土方、总平面竖向布置、道路及场地铺砌、厂区综合管网和线路、围墙大门等，分别以立方米、平方米、延长米或座为单位，套用技术标准、结构形式相适应的投资估算指标或类似工程造价资料进行估算；当无适当估算指标或类似工程造价资料时，可采用计算主体实物工程量套用相关综合定额或概算定额的方法进行估算。

（3）矿山井巷开拓、露天剥离工程、坝体堆砌等，分别以立方米、延长米为单位，套用技术标准、结构形式、施工方法相适应的投资估算指标或类似工程造价资料进行估算；当无适当估算指标或类似工程造价资料时，可采用计算主体实物工程量套用相关综合定额或概算定额的方法进行估算。

（4）公路、铁路、桥梁、隧道、涵洞设施等，分别以公里（铁路、公路）、100 平方米桥面（桥梁）、100 平方米断面（隧道）、道（涵洞）为单位，套用技术标准、结构形式、施工方法相适应的投资估算指标或类似工程造价资料进行估算；当无适当估算指标或类似工程造价资料时，可采用计算主体实物工程量套用相关综合定额或概算定额的方法进行估算。

2. 设备购置费

（1）国产标准设备原价估算。国产标准设备在计算时，一般采用带有备件的原价。占投资比例较大的主体工艺设备出厂价估算，应在掌握该设备的产能、规格、型号、材质、设备重量的条件下，以向设备制造厂家和设备供应商询价，或类似工程选用设备订货合同价和市场调研价为基础进行估算。其他小型通用设备出厂价估算，可以根据行业和地方相关部门定期发布的价格信息进行估算。

（2）国产非标准设备原价估算。非标准工艺设备费估算，同样应在掌握该设备的产能、材质、设备重量、加工制造复杂程度的条件下，以向设备制造厂家、设备供应商或施工安装单位询价，或按类似工程选用设备订货合同价和市场调研价的基础上按技术经济指标进行估算。非标准设备估价应考虑完成非标准设备的设计、制造、包装以及其利润、税金等全部费用内容。

（3）进口设备（材料）原价估算。一般是在向设备制造厂家和设备供应厂商询价，或按类似工程选用设备订货合同价和市场调研得出的进口设备价的基础上加各种税费计算的。

投资估算阶段进口设备的原价可分为离岸价（FOB）和到岸价（CIF）两种情况分别计算。

采用离岸价（FOB）为基数计算时：

$$进口设备原价＝离岸价（FOB）\times综合费率 \tag{5-4}$$

综合费率应包括：国际运费及运输保险费、银行财务费、外贸手续费、关税和增值税等税费。

采用到岸价（CIF）为基数计算时：

$$进口设备原价＝到岸价（CIF）\times综合费率 \tag{5-5}$$

综合费率应包括：银行财务费、外贸手续费、关税和增值税等税费。

对于进口综合费率的确定，应根据进口设备（材料）的品种、运输交货方式、设备（材料）询价所包括的内容、进口批量的大小等，执照国家相关部门的规定或参照设备进口环节涉及有中介机构习惯做法确定。

（4）设备运杂费估算（包括进口设备国内运杂费）。一般根据建设项目所在区域行业或地方相关部门的规定，以设备出厂价格或进口设备原价的百分比估算。

以上设备出厂价格加设备运杂费构成设备购置费。

（5）备品备件费估算。一般根据设计所选用的设备特点，按设备费的百分比估算，估算时并入设备费。

（6）工具、器具及生产家具购置费的估算。工具、器具及生产家具购置费纳入设备购置费，工具、器具及生产家具购置费以设备费为基数，按工具、器具及生产家具占设备费的比例计算。

3. 安装工程费

（1）工艺设备安装费估算。以单项工程为单元，根据单项工程的专业特点和各种具体的投资估算指标，采用按设备费百分比估算指标。或根据单项工程设备总重，采用 t/元估算指标进行估算。

（2）工艺金属结构和工艺管道估算。以单项工程为单元，根据设计选用的材质、规格，以吨为单位，套用技术标准、材质和规格、施工方法相适应的投资估算指标或类似工程造价资料进行估算。

（3）工业炉窑砌筑和工艺保温或绝热估算。以单项工程为单元，根据设计选用的材质、规格，以吨、立方米或平方米为单位，套用技术标准、材质和规格、施工方法相适应的投资估算指标或类似工程造价资料进行估算。

（4）变配电安装工程估算。以单项工程为单元，根据该专业设计的具体内容，一般先按材料费占变配电设备费百分比投资估算指标计算出安装材料费。再分别根据相适应的占设备百分比或占材料百分比的投资估算指标或类似工程造价资料计算设备安装费和材料安装费。

（5）自控仪表安装工程估算。以单项工程为单元，根据该专业设计的具体内容，一般先按材料费占自控仪表设备费百分比投资估算指标计算出安装材料费。再分别根据相适应的占设备百分比（或按自控仪表设备台数，用台件/元指标估算）或占材料百分比的投资估算指标或类似工程造价资料计算设备安装费和材料安装费。

4. 工程建设其他费用

工程建设其他费用主要包括：建设管理费（含建设单位管理费、工程监理费、工程质量监督费）、建设用地费（含土地征用及补偿费、征用耕地按规定一次性缴纳的耕地占用税、建设单位租用建设项目土地使用权在建设期支付的租地费用）、可行性研究费、研究试验费、勘探设计费、环境影响评估费、劳动安全卫生评价费、场地准备及临时设施费（含建设场地准备费和建设单位临时设施费）、引进技术和引进设备其他费（含引进项目图纸资料翻译复制费、备品备件测绘费，出国人员费用，来华人员费用，银行担保及承诺费）、工程保险费、联合试运转费、特殊设备安全监督检验费、市政公用设施费、专利及专有技术使用费（含国外设计及技术资料费、引进有效专利、专有技术使用费和技术保密费，国内有效专利、专有技术使用费，商标权、商誉和特许经营权费等）、生产准备及开办费（含人员培训费及提前进厂费，为保证初期正常生产（或营业、使用）所必需的生产办公、生活家具用具购置费，为保证初期正常生产（或营业、使用）所必需的第一套不够固定资产标准的生产工具、器具、用具购置费）。

工程建设其他费用的计算应结合拟建建设项目的具体情况，有合同或协议明确的费用按合同或协议列入。无合同或协议明确的费用，根据国家和各行业部门、工程所在地地方政府的有关工程建设其他费用定额（规定）和计算办法估算。工程建设其他费用的估算办法可参见附录 B。

5. 基本预备费

基本预备费的估算一般是以建设项目的工程费用和工程建设其他费用之和为基础，乘以基本预备费率进行计算。基本预备费率的大小，应根据建设项目的设计阶段和具体的设计深度，以及在估算中所采用的各项估算指标与设计内容的贴近度、项目所属行业主管部门的具体规定确定。

6. 价差预备费

价差预备费的估算，应根据国家或行业主管部门的具体规定和发布的指数计算。

其计算公式为：

$$P = \sum_{t=1}^{n} I_t \left[(1+f)^m (1+f)^{0.5} (1+f)^{t-1} - 1 \right] \tag{5-6}$$

式中　P——价差预备费（元）；

n——建设期（年）；

I_t——估算静态投资额中第 t 年投入的工程费用（元）；

f——年跌价率（%）；

m——建设前期年限（从编制估算到动工建设，单位：年）；

t——年度数。

7. 投资方向调节税

投资方向调节税的估算，以建设项目的工程费用、工程建设其他费用及预备费之和为基础（更新改造项目以建设项目的建筑工程费用为基础），根据国家适时发布的具体规定和税率计算。

8. 建设期贷款利息

建设期贷款利息的估算，根据建设期资金用款计划，可按当年借款在当年年中支用考虑，即当年借款按半年计息，上年借款按全年计息。利用国外贷款的利息计算中，年利率应综合考虑贷款协议中向贷款方加收的手续费、管理费、承诺费，以及国内代理机构向贷款方收取的转贷费、担保费和管理费等。

其计算公式为：

$$Q = \sum_{j=1}^{n} \left(P_{j-1} + A_j/2 \right) i \tag{5-7}$$

式中　Q——建设期贷款利息；

P_{j-1}——建设期第 $(j-1)$ 年终贷款累计金额与利息累计金额之和；

A_j——建设期第 j 年贷款金额；

i——贷款年利率；

n——建设期年份数。

5.5.3　投资估算过程中的方案比选、优化设计和限额设计

工程建设项目由于受资源、市场、建设条件等因素的限制，为了提高工程建设投资效果，拟建项目可能存在建设场址、建设规模、产品方案、所选用的工艺流程不同等多个整体设计方案。而在一个整体设计方案中亦可存在厂区总平面布置、建筑结构形式等不同的多个设计方案。当出现多个设计方案时，工程造价咨询机构和注册造价工程师有义务与工程设计者配合，为建设项目投资决策者提供方案比选的意见。各设计方案的投资估算应设计深度，按本章前面所述内容进行。

建设项目设计方案比选应遵循以下三个基本原则：

（1）建设项目设计方案比选要协调好技术先进性和经济合理性的关系。即在满足设计功能和采用合理先进技术的条件下，尽可能降低投入。

（2）建设项目设计方案比选除考虑一次性建设投资的比选，还应考虑项目运营过程中的费用比选。即项目寿命期的总费用比选。

（3）建设项目设计方案比选要兼顾近期与远期的要求。即建设项目的功能和规模应根据国家和地区远景发展规划，适当留有发展余地。

对于建设项目设计方案比选的内容，在宏观有建设规模、建设场址、产品方案等；对于建设项目本身有厂区（或居住小区）总平面布置、主体工艺流程选择、主要设备选型等；小的方面有工程设计标准、工业与民用建筑的结构形式、建筑安装材料的选择等。

对于建设项目设计方案比选的方法，在建设项目多方案整体宏观方面的比选，一般采用投资回收期法、计算费用法、净现值法、净年值法、内部收益率法，以及上述几种方法同时使用等。在建设项目本身局部多方案的比选，除了可用上述宏观方案比较方法外，一般采用价值工程原理或多指标综合评分法（对参与比选的设计方案设定若干评价指标，并按其各自在方案中的重要程度给定各评价指标的权重和评分标准，计算各设计方案的加权得分的方法）比选。

优化设计的投资估算编制是针对在方案比选确定的设计方案基础上、通过设计招标、方案竞选、深化设计等措施，以降低成本或功能提高为目的的优化设计或深化过程中，对投资估算进行调整的过程。

限额设计的投资估算编制的前提条件是，要严格按照基本建设程序进行，前期设计的投资估算应准确和合理，限额设计的投资估算编制进一步细化建设项目投资估算，按项目实施内容和标准合理分解投资额度和预留调节金。

5.5.4　流动资金的估算

流动资金估算一般可采用分项详细估算法和扩大指标法。

（1）分项详细估算法

分项详细估算法是根据周转额与周转速度之间的关系，对构成流动资金的各项流动资产和流动负债分别进行估算。可行性研究阶段的流动资金估算应采用分项详细估算法，可按下述步骤及计算公式计算：

$$流动资金＝流动资产－流动负债 \qquad (5\text{-}8)$$

$$流动资产＝应收账款＋存货＋现金 \qquad (5\text{-}9)$$

$$流动负债＝应付账款 \qquad (5\text{-}10)$$

$$应收账款＝年销售收入／应收账款周转次数 \qquad (5\text{-}11)$$

$$存货＝外购原材料＋外购燃料＋在产品＋产成品 \qquad (5\text{-}12)$$

$$外购原材料＝年外购原材料总成本／按种类分项周转次数 \qquad (5\text{-}13)$$

$$外购燃料＝年外购燃料／按种类分项周转次数 \qquad (5\text{-}14)$$

$$在产品＝（外购原材料、燃料＋年工资及福利费＋年修理费$$
$$＋年其他制造费用）／在产品周转次数 \qquad (5\text{-}15)$$

$$产成品＝年经营成本／产成品周转次数 \qquad (5\text{-}16)$$

$$现金＝（年工资及福利费＋年其他费用）／现金周转次数 \qquad (5\text{-}17)$$

$$年其他费用＝制造费用＋管理费用＋销售费用－工资及福利费$$
$$－折旧费－维简费－摊销费－修理费 \qquad (5\text{-}18)$$

$$应付账款＝（年外购原材料＋年外购）／应付账款周转次数 \qquad (5\text{-}19)$$

（2）扩大指标估算法

扩大指标估算法是根据销售收入、经营成本、总成本费用等与流动资金的关系和比例来估算流动资金。

流动资金的计算公式为：

$$年流动资金＝年费用基数×各类流动资金率 \qquad (5\text{-}20)$$

对铺底流动资金有要求的建设项目，应按国家或行业的有关规定计算铺底流动资金。非生产经营性建设项目不列铺底流动资金。

5.6　编制格式要求

投资估算的编制按本章 5.4 节文件组成的要求编制，单独成册的投资估算应包括封面、签署页、目录、编制说明、有关附表等，与可行性研究报告（或项目建议书）统一装订的应包括签署页、编制说明、有关附表等。

建设项目项目建议书阶段投资估算的表格受设计深度限制，无硬性规定，但要根据项目建设内容和预计发生的费用尽可能地纵向列表展开。当实际设计深度足够时，可参考本节表 5-3 "投资估算汇总表" 编制。

建设项目项目可行性研究阶段投资估算的表格，行业内已有明确规定的，按行业规定编制。无明确规定的，可参照本节表 5-3 "投资估算汇总表"、表 5-4 "单项工程投资估算汇总表"编制。

　　工程建设其他费用的估算可在总投资估算汇总表中分项估算，亦可单独列表编制。

　　对于对投资有重大影响的单位工程或分部分项工程的投资估算，应另附主要单位工程或分部分项工程投资估算表，列出主要分部分项工程量和综合单价进行详细估算，表格形式不作具体要求。

　　投资估算编制参考格式如表 5-1～表 5-4 所示。

投资估算封面格式　　　　　　　　　　　表 5-1

（工程名称）

投资估算

档案号：

（编制单位名称）
（工程造价咨询单位执业章）
年　　月　　日

（工程名称）

投资估算

档案号：

编制人：［执业（从业）印章］

审核人：［执业（从业）印章］

审定人：［执业（从业）印章］

法定负责人：_____

投资估算汇总表   表 5-3

工程名称：

序号	工程和费用名称	估算价值（万元）					技术经济指标			
		建筑工程费	设备及工器具购置费	安装工程费	其他费用	合计	单位	数量	单位价值	％
一	工程费用									
（一）	主要生产系统									
1										
2										
3										
（二）	辅助生产系统									
1										
2										
3										
（三）	公用及福利设施									
1										
2										
3										
（四）	外部工程									
1										
2										
3										
	小计									

序号	工程和费用名称	估算价值（万元）					技术经济指标			
		建筑工程费	设备及工器具购置费	安装工程费	其他费用	合计	单位	数量	单位价值	%
二	工程建设其他费用									
1										
2										
3										
	小计									
三	预备费									
1	基本预备费									
2	价差预备费									
	小计									
四	建设期贷款利息									
五	流动资金									
	投资估算合计(万元)									
	%									

编制人：   审核人：   审定人：

单项工程投资估算汇总表　　　　　　　　　　表 5-4

工程名称：

序号	工程和费用名称	估算价值（万元）					技术经济指标			
		建筑工程费	设备及工器具购置费	安装工程费	其他费用	合计	单位	数量	单位价值	%
一	工程费用									
(一)	主要生产系统									
1	××车间									
	一般土建									
	给水排水									
	采暖									
	通风空调									
	照明									
	工艺设备及安装									
	工艺金属结构									
	工艺管道									
	工业筑炉及保温									
	变配电设备及安装									
	仪表设备及安装									
	小计									
2										
3										

编制人：　　　　　　　　　审核人：　　　　　　　　　审定人：

5.7 总投资估算示例

某工程项目投资估算实例，为了简化，本节只给出投资估算结果见表5-5。

建设投资估算表　　　　　　　　　　　　　　　　表 5-5

工程名称：教学楼

序号	工程分类	估算价值（万元）					技术经济指标		
		建筑工程	设备	安装工程	其他费用	总 计	单位	建筑面积（m²）	单方造价（元/m²）
一	建安工程费用	715.77		138.55		854.32	m²	5118.00	1669.24
（一）	主体工程费用	701.17		127.95		829.12	m²	5118.00	1620.00
1	土建工程	701.17				701.17	m²	5118.00	1370.00
2	消防给水排水			25.59		25.59	m²	5118.00	50.00
3	采暖、通风			35.83		35.83	m²	5118.00	70.00
4	电气工程			66.53		66.53	m²	5118.00	130.00
（二）	室外三网及构筑物	14.60		10.60		25.20	m²	5118.00	49.24
1	道路及绿化	8.00				8.00	m²	5118.00	15.63
2	室外三网及构筑物	6.60		10.60		17.20	m²	5118.00	33.61
二	工程建设其他费用				84.91	84.91	m²	5118.00	165.90
1	建设单位管理费				12.81	12.81	m²	5118.00	25.04
2	设计费				33.58	33.58	m²	5118.00	65.62
3	勘察费				5.04	5.04	m²	5118.00	9.84
4	工程监理费				26.14	26.14	m²	5118.00	51.07
5	工程招标代理服务费				5.75	5.75	m²	5118.00	11.23
6	招标交易费				0.56	0.56	m²	5118.00	1.09
7	施工图审查费				1.02	1.02	m²	5118.00	2.00
三	工程预备费				46.96	46.96	m²	5118.00	91.76
1	基本预备费5%				46.96	46.96	m²	5118.00	91.76
四	总计	715.77		138.55	131.87	986.18	m²	5118.00	1926.89

复习思考题

1. 简述常用投资估算的编制程序。

2. 流动资金估算一般采用的方法有哪些?

3. 某项目建设期 3 年，第一年贷款 400 万元，第二年贷款 700 万元，第三年贷款 500 万元，总贷款分年均衡发放，建设期内年利率 12%，计算建设期贷款利息。

4. 经估算，某项目建筑工程费为 5000 万元，设备购置费为 2700 万元，安装工程费为 800 万元，工程建设其他费用估计为工程费用的 10%。取基本预备费费率为 10%，该项目投资估算中的基本预备费为多少万元?

第6章 设 计 概 算

设计概算是在初步设计或扩大的初步设计阶段，由设计单位以投资估算为目标，预先计算建设项目由筹建至竣工验收、交付使用的全部建设费用的技术经济文件。它是根据可行性研究阶段决定的工程估价、国家或企业经科学论证批准的总投资额度、初步设计图纸、概算定额（或概算指标）、设备预算价格、各项费用定额或取费标准、市场价格信息和建设地点的自然及技术经济条件等资料编制的。

设计概算是国家确定和控制建设项目总投资，编制基本建设计划的依据。每个建设项目只有在初步设计和概算文件被批准之后，才能进行施工图设计。

6.1 概算的作用和编制依据

6.1.1 设计概算的作用

（1）设计概算是编制建设项目投资计划、确定和控制建设项目投资的依据；

（2）设计概算是签订建设工程合同和贷款合同的依据；

（3）设计概算是控制施工图设计和施工图预算的依据；

（4）设计概算是衡量设计方案经济合理性和选择最佳设计方案的依据；

（5）设计概算是考核建设项目投资效果的依据。

6.1.2 设计概算编制的依据

概算编制依据是指编制项目概算所需的一切基础资料。概算编制依据主要有以下方面：

（1）批准的可行性研究报告；

（2）设计工程量；

（3）项目涉及的概算指标或定额；

（4）国家、行业和地方政府有关法律、法规或规定；

（5）资金筹措方式；

（6）正常的施工组织设计；

（7）项目涉及的设备材料供应及价格；

（8）项目的管理（含监理）、施工条件；

（9）项目所在地区有关的气候、水文、地质地貌等自然条件；

（10）项目所在地区有关的经济、人文等社会条件；

（11）项目的技术复杂程度，以及新技术、专利使用情况等；

（12）有关文件、合同、协议等。

6.2 概算文件组成和应用表格

设计概算文件的组成一般有以下两种方式：

（1）三级编制（总概算、综合概算、单位工程概算）形式设计概算文件的组成：

1）封面、签署页及目录；

2）编制说明；

3）总概算表；

4）其他费用表；

5）综合概算表；

6）单位工程概算表；

7）附件：补充单位估价表。

（2）二级编制（总概算、单位工程概算）形式设计概算文件的组成：

1）封面、签署页及目录；

2）编制说明；

3）总概算表；

4）其他费用表；

5）单位工程概算表；

6）附件：补充单位估价表。

6.3 概算编制办法

6.3.1 建设项目总概算及单项工程综合概算的编制

1. 概算编制说明

概算编制说明需要包括以下主要内容：

（1）项目概况。简述建设项目的建设地点、设计规模、建设性质（新建、扩建或改建）、工程类别、建设期（年限）、主要工程内容、主要工程量、主要工艺设备及数量等。

（2）主要技术经济指标。项目概算总投资（有引进的给出所需外汇额度）及主要分项投资、主要技术经济指标（主要单位投资指标）等。

（3）资金来源。按资金来源不同渠道分别说明，发生资产租赁的说明租赁方式及租金。

（4）编制依据。见"6.1.2 设计概算编制的依据"。

（5）其他需要说明的问题。

（6）总说明附表

（7）建筑、安装工程工程费用计算程序表；

（8）引进设备材料清单及从属费用计算表；

（9）具体建设项目概算要求的其他附表及附件。

2. 总概算表

概算总投资由工程费用、其他费用、预备费及应列入项目概算总投资中的几项费用组成：

（1）第一部分——工程费用；

（2）第二部分——其他费用；

（3）第三部分——预备费；

（4）第四部分——应列入项目概算总投资中的几项费用；

（5）建设期利息；

（6）固定资产投资方向调节税；

（7）铺底流动资金。

3. 工程费用

按单项工程综合概算组成编制，采用二级编制的按单位工程概算组成编制。

（1）市政民用建设项目一般排列顺序：主体建（构）筑物、辅助建（构）筑物、配套系统。

（2）工业建设项目一般排列顺序：主要工艺生产装置、辅助工艺生产装置、公用工程、总图运输、生产管理服务性工程、生活福利工程、厂外工程。

4. 其他费用

一般按其他费用概算顺序列项，具体见"6.3.2 其他费用、预备费、专项费用概算编制"。

5. 预备费

预备费包括基本预备费和价差预备费，具体见"6.3.2 其他费用、预备费、专项费用概算编制"。

6. 应列入项目概算总投资中的几项费用

一般包括建设期利息、铺底流动资金、固定资产投资方向调节税（暂停征收）等，具体见"6.3.2 其他费用、预备费、专项费用概算编制"。

综合概算以单项工程所属的单位工程概算为基础，分别按各单位工程概算汇总成若干个单项工程综合概算。对单一的、具有独立性的单项工程建设项目，按二级编制形式编制，直接编制总概算。

6.3.2　其他费用、预备费、专项费用概算编制

（1）一般建设项目其他费用包括建设用地费、建设管理费、勘察设计费、可行性研究费、环境影响评价费、劳动安全卫生评价费、场地准备及临时设施费、工程保险费、联合试运转费、生产准备及开办费、特殊设备安全监督检验费、市政公用设施建设及绿化补偿费、引进技术和引进设备材料其他费、专利及专有技术使用费、研究试验费等。计算方法见附件 B "工程建设其他费用参考计算方法"。

（2）引进工程其他费用中的国外技术人员现场服务费、出国人员旅费和生活费折合人民币列入，用人民币支付的其他几项费用直接列入其他费用中。

（3）预备费包括基本预备费和价差预备费，基本预备费以总概算第一部分"工程费用"和第二部分"其他费用"之和为基数的百分比计算；价差预备费一般按下式计算：

$$P = \sum_{t=1}^{n} I_t \left[(1+f)^m (1+f)^{0.5} (1+f)^{t-1} - 1 \right] \tag{6-1}$$

式中　P——价差预备费；

n——建设期（年）数；

I_t——建设期第 t 年的投资；

f——投资价格指数；

t——建设期第 t 年；

m——建设前年数（从编制概算到开工建设年数）。

（4）需列入项目概算总投资中的几项费用：

1）建设期利息：根据不同资金来源及利率分别计算。

$$Q = \sum_{j=1}^{n} (P_{j-1} + A_j/2) i \tag{6-2}$$

式中　Q——建设期利息；

P_{j-1}——建设期第（$j-1$）年末贷款累计金额与利息累计金额之和；

A_j——建设期第 j 年贷款金额；

i——贷款年利率；

n——建设期年数。

2）铺底流动资金按国家或行业有关规定计算。

3）固定资产投资方向调节税（暂停征收）。

6.3.3　单位工程概算的编制

单位工程概算是编制单项工程综合概算（或项目总概算）的依据，单位工程概算项目根据单项工程中所属的每个单体按专业分别编制。单位工程概算一般分建筑工程、设备及安装工程两大类，编制方法分别如下：

（1）建筑工程单位工程概算

1）建筑工程概算费用内容及组成见住房和城乡建设部［2013］44 号《建筑安装工程费用项目组成》。

2）建筑工程概算，按构成单位工程的主要分部分项工程编制，根据初步设计工程量按工程所在省、市、自治区颁发的概算定额（指标）或行业概算定额（指标），以及工程费用定额计算。

3）以房屋建筑为例，根据初步设计工程量按工程所在省、市、自治区颁发的概算定额（指标）分土石方工程、基础工程、墙壁工程、梁柱工程、楼地面工程、门窗工程、屋面工程、保温防水工程、室外附属工程、装饰工程等项编制概算，编制深度应达到《建筑安装工程工程量清单计价规范》GB 50500—2013深度。

4）对于通用结构建筑可采用"造价指标"编制概算；对于特殊或重要的建构筑物，必须按构成单位工程的主要分部分项工程编制，必要时结合施工组织设计进行详细计算。

（2）设备及安装工程单位工程概算

1）设备及安装工程概算费用由设备购置费和安装工程费组成。

2）设备购置费。

$$定型或成套设备费 = 设备出厂价格 + 运输费 + 采购保管费 \qquad (6\text{-}3)$$

引进设备费用分外币和人民币两种支付方式，外币部分按美元或其他国际主要流通货币计算。非标准设备原价有多种不同的计算方法，如综合单价法、成本计算估价法、系列设备插入估价法、分部组合估价法、定额估价法等。一般采用不同种类设备综合单价法计算，计算公式如下：

$$设备费 = \Sigma综合单价(元 / 吨) \times 设备单重(吨) \qquad (6\text{-}4)$$

工具、器具及生产家具购置费一般以设备购置费为计算基数，按照部门或行业规定的工具、器具及生产家具费率计算。

3）安装工程费。安装工程费用内容组成，以及工程费用计算方法见住房和城乡建设部［2013］44 号《建筑安装工程费用项目组成》；其中，辅助材料费按概算定额（指标）计算，主要材料费以消耗量按工程所在地当年预算价格（或市场价）计算。

4）引进材料费用计算方法与引进设备费用计算方法相同。

5）设备及安装工程概算，按构成单位工程的主要分部分项工程编制，根据初步设计工程量按工程所在省、市、自治区颁发的概算定额（指标）或行业概算定额（指标），以及工程费用定额计算。

当概算定额或指标不能满足概算编制要求时，需要编制"补充单位估价表"。

6.3.4 调整概算的编制

设计概算批准后，一般不得调整。由于超出原设计范围的重大变更、超出基本预备费规定范围不可抗拒的重大自然灾害引起的工程变动和费用增加或者超出工程造价调整预备费的国家重大政策性的调整原因需要调整概算时，由建设单位调查分析变更原因，报主管部门审批同意后，由原设计单位核实编制调整概算，并按有关审批程序报批。一个工程只允许调整一次概算，且完成了一定的工程量后方可进行调整。

调整概算编制的深度与要求、文件的组成及表格形式与原设计概算相同，调整概算还应对工程概算调整的原因做详尽分析说明，所调整的内容在调整概算总说明中要逐项与原批准概算对比，并编制调整前后概算对比表，分析主要变更原因。在上报调整概算时，还要提供有关文件和调整依据。

6.4 概 算 编 制 示 例

以某中学综合楼单项工程为例，地下一层，地上八层，属于二类高层公共建筑。建筑面积 11900m²。建筑地上耐火等级为二级，地下耐火等级为一级，抗震设防烈度为七度，屋面防水等级为Ⅱ级，地下防水等级为Ⅱ级。建筑设计使用年限为 50 年。该工程总概算表见表 6-1、水电暖单位工程概算表见表 6-2～表 6-4（建筑工程概算表略），设备购置费见表 6-5。

总 概 算 表　　　　　　　　　　　表 6-1

建设项目：某中学综合楼

序号	工程和费用名称	概算价值（万元）					技术经济指标			占投资额（%）
		建筑工程费	设备购置费	安装工程费	其他费用	合计	单位	数量	单位造价（元）	
一	建安工程费	1993.94	93.68	381.78		2469.39	m²	11900	2075.12	90.37
（一）	主体	1940.88	93.68	354.59		2389.14	m²	11900	2007.68	87.43

续表

序号	工程和费用名称	建筑工程费	设备购置费	安装工程费	其他费用	合计	单位	数量	单位造价（元）	占投资额（%）
		概算价值（万元）					技术经济指标			
1	土建工程	1910.88				1910.88	m²	11900	1605.78	69.93
2	基坑防护工程	30.00				30.00	m²	11900	25.21	1.10
3	电梯工程（2部）		56.16	15.18		71.34	m²	11900	59.95	2.61
4	消防、给水排水		6.70	93.37		100.07	m²	11900	84.09	3.66
5	采暖、通风工程			81.45		81.45	m²	11900	68.45	2.98
6	动力、照明工程		27.54	101.44		128.98	m²	11900	108.39	4.72
7	消控系统		3.28	33.89		37.18	m²	11900	31.24	1.36
8	综合布线工程（电视、电话系统＋信息网络系统）			20.02		20.02	m²	11900	16.82	0.73
9	安全监控系统			9.23		9.23	m²	11900	7.76	0.34
（二）	室外配套工程费	53.06		27.19		80.25	m²	11900	67.44	2.94
1	道路及绿化工程	33.19				33.19	m²	11900	27.89	1.21
2	室外三网及构筑物	19.87		27.19		47.06	m²	11900	39.55	1.72
二	工程建设其他费用				133.09	133.09	m²	11900	111.84	4.87
1	建设单位管理费				32.63	32.63	m²	11900	27.42	1.19
2	监理费				29.41	29.41	m²	11900	24.72	1.08
3	设计费				38.95	38.95	m²	11900	32.73	1.43
4	工程勘察费				11.68	11.68	m²	11900	9.82	0.43
5	招标代理服务费				11.69	11.69	m²	11900	9.83	0.43
6	施工图审查费				2.98	2.98	m²	11900	2.50	0.11
7	招标交易费				0.80	0.80	m³	11900	0.67	0.03
8	工程保险费				4.94	4.94	m⁴	11900	4.15	0.18
三	预备费				130.12	130.12	m²	11900	109.35	4.76
1	基本预备费（5%）				130.12	130.12	m²	11900	109.35	4.76
四	总　计	1993.94	93.68	381.78	263.21	2732.60	m²	11900	2296.31	100.00

表6-2

安装工程直接费计算表（一）

单位工程名称：消防、给水排水工程

单位估价号	工程和费用名称	单位	数量	单价（元）				合价（元）			
				合计	人工费	材料费	机械费	合计	人工费	材料费	机械费
5-120	消火栓组合柜安装	套	35.00	38.64	27.19	9.68	1.77	1352.40	951.65	338.80	61.95
	主材：消火栓组合柜	套	35.00	1133.14		1133.14		39659.90		39659.90	
5-119	室内实验用消火栓安装	套	1.00	30.90	20.98	8.59	1.33	30.90	20.98	8.59	1.33
	主材：室内实验用消火栓	个	1.00	840.58		840.58		840.58		840.58	
5-74	标准闭式喷头安装	10个	110.50	71.99	53.53	18.46	0.00	7954.90	5915.07	2039.83	0.00
	主材：标准闭式喷头	个	1116.05	30.00		30.00		33481.50	0.00	33481.50	0.00
5-78	湿式报警阀组安装	组	2.00	746.91	154.79	553.06	39.06	1493.82	309.58	1106.12	78.12
	主材：湿式报警阀组DN150	个	2.00	5191.83		5191.83		10383.66	0.00	10383.66	0.00
5-85	水流指示器安装	套	11.00	220.15	57.16	136.97	26.02	2421.65	628.76	1506.67	286.22
	主材：水流指示器DN100	套	11.00	550.00		550.00		6050.00	0.00	6050.00	0.00
2-269	屋顶消防水箱安装	台	1.00	6434.96	1669.77	3838.29	926.90	6434.96	1669.77	3838.29	926.90
5-126	消防增压稳压设备安装	台	1.00	339.02	192.69	56.16	90.17	339.02	192.69	56.16	90.17
询价	干粉灭火器	具	74.00	90.00		90.00		6660.00		6660.00	
询价	AS600/10气溶胶	台	4.00	8000.00		8000.00		32000.00		32000.00	
询价	气体灭火装置	台	3.00	11000.00		11000.00		33000.00		33000.00	

续表

单位估价号	工程和费用名称	单位	数量	单价（元）				合价（元）			
				合计	人工费	材料费	机械费	合计	人工费	材料费	机械费
						其中				其中	
2-200	蹲式大便器安装	10组	11.60	1196.02	117.33	1078.69	0.00	13873.83	1361.03	12512.80	0.00
	主材：蹲式大便器	个	117.16	110.00		110.00		12887.60		12887.60	
2-203	坐式大便器安装	10组	0.90	431.90	162.93	268.97	0.00	388.71	146.64	242.07	0.00
	主材：坐式大便器（包括水箱）	只	9.09	325.68		325.68		2960.43		2960.43	
2-209	小便器安装	10组	4.00	1072.16	80.50	991.66	0.00	4288.64	322.00	3966.64	0.00
	主材：立式小便器	只	40.80	360.54		360.54		14710.03		14710.03	
2-233	水龙头安装 DN15	10个	6.40	7.25	5.78	1.47	0.00	46.40	36.99	9.41	0.00
	主材：水龙头 DN15	个	64.64	27.95		27.95		1806.69		1806.69	
2-222	电开水器安装	台	9.00	33.71	14.96	18.75	0.00	303.39	134.64	168.75	0.00
	主材：电开水器	台	9.00	3000.00		3000.00		27000.00		27000.00	
2-61F	钢塑复合管安装 DN80	10m	6.20	291.80	91.78	178.38	21.64	1809.16	569.04	1105.96	134.17
	主材：钢塑复合管 DN80	m	63.24	146.39		146.39		9257.70		9257.70	
2-60F	钢塑复合管安装 DN65	10m	8.60	278.62	90.65	162.69	25.28	2396.13	779.59	1399.13	217.41
	主材：钢塑复合管 DN65	m	87.72	116.66		116.66		10233.42		10233.42	
2-59F	钢塑复合管安装 DN50	10m	9.70	190.70	78.66	97.34	14.70	1849.79	763.00	944.20	142.59
	主材：钢塑复合管 DN50	m	98.94	85.84		85.84		8493.01		8493.01	

续表

单位估价号	工程和费用名称	单位	数量	单价（元）				合价（元）			
				合计	人工费	材料费	机械费	合计	人工费	材料费	机械费
2-58F	钢塑复合管安装	10m	6.90	184.20	78.87	89.88	15.45	1270.98	544.20	620.17	106.61
	主材：钢塑复合管 DN40	m	70.38	66.45		66.45		4676.75		4676.75	
2-56F	钢塑复合管安装	10m	26.70	127.23	49.76	76.19	1.28	3397.04	1328.59	2034.27	34.18
	主材：钢塑复合管 DN25	m	272.34	38.32		38.32		10436.07		10436.07	
2-55F	钢塑复合管安装	10m	37.80	122.73	50.19	72.54	0.00	4639.19	1897.18	2742.01	0.00
	主材：钢塑复合管 DN20	m	385.56	29.49		29.49		11370.16		11370.16	
2-55F	钢塑复合管安装	10m	36.40	122.73	50.19	72.54	0.00	4467.37	1826.92	2640.46	0.00
	主材：钢塑复合管 DN15	m	371.28	25.15		25.15		9337.69		9337.69	
2-91F	机制排水铸铁管安装	10m	4.90	407.28	59.95	346.81	0.52	1995.67	293.76	1699.37	2.55
	主材：机制排水铸铁管 DN150	m	46.40	159.32		159.32		7392.93		7392.93	
2-90F	机制排水铸铁管安装	10m	16.00	334.46	46.46	287.48	0.52	5351.36	743.36	4599.68	8.32
	主材：机制排水铸铁管 DN100	m	136.32	102.44		102.44		13964.62		13964.62	
2-89F	机制排水铸铁管安装	10m	9.20	174.39	39.61	134.26	0.52	1604.39	364.41	1235.19	4.78
	主材：机制排水铸铁管 DN75	m	79.40	68.06		68.06		5403.69		5403.69	
2-88F	机制排水铸铁管安装	10m	20.40	86.54	33.19	52.83	0.52	1765.42	677.08	1077.73	10.61
	主材：机制排水铸铁管 DN50	m	176.05	56.70		56.70		9982.15		9982.15	

续表

定额号	工程和费用名称	单位	数量	单价（元）				合价（元）			
				合计	其中			合计	其中		
					人工费	材料费	机械费		人工费	材料费	机械费
5-70	焊接钢管安装	10m	22.20	334.76	104.48	166.48	63.80	7431.67	2319.46	3695.86	1416.36
	主材：焊接钢管 DN100	m	226.44	52.04		52.04		11784.03		11784.03	
5-68	焊接钢管安装	10m	4.93	228.02	79.65	92.77	55.60	1124.14	392.67	457.36	274.11
	主材：焊接钢管 DN65	m	50.29	33.88		33.88		1703.55	0.00	1703.55	0.00
5-63	镀锌钢管安装	10m	14.60	1027.56	129.74	625.05	272.77	15002.38	1894.20	9125.73	3982.44
	主材：镀锌钢管 DN100	m	148.92	59.68		59.68		8886.80	0.00	8886.80	0.00
5-62	镀锌钢管安装	10m	16.90	544.39	126.53	382.12	35.74	9200.19	2138.36	6457.83	604.01
	主材：镀锌钢管 DN80	m	172.38	45.87		45.87		7907.07	0.00	7907.07	0.00
5-61	镀锌钢管安装	10m	5.40	479.25	117.76	326.95	34.54	2587.95	635.90	1765.53	186.52
	主材：镀锌钢管 DN65	m	55.08	36.52		36.52		2011.52	0.00	2011.52	0.00
5-60	镀锌钢管安装	10m	7.20	336.65	104.91	200.91	30.83	2423.88	755.35	1446.55	221.98
	主材：镀锌钢管 DN50	m	73.44	26.84		26.84		1971.13	0.00	1971.13	0.00
5-59	镀锌钢管安装	10m	27.60	296.71	101.27	167	28.44	8189.20	2795.05	4609.20	784.94
	主材：镀锌钢管 DN40	m	281.52	21.12		21.12		5945.70	0.00	5945.70	0.00
5-58	镀锌钢管安装	10m	13.10	160.86	68.30	76.6	15.96	2911.57	1236.23	1386.46	288.88
	主材：镀锌钢管 DN32	m	184.62	17.22		17.22		3178.23	0.00	3178.23	0.00

续表

单位估价号	工程和费用名称	单位	数量	单价（元）				合价（元）			
				合计	人工费	材料费	机械费	合计	人工费	材料费	机械费
						其中				其中	
5-57	镀锌钢管安装	10m	62.40	135.06	58.66	64.67	11.73	8427.74	3660.38	4035.41	731.95
	主材：镀锌钢管 DN25	m	636.48	13.31		13.31		8471.55	0.00	8471.55	0.00
	小计							500622.00	37305.00	452720.00	10597.00
	高层建筑增加费							6342.00	698.00		5644.00
	脚手架搭拆费							2984.00	746.00	2238.00	
	总计							509948.00	38748.00	454959.00	16241.00
	地区基价定额直接费							509948.00			
	其中 B_1—人工费							38748.00			
	B_2—材料费							454959.00			
	B_3—机械费							16241.00			
	综合费用	229%						88733.00			
	工程定额编制管理费及劳动定额测定费							0.00			
	税金	3.48%						20834.00			
	概算调整费	150.72%						314218.00			
	概算工程造价							933734.00			

表 6-3

安装工程直接费计算表 (二)

单位工程名称：电气工程

单位估价号	工程和费用名称	单位	数量	单价（元）				合价（元）			
				合计	人工费	材料费	机械费	合计	人工费	材料费	机械费
	一、动力、照明工程										
3-7F	低压配电柜安装	台	7.00	1769.82	428.20	1036.07	305.55	12388.74	2997.40	7252.49	2138.85
3-9	铁制暗装配电箱安装	台	17.00	809.76	412.57	58.52	338.57	13765.92	7013.69	996.54	5755.69
	主材：铁制暗装配电箱	台	17.00	1500.00		1500.00		25500.00		25500.00	
3-10	插座配电箱安装	台	9.00	58.58	45.18	9.86	3.54	527.22	406.62	88.74	31.86
	主材：插座配电箱	台	9.00	600.00		600.00		5400.00		5400.00	
3-9	双电源切换箱安装	台	4.00	809.76	412.57	58.62	338.57	3239.04	1650.28	234.48	1354.28
	主材：双电源切换箱	台	4.00	2000.00		2000.00		8000.00		8000.00	
3-254	广播主机安装	台	1.00	722.98	694.11	28.87	0.00	722.98	694.11	28.87	0.00
	主材：广播主机	台	1.00	3000.00		3000.00		3000.00		3000.00	
3-10F	广播接线端子箱安装	台	7.00	58.58	45.18	9.86	3.54	410.06	316.26	69.02	24.78
	主材：广播接线端子箱	台	7.00	350.00		350.00		2450.00		2450.00	
3-255	广播扬声器安装	个	156.00	25.21	17.13	8.08		3932.76	2672.28	1260.48	
	主材：广播扬声器	个	156.00	150.00		150.00		23400.00		23400.00	
3-9	电铃控制装置安装	台	1.00	809.76	412.57	58.62	338.57	809.76	412.57	58.62	338.57

续表

单位估价号	工程和费用名称	单位	数量	单价（元）				合价（元）			
				合计	人工费	其中		合计	人工费	其中	
						材料费	机械费			材料费	机械费
	主材：电铃控制装置	台	1.00	1300.00		1300.00		1300.00		1300.00	
3-218	电铃安装	个	14.00	10.45	6.21	4.24	0.00	146.30	86.94	59.36	0.00
	主材：电铃	个	14.00	60.00		60.00		840.00	0.00	840.00	0.00
3-152	管吊单管荧光灯安装	10套	7.20	154.44	64.02	90.42	0.00	1111.97	460.94	651.02	0.00
	主材：管吊单管荧光灯	套	72.72	110.00		110.00		7999.20		7999.20	
3-152	管吊正常、应急单管荧光灯安装	10套	3.00	154.44	64.02	90.42	0.00	463.32	192.06	271.26	0.00
	主材：管吊正常、应急单管荧光灯	套	30.30	240.00		240.00		7272.00		7272.00	
3-153	管吊双管荧光灯安装	10套	61.40	219.23	96.77	122.46	0.00	13460.72	5941.68	7519.04	0.00
	主材：管吊双管荧光灯	套	620.14	130.00		130.00		80618.20		80618.20	
3-153	管吊双管正常、应急两用荧光灯安装	10套	3.80	219.23	96.77	122.46	0.00	833.07	367.73	465.35	0.00
	主材：管吊双管正常、应急两用荧光灯	套	38.38	230.00		230.00		8827.40		8827.40	
3-152	单管黑板荧光灯安装	10套	6.40	154.44	64.02	90.42	0.00	988.42	409.73	578.69	0.00
	主材：单管黑板荧光灯	套	64.64	130.00		130.00		8403.20		8403.20	
3-148	防潮防水灯安装	10套	2.80	165.94	55.45	110.49	0.00	464.63	155.26	309.37	0.00
	主材：防潮防水灯	套	28.28	55.00		55.00		1555.40		1555.40	
3-148	吸顶灯安装	10套	22.80	165.94	55.45	110.49	0.00	3783.43	1264.26	2519.17	0.00

续表

单位估价号	工程和费用名称	单位	数量	单价（元） 合计	单价 其中 人工费	单价 其中 材料费	单价 其中 机械费	合价（元） 合计	合价 其中 人工费	合价 其中 材料费	合价 其中 机械费
	主材：吸顶灯	套	230.28	60.00		60.00		13816.80		13816.80	
3-148	应急型吸顶灯安装	10套	9.50	165.94	55.45	110.49	0.00	1576.43	526.78	1049.66	0.00
	主材：应急型吸顶灯	套	95.95	190.00		190.00		18230.50		18230.50	
3-151	应急型壁灯安装	10套	0.60	148.37	55.45	92.92	0.00	89.02	33.27	55.75	0.00
	主材：应急型壁灯	套	6.06	170.00		170.00		1030.20		1030.20	
3-151	井道壁灯安装	10套	1.60	148.37	55.45	92.92	0.00	237.39	88.72	148.67	0.00
	主材：井道壁灯	套	16.16	60.00		60.00		969.60		969.60	
3-148	疏散指示灯、出口指示灯安装	10套	9.30	165.94	55.45	110.49	0.00	1543.24	515.69	1027.56	0.00
	主材：安全出口标志灯	套	36.36	130.00		130.00		4726.80		4726.80	
	主材：疏散诱导指示灯	套	57.57	130.00		130.00		7484.10		7484.10	
3-213	开关安装	10套	22.90	107.24	65.51	41.73	0.00	2455.80	1500.18	955.62	0.00
	主材：开关	只	233.58	10.00		10.00		2335.80		2335.80	
3-213	声光控开关安装	10套	13.20	107.24	65.51	41.73	0.00	1415.57	864.73	550.84	0.00
	主材：声光控开关	只	134.64	20.00		20.00		2692.80		2692.80	
3-214	单相插座安装	10套	18.00	107.24	65.51	41.73	0.00	1930.32	1179.18	751.14	0.00
	主材：单相二、三极暗插座	套	183.60	10.00		10.00		1836.00		1836.00	

续表

单位估价号	工程和费用名称	单位	数量	单价（元）				合价（元）			
				合计	人工费	材料费	机械费	合计	人工费	材料费	机械费
3-71	电缆敷设	100m	0.30	1423.19	590.70	737.26	95.23	426.96	177.21	221.18	28.57
	主材：YJV-4×150+1×70	m	30.300	610.50		610.50		18498.15	0.00	18498.15	0.00
3-67	电缆敷设	100m	0.30	1558.83	916.35	482.51	159.97	467.65	274.91	144.75	47.99
	主材：ZR-YJV-3×50+2×25	m	30.30	160.30		160.30		4857.09	0.00	4857.09	0.00
3-52	管内穿线	100m	2.49	133.04	69.37	63.67	0.00	331.27	172.73	158.54	0.00
	主材：ZR-BV-35	km	0.27	26764.42		26764.42		7280.79		7280.79	0.00
3-52	管内穿线	100m	2.49	133.04	69.37	63.67	0.00	331.27	172.73	158.54	0.00
	主材：BV-25	km	0.27	19383.16		19383.16		5272.85		5272.85	0.00
3-51	管内穿线	100m	1.66	49.63	24.62	25.01	0.00	82.39	40.87	41.52	0.00
	主材：ZR-BV-16	km	0.18	13324.12		13324.12		2416.40		2416.40	0.00
3-51	管内穿线	100m	1.66	49.63	24.62	25.01	0.00	82.39	40.87	41.52	0.00
	主材：BV-16	km	0.18	12112.84		12112.84		2196.72		2196.72	0.00
3-51	管内穿线	100m	2.05	49.63	24.62	25.01	0.00	101.74	50.47	51.27	0.00
	主材：BV-10	km	0.22	7576.84		7576.84		1696.93		1696.93	0.00
3-51	管内穿线	100m	2.60	49.63	24.62	25.01	0.00	129.04	64.01	65.03	0.00
	主材：BV-6	km	0.28	4392.00		4392.00		1247.55		1247.55	0.00

单位估价号	工程和费用名称	单位	数量	单价（元）合计	人工费	材料费	机械费	合价（元）合计	人工费	材料费	机械费
3-51	管内穿线	100m	23.20	49.63	24.62	25.01	0.00	1151.42	571.18	580.23	0.00
	主材：ZR-BV-6	km	2.530	5270.40		5270.40		13358.36		13358.36	
3-50	管内穿线	100m	1.62	15.56	14.56	1.00	0.00	25.21	23.59	1.62	0.00
	主材：ZR-BV-4	km	0.180	3498.19		3498.19		619.13		619.13	
3-50	管内穿线	100m	87.20	15.56	14.56	1.00	0.00	1356.83	1269.63	87.20	0.00
	主材：BV-4	km	9.530	2915.16		2915.16		27771.56		27771.56	
3-49	管内穿线	100m	129.00	22.54	21.20	1.34	0.00	2907.66	2734.80	172.86	0.00
	主材：BV-2.5	km	15.026	1752.95		1752.95		26339.69		26339.69	
3-30	钢管敷设	100m	0.30	1651.45	956.17	582.56	112.72	495.44	286.85	174.77	33.82
	主材：焊接钢管 DN125	t	0.355	5224.90		5224.90		1856.67		1856.67	
3-30	钢管敷设	100m	1.60	1651.45	956.17	582.56	112.72	2642.32	1529.87	932.10	180.35
	主材：焊接钢管 DN100	t	1.730	5224.90		5224.90		9041.17		9041.17	
3-29	钢管敷设	100m	0.80	1222.80	672.70	451.19	98.91	978.24	538.16	360.95	79.13
	主材：焊接钢管 DN70	t	1.112	5224.90		5224.90		5812.18		5812.18	
3-28	钢管敷设	100m	1.80	836.23	450.47	324.17	61.59	1505.21	810.85	583.51	110.86
	主材：焊接钢管 DN50	t	2.132	5224.90		5224.90		11140.01		11140.01	

续表

单位估价号	工程和费用名称	单位	数量	单价（元）合计	其中 人工费	其中 材料费	其中 机械费	合价（元）合计	其中 人工费	其中 材料费	其中 机械费
3-28	钢管敷设	100m	1.20	836.23	450.47	324.17	61.59	1003.48	540.56	389.00	73.91
	主材：焊接钢管 DN40	t	1.421	5224.90		5224.90		7426.67		7426.67	
3-27	钢管敷设	100m	4.30	880.71	353.91	483.09	43.71	3787.05	1521.81	2077.29	187.95
	主材：焊接钢管 DN32	t	1.386	5224.90		5224.90		7243.16		7243.16	
3-27	钢管敷设	100m	5.20	880.71	353.91	483.09	43.71	4579.69	1840.33	2512.07	227.29
	主材：焊接钢管 DN25	t	1.296	5224.90		5224.90		6772.26		6772.26	
3-46	RPE管敷设	100m	48.31	175.38	127.18	48.20	0.00	8473.45	6144.68	2328.77	0.00
	主材：RPE 管 DN20	m	1823.20	2.63		2.63		4795.02		4795.02	
	主材：RPE 管 DN16	m	2734.80	1.97		1.97		5387.56		5387.56	
3-218	电铃安装	个	12.00	10.45	6.21	4.24	0.00	125.40	74.52	50.88	0.00
	主材：电铃	个	12.00	60.00		60.00		720.00	0.00	720.00	0.00
2-579Y	电缆桥架	10m	15.60	66.20	43.89	19.93	2.38	1032.72	684.68	310.91	37.13
	主材：电缆桥架 200×100	m	165.36	120.00		120.00		19843.20		19843.20	
3-235F	等电位线 MEB 线安装	10m	13.70	78.06	31.26	36.17	10.63	1069.42	428.26	495.53	145.63
3-241	避雷带敷设	10m	16.20	71.08	31.69	30.18	9.21	1151.50	513.38	488.92	149.20
3-10	等电位联结箱安装	台	4.00	58.58	45.18	9.86	3.54	234.32	180.72	39.44	14.16

续表

单位估价号	工程和费用名称	单位	数量	单价（元） 合计	单价 人工费	单价 材料费	单价 机械费	合价（元） 合计	合价 人工费	合价 材料费	合价 机械费
	主材：总等电位端子箱	台	1.00	300.00		300.00		300.00		300.00	
	主材：局部等电位端子箱	台	3.00	900.00		300.00		900.00		900.00	
	小计							530349.00	50438.00	468951.00	10960.00
	高层建筑增加费							4539.00	953.00		3586.00
	合计							534889.00	51391.00	468951.00	14546.00
	地区基价定额直接费							534889.00			
	其中　B_1—人工费							51391.00			
	B_2—材料费							468951.00			
	B_3—机械费							14546.00			
	综合费用	229%						115503.00			
	工程定额编制管理费及劳动定额测定费							0.00			
	税金	3.48%						22634.00			
	概算调整费	150.72%						341358.00			
	概算工程造价							1014384.00			
	二、电视、电话系统										
3-253	电视插座安装	套	37.00	50.60	41.75	8.85	0.00	1872.20	1544.75	327.45	0.00

续表

单位估价号	工程和费用名称	单位	数量	单价（元）				合价（元）			
				合计	人工费	材料费	机械费	合计	人工费	材料费	机械费
	主材：电视插座	套	37.00	8.80		8.80		325.60		325.60	
3-10	有线电视箱安装	台	4.00	58.58	45.18	9.86	3.54	234.32	180.72	39.44	14.16
	主材：有线电视箱	台	4.00	500.00		500.00		2000.00		2000.00	0.00
3-54	管内穿线	100m	1.14	455.23	263.56	191.67	0.00	519.21	300.60	218.61	0.00
	主材：SYKV-75-9	m	31.18	5.60		5.60		174.62		174.62	
	主材：SYKV-75-7	m	64.44	3.78		3.78		243.59		243.59	
	主材：SYKV-75-5	m	22.90	1.33		1.33		30.46		30.46	
3-249	电话插座安装	个	40.00	16.83	10.28	6.47	0.08	673.20	411.20	258.80	3.20
3-54	管内穿线	100m	0.52	455.23	263.56	191.67	0.00	236.72	137.05	99.67	0.00
	主材：HYA-50×2×0.5	m	31.18	16.00		16.00		498.91		498.91	
	主材：HYA-30×2×0.5	m	22.87	7.00		7.00		160.07		160.07	
3-49	管内穿线	100m	140.22	22.32	20.97	1.35	0.00	3129.80	2940.50	189.30	0.00
	主材：RVB-0.5	km	16.333	872.02		872.02		14242.96	0.00	14242.96	0.00
3-28	钢管敷设	100m	0.46	836.23	450.47	324.17	61.59	384.67	207.22	149.12	28.33
	主材：焊接钢管 DN40	t	0.889	5224.90		5224.90		4643.47		4643.47	
3-22	钢管敷设 32mm以内	100m	0.33	428.31	212.82	171.78	43.71	141.34	70.23	56.69	14.42

续表

单位估价号	工程和费用名称	单位	数量	单价（元） 合计	人工费	材料费	机械费	合价（元） 合计	人工费	材料费	机械费
	主材：焊接钢管 DN32	t	0.106	5224.90		5224.90		555.87		555.87	
3-22	钢管敷设 25mm 以内	100m	3.30	428.31	212.82	171.78	43.71	1413.42	702.31	566.87	144.24
	主材：焊接钢管 DN25	t	0.823	5224.90		5224.90		4297.78		4297.78	
3-21	钢管敷设 20mm 以内	100m	11.20	308.35	168.71	114.84	24.80	3453.52	1889.55	1286.21	277.76
	主材：焊接钢管 DN15	t	1.454	5224.90		5224.90		7594.58		7594.58	
	小计							46826.00	8384.00	37960.00	482.00
	地区基价定额直接费							46826.00			
	其中　B_1—人工费							8384.00			
	B_2—材料费							37960.00			
	B_3—机械费							482.00			
	综合费用	229%						19200.00			
	工程定额编制管理费及劳动定额测定费							0.00			
	税金	3.48%						2298.00			
	概算调整费	150.72%						34654.00			
	概算工程造价							102977.00			
	三、消控系统										

续表

单位估价号	工程和费用名称	单位	数量	单价（元）				合价（元）			
				合计	其中			合计	其中		
					人工费	材料费	机械费		人工费	材料费	机械费
5-1	探测器安装	只	232.00	23.59	13.04	10.37	0.18	5472.88	3025.28	2405.84	41.76
	主材：智能光电感烟火灾探测器	只	225.00	220.00		220.00		49500.00		49500.00	
	主材：智能感温探测器	只	7.00	190.00		190.00		1330.00		1330.00	
5-5	按钮安装	只	60.00	51.11	41.81	8.07	1.23	3066.60	2508.60	484.20	73.80
	主材：手动报警按钮	只	60.00	230.00		230.00		13800.00		13800.00	
5-230	声光报警器安装	只	36.00	37.39	9.23	14.42	13.74	1346.04	332.28	519.12	494.64
	主材：声光报警器	只	36.00	260.00		260.00		9360.00		9360.00	
5-11	区域火灾报警控制器安装	台	1.00	547.45	363.07	25.96	158.42	547.45	363.07	25.96	158.42
5-47	消防电话主机安装	10个	0.10	157.59	51.94	23.83	81.82	15.76	5.19	2.38	8.18
	主材：消防电话主机	台	1.00	3500.00		3500.00		3500.00		3500.00	
5-38	电源安装	台	1.00	28.19	22.48	5.01	0.70	28.19	22.48	5.01	0.70
	主材：电源	台	1.00	5600.00		5600.00		5600.00		5600.00	
5-7	控制模块安装	只	10.00	69.31	54.19	12.14	2.98	693.10	541.90	121.40	29.80
	主材：控制模块	只	1.00	352.30		352.30		352.30		352.30	

续表

单位估价号	工程和费用名称	单位	数量	单价（元）				合价（元）			
				合计	其中			合计	其中		
					人工费	材料费	机械费		人工费	材料费	机械费
	主材：总线隔离模块	只	9.00	279.17		279.17		2512.53		2512.53	
5-23	楼层显示器安装	台	8.00	444.07	349.35	22.69	72.03	3552.56	2794.80	181.52	576.24
	主材：楼层显示器	台	8.00	326.53		326.53		2612.24		2612.24	
5-39	自动报警系统调试	系统	1.00	3857.20	2401.82	334.50	1120.88	3857.20	2401.82	334.50	1120.88
5-49	管内穿线	100m	173.25	49.63	24.62	25.01	0.00	8598.40	4265.42	4332.98	0.00
	主材：ZR-BV-2.5	km	4.053	1791.47		1791.47		7261.14		7261.14	
	主材：ZR-BV-1.5	km	14.874	1220.42		1220.42		18153.00		18153.00	
3-23	钢管敷设	100m	2.48	564.18	357.12	145.47	61.59	1399.17	885.66	360.77	152.74
	主材：焊接钢管 DN40	t	0.98	5224.90		5224.90		5125.05		5125.05	
3-22	钢管敷设	100m	1.15	428.31	212.82	171.78	43.71	491.70	244.32	197.20	50.18
	主材：焊接钢管 DN32	t	0.37	5224.90		5224.90		1933.75		1933.75	
3-27	钢管敷设	100m	9.15	880.71	353.91	483.09	43.71	8056.74	3237.57	4419.31	399.86
	主材：焊接钢管 DN25	t	2.28	5224.90		5224.90		11913.98		11913.98	
	小计							170080.00	20628.00	146344.00	3107.00

续表

单位估价号	工程和费用名称	单位	数量	单价（元）				合价（元）			
				合计	人工费	其中 材料费	机械费	合计	人工费	其中 材料费	机械费
	地区基价定额直接费							170080.00			
	其中 B₁—人工费							20628.00			
	B₂—材料费							146344.00			
	B₃—机械费							3107.00			
	综合费用	229%						47239.00			
	工程定额编制管理费及劳动定额测定费							0.00			
	税金	3.48%						7563.00			
	概算调整费	150.72%						114060.00			
	概算工程造价							338941.00			
	四、信息网络系统										
询价	信息网络系统	元/点	243.00	400.00				97200.00			
	小计							97200.00			
	五、监控系统										
询价	安全监控系统	元/点	71.00	1300.00				92300.00			
	合计							92300.00			

安装工程直接费计算表（三）

表6-4

单位工程名称：采暖、通风工程

单位估价号	工程和费用名称	单位	数量	单价（元）				合价（元）			
				合计	其中			合计	其中		
					人工费	材料费	机械费		人工费	材料费	机械费
2-239	散热器安装	10 片	513.70	69.80	27.28	42.52	0.00	35856.26	14013.74	21842.52	0.00
	主材：四柱 760 型中片	片	3179.80	31.37		31.37		99750.42	0.00	99750.42	0.00
	主材：四柱 760 型足片	片	2008.57	33.42		33.42		67126.31	0.00	67126.31	0.00
2-121	手动调节阀安装	个	4.00	85.66	8.46	68.02	9.18	342.64	33.84	272.08	36.72
	主材：手动调节阀	个	4.00	321.67		321.67		1286.68		1286.68	
2-125F	热表安装	个	1.00	165.25	20.34	125.78	19.13	165.25	20.34	125.78	19.13
	主材：热表 RH-D-II	个	1.00	1850.00		1850.00		1850.00		1850.00	
2-134	卧式自动排气阀安装	个	4.00	70.51	21.20	49.31	0.00	282.04	84.80	197.24	0.00
	主材：卧式自动排气阀	个	4.00	32.09		32.09		128.36		128.36	
4-51	卫生间通风器安装	个	23.00	9.50	5.78	3.65	0.07	218.50	132.94	83.95	1.61
	主材：卫生间通风器 220m³/h	个	7.00	60.00		60.00		420.00		420.00	
	主材：卫生间通风器 900m³/h	个	16.00	120.00		120.00		1920.00		1920.00	
4-96F	轴流风机安装	台	1.00	965.88	555.59	220.45	189.84	965.88	555.59	220.45	189.84
	主材：轴流风机	台	1.00	3100.00		3100.00		3100.00		3100.00	
4-52	排风扇安装	个	5.00	19.73	11.35	8.21	0.17	98.65	56.75	41.05	0.85

续表

单位估价号	工程和费用名称	单位	数量	单价（元） 合计	人工费	其中 材料费	机械费	合价（元） 合计	人工费	其中 材料费	机械费
2-62	主材：排风扇	个	5.00	130.00		130.00		650.00		650.00	
	镀锌钢管安装	10m	5.44	397.83	103.28	266.53	28.02	2164.20	561.84	1449.92	152.43
2-61	主材：镀锌钢管 DN100	m	54.40	55.34		55.34		3010.22		3010.22	
	镀锌钢管安装	10m	16.80	291.80	91.78	178.38	21.64	4902.24	1541.90	2996.78	363.55
2-60	主材：镀锌钢管 DN80	m	168.00	42.53		42.53		7145.71		7145.71	
	镀锌钢管安装	10m	17.80	278.62	90.65	162.69	25.28	4959.44	1613.57	2895.88	449.98
2-59	主材：镀锌钢管 DN70	m	181.56	33.86		33.86		6148.35	0.00	6148.35	0.00
	镀锌钢管安装	10m	5.83	190.70	78.66	97.34	14.70	1111.78	458.59	567.49	85.70
2-58	主材：镀锌钢管 DN50	m	59.47	24.89		24.89		1479.99	0.00	1479.99	0.00
	镀锌钢管安装	10m	104.50	184.20	78.87	89.88	15.45	19248.90	8241.92	9392.46	1614.53
2-57	主材：镀锌钢管 DN40	m	1065.90	19.58		19.58		20874.59	0.00	20874.59	0.00
	镀锌钢管安装	10m	106.90	107.59	51.81	54.5	1.28	11501.37	5538.49	5826.05	136.83
2-56	主材：镀锌钢管 DN32	m	1090.38	15.96		15.96		17405.74	0.00	17405.74	0.00
	镀锌钢管安装	10m	106.60	127.23	49.76	76.19	1.28	13562.72	5304.42	8121.85	136.45
2-55	主材：镀锌钢管 DN25	m	1087.32	12.34		12.34		13419.70	0.00	13419.70	0.00
	镀锌钢管安装	10m	118.90	122.73	50.19	72.54	0.00	14592.60	5967.59	8625.01	0.00
	主材：镀锌钢管 DN20	m	1212.78	8.31		8.31		10081.84	0.00	10081.84	0.00

续表

单位估价号	工程和费用名称	单位	数量	单价（元）合计	单价人工费	单价材料费	单价机械费	合价（元）合计	合价人工费	合价材料费	合价机械费
2-319	管道保温	100m	6.60	1355.34	561.16	794.18	0.00	8943.52	3702.94	5240.58	0.00
	主材：岩棉保温	m³	10.36	616.00		616.00		6381.76		6381.76	
	管道外缠玻璃丝布	m²	414.40	4.55		4.55		1885.52		1885.52	
	小计							382981.00	47829.00	331964.00	3188.00
	系统调整费							7174.00	1794.00	5381.00	
	高层建筑增加费							10522.00	842.00		9681.00
	脚手架搭拆费							3826.00	957.00	2870.00	
	总计							404504.00	51421.00	340215.00	12868.00
	地区基价定额直接费							404504.00			
	其中 B_1—人工费							51421.00			
	B_2—材料费							340215.00			
	B_3—机械费							12868.00			
	综合费用	229%						117755.00			
	工程定额编制管理费及劳动定额测定费							0.00			
	税金	3.48%						18175.00			
	概算调整费	150.72%						274108.00			
	概算工程造价							814541.00			

设备购置费计算表

单项工程名称：某中学综合楼

单位估价号	设备及安装工程名称	单位	数量	单价（元） 设备和主材费	单价（元） 定额安装工程费 合计	人工费	辅材费	机械费	合价（元） 设备和主材费	合价（元） 定额安装工程费 合计	人工费	辅材费	机械费
	一、电梯工程												
	设备：电梯	部	2	260000.00					520000.00				
	小计								520000.00				
	设备运杂费	7%							36400.00				
	备品备件费	1%							5200.00				
	总计								561600.00				
	二、消防、给水排水工程												
	设备：热镀锌钢板装配式水箱 12m³	台	1	36000.00					36000.00				
	设备：消防增压稳压设备	台	1	26000.00					26000.00				
	小计								62000.00				
	设备运杂费	7%							4340.00				
	备品备件费	1%							620.00				
	总计								66960.00				

续表

单位估价号	设备及安装工程名称	单位	数量	单价（元） 设备和主材费	定额安装工程费 合计	其中 人工费	辅材费	机械费	合价（元） 设备和主材费	定额安装工程费 合计	其中 人工费	辅材费	机械费
	三、动力、照明工程												
	设备：低压配电柜	台	7	29000.00					203000.00				
	设备：柴油发电机 45kVA 36kW	台	1	52000.00					52000.00				
	小计								255000.00				
	设备运杂费	7%							17850.00				
	备品备件费	1%							2550.00				
	总计								275400.00				
	四、消控系统工程												
	设备：区域火灾报警联动控制器（包括机柜）	台	1.00	30400.00					30400.00				
	小计								30400.00				
	设备运杂费	7%							2128.00				
	备品备件费	1%							304.00				
	总计								32832.00				

复 习 思 考 题

1. 简述设计概算的作用？
2. 简述概算总投资的费用组成？

第7章 施工图预算

　　施工图预算是施工图设计阶段根据施工图纸、预算定额或消耗量定额、各项取费标准、建设地区的自然及技术经济条件等资料编制的对工程建设所需造价作出较精确计算的经济文件。

　　施工图预算是反映单位工程工程造价的结果，属于施工图设计阶段的工程产品定价文件。

　　总之，施工图预算是反映和确定建筑安装工程预算造价的技术经济文件，是签订建筑安装工程施工合同、实行工程预算包干、银行拨付工程款、进行工程竣工结算和竣工决算以及合同管理与索赔的重要依据，是施工企业加强经营管理、搞好企业内部经济核算的重要依据。

7.1 施工图预算编制的依据

　　1. 施工图纸及其说明

　　施工图纸及其说明是编制施工图预算的主要对象和依据。施工图纸必须经建设、设计、施工单位共同会审确定后，才能作为编制的依据。

　　2. 预算定额或单位估价表

　　预算定额或单位估价表是编制预算的基础资料，施工图预算项目的划分、工程量计算等都必须以预算定额为依据。

　　3. 工程量计算规则

　　与《全国统一安装工程预算定额》配套执行的"工程量计算规则"是计算工程量、套用定额单价的必备依据。

　　4. 批准的初步设计及设计概算等有关文件

　　我国基本建设预算制度决定了经批准的初步设计、设计概算是编制施工图预算的依据。

　　5. 费用定额及取费标准

　　费用定额及取费标准是计取各项应取费用的标准。目前各省、市、自治区都制定了费用定额及取费标准，编制施工图预算时，应按工程所在地的规定执行。

　　6. 地区人工工资、材料及机械台班预算价格

　　预算定额的工资标准仅限定额编制时的工资水平，在实际编制预算时应结合

当时、当地的相应工资单价调整。同样，在一段时间内，材料价格和机械费都可能变动很大，必须按照当地规定调整价差。

7. 企业定额

投标报价的编制要依据企业定额。

8. 施工组织设计或施工方案

施工组织设计或施工方案是确定工程进度计划、施工方法或主要技术组织措施以及施工现场平面布置和其他有关准备工作的文件。编制施工图预算应依据经过批准的施工组织设计或施工方案。

9. 建设单位、施工单位共同拟订的施工合同、协议

建设单位、施工单位共同拟订的施工合同、协议，包括在材料加工订货方面的分工、材料供应方式等的协议。

7.2　施工图预算编制的步骤和方法

7.2.1　定额计价模式的步骤和方法

（1）编制前的准备工作

施工图预算是确定工程预算造价的文件，其编制过程是具体确定建筑安装工程预算造价的过程。编制施工图预算，不仅要严格遵守国家计价政策、法规，严格按施工图计量，而且还要考虑施工现场条件和企业自身因素，是一项复杂而细致的工作，具有很强的政策性和技术性。因此，必须事前做好充分准备，方能编制出高水平的施工图预算。

准备工作主要包括两大方面：其一是组织准备；其二是资料的收集和现场情况的调查。

① 组织准备

对于一个大的工程项目，其专业门类齐全，不是一两个人能够胜任的。必须组织各专业人员，分工合作，确定切实可行的编制方案，共同完成预算的编制工作。

② 资料收集

a. 施工图的收集。包括文字说明、设计更改通知书和修改图、设计采用的标准图和通用图；

b. 施工组织设计和施工方案。施工组织设计和施工方案是确定工程进度、施工方法、施工机械、技术措施、现场平面布置等内容的文件，直接关系到定额的套用；

c. 有关定额和规定。预算定额、间接费定额、其他一些关于计价的规定

（材料调整系数等）；

    d. 有关工具书。如预算手册等；

    e. 有关合同。收集施工合同等。

    ③ 施工现场勘验

核实施工现场的水文地质资料、自然地面标高、交通运输道路条件、地理环境、已建建筑等情况。凡属建设单位责任范围内的应解决而未解决的问题，应确定责任和期限，若由建设单位委托施工企业完成，则应及时办理签证，并依此收费。

通过收集资料和对现场情况的了解，结合施工组织设计，预算人员能够确切掌握工程施工条件、该工程可能采用的施工方法等，为正确地分层、分段计算工程量及正确选用定额提供必备的基础资料。

（2）熟悉图纸和定额

施工图是编制施工图预算的根本依据，必须充分熟悉施工图，方能编制好预算。整套施工图应以设计组成为依据，包括采用的大样图、标准图以及设计更改通知（或类似文件），都是图样的组成部分，不可遗漏。不但要弄清施工图的内容，而且要对图纸的相关尺寸、设备材料的规格与数量、详图及其他符号是否正确等进行审核，若发现错误应及时纠正。

通过阅读施工图，了解工程的性质、系统的组成、设备和材料的规格型号和品种，以及有无新材料、新工艺的采用。理解设计意图，才能正确地计算出工程量，正确地选用定额。

预算定额是编制施工图预算的计价标准，对其适用范围、工程量计算规则及定额系数等都要充分地了解，做到心中有数，这样才能使预算编制准确、迅速。

（3）计算工程量

工程量是指以物理计量单位或自然计量单位所表示的各分项工程或结构构件的实物数量。物理计量单位是指以度量表示的长度、面积、质量等计量单位；自然计量单位是指自然状态下安装成品所表示的台、个、块等计量单位。

计算工程量是编制施工图预算过程中的重要步骤，工程量计算正确与否，直接影响施工图预算的编制质量。计算工程量必须注意：计算口径应与预算定额相一致，计算工程量时所列分项工程内容应与定额中项目内容一致；计算单位应与预算定额相一致；计算方法应与定额规定相一致，这样才能符合施工图预算编制的要求。定额计价模式下，工程量计算步骤与方法如下：

    ① 划分工程项目

工程项目的划分必须和定额规定的项目一致，这样才能正确地套用定额，不能重复列项计算，也不能漏项少算。例如：给水排水工程，管件连接工程量已包括到管道安装工程项目内，就不能在列管道安装项目的同时，再列管件连接项目套工艺管道管件连接定额。有些工程量，在图纸上不能直接表达，往往在施工说明中加以说明，注意不可漏项。如：管道除锈、刷油、绝热、系统调试等项目都是很容易漏项的项目。

②计算工程量

a. 工程量计算规则　必须按规定的工程量计算规则进行计算，该扣除的部分要扣除，不该扣除的部分不能扣除。例如：镀锌给水管道（螺纹连接），工程量计算规定以延长米计算，不扣除管件、阀门长度；通风管道安装制作工程量，定额规定以展开面积计算，不扣除送吸风口、检查孔等所占面积，咬口余量也不增加；计算风管长度时，以图注中心长度为准，不扣除管件长度，但扣除部件所占位置长度等。这些规则在计算工程量时，都应严格遵守。在计算水管工程量时，就不能扣除管件和阀门长度；在计算风管展开面积时，就不能扣除送吸风口和检查孔面积，也不能增加咬口余量的面积；在计算风管长度时，就不能扣除弯头、三通等管件长度，也不能不扣除阀门、送吸风口等部件所占长度。

b. 工程量计量单位要与定额一致，例如给水管道安装工程量定额计量单位是 10m，风管制作安装工程量计量单位是 $10m^2$，电线穿管工程量定额计量单位是 100m。

c. 计算工程量应尽量利用工具书，例如：风管展开面积、管道绝热、刷油工程量以及管道绝热保护层工程量的计算，均可利用预算手册查得。

d. 计算工程量必须准确无误，在计算工程量时，必须严格按图样标示尺寸进行，不能加大或缩小；设备规格型号必须与图样完全一致，不准任意更改名称高套定额，数量要按图清点，按序进行，反复校对，避免重复，避免遗漏。例如在给水排水工程中，计算大便器的工程量，可以先在平面图上清点数量，再在系统图上校对，与设备材料表上核实，以确保准确无误。

③整理工程项目和工程量

按工程项目计算全部工程量以后，要对工程项目和工程量进行整理，即合并同类项和按序排列。给套定额、计算直接费和进行工料分析打下基础。

a. 合并同类项

合并同类项即将套用相同定额子目的项目工程量合并在一起，变为一个项目。例如：室内给水管道安装，凡是材质、规格、连接方式相同的，均将其工程量汇总在一起。又如通风管道制作安装，凡是在一个步距、套用同一定额子目的项目，不管规格是否相同都应合并在一起。如某工程有直径为 500mm 和 400mm 两种镀锌薄钢板风管制作安装项目，虽然规格不同，但在一个步距内，都应套用直径 500mm 以内定额子目，所以应将二者工程量相加，合并为一个项目。

b. 按序排列

首先按定额分部工程进行归类，然后再按定额编号的顺序（可从小到大，也

可从大到小）进行整理，将结果填入工程预算表中。预算表常用几种格式如表
7-1、表 7-2、表 7-3 所示。

工程预算表　　　　　　　　　　　　　　　　　　　　　　表 7-1

工程名称：　　　　　　　　　　　　　　　　　　年　月　日　第　页　共　页

定额编号	项目名称	规格型号	单位	数量	金额		其中：工资		备注
					单价（元）	复价（元）	单价（元）	复价（元）	

工程预算表　　　　　　　　　　　　　　　　　　　　　　表 7-2

工程名称：　　　　　　　　　　　　　　　　　　年　月　日　第　页　共　页

定额编号	项目名称	单位	数量	合价（元）		人工费（元）		材料费（元）		机械费（元）	
				单价	金额	单价	金额	单价	金额	单价	金额

工程预算表　　　　　　　　　　　　　　　　　　　　　　表 7-3

工程名称：　　　　　　　　　　　　　　　　　　年　月　日　第　页　共　页

定额编号	项目名称	单位	数量	主材费（元）		人工费（元）		材料费（元）		机械费（元）	
				单价	金额	单价	金额	单价	金额	单价	金额

　　至于采用何种表格，要视情况而定：不须调整人、材、机价差时，可采用表
7-1 形式；若须调整价差，而且是采用系数调整的，宜用表 7-2 形式；如果只调
整主材价差而不调辅材价差时，使用表 7-3 为宜，也可自行设计表格。

　　需要注意的是，由于安装工程涉及的专业工程很多，因此，其工程量计算比
较复杂，主要表现在：安装工程的专业性较强，各专业施工图所用的标准都不一
样，要完全读懂施工图必须具备一定的专业知识；安装工程涉及机械设备、电气

设备、热力设备、工业管道、给水排水、采暖、通风空调等专业工程安装，施工及验收规范、技术操作规程不尽相同，为预算的编制带来了难度；安装工程每个专业的工程量计算规则都不一样。因此在进行工程量的计算时应熟悉各专业安装工程施工图，掌握各专业的工程量计算规则，并不断积累工程量计算的经验，完善工程量的计算方法。定额计价模式下，具体涉及建筑安装工程工程量计算规则见本书 8.2.1 节（定额计价模式下的工程量计算规则）。

（4）计算各项费用和总价

定额计价模式下计算各项费用和总价是根据各地区颁发的现行的费用定额、计价文件等，计算措施费、利润、税金和其他费用等，并累计得出单位工程含税总造价的过程。其步骤和方法如下：

① 套单价计算定额基价费

套单价，即将定额子项中的基价填于预算表中单价栏内，并将单价乘以工程量得出复价，将结果填入复价栏。

预算表最后一项是"其中工资"，工资即人工费。该栏单价即指基价中的人工费数额，复价即单价人工乘以工程量所得的数值。

逐项填写并计算完毕后，将基价、复价和人工复价加以合计，即得出定额基价费和基价人工费。

② 计算主材费（未计价材料费）

因为许多定额项目基价为不完全价格，即未包括主材费用在内。所以计算定额基价费（基价合计）之后，还应计算出主材费，以便计算工程造价。

③ 按费用定额计取其他各项费用

即按当地费用定额的取费规定计取间接费、计划利润、税金及其他费用。

④ 计算工程总造价

将分部分项工程费、措施费、计划利润和税金相加即为工程预算造价。

（5）工料分析

工料分析即按分项工程项目，依据定额或单位估价表，计算人工和各种材料的实物耗量，并将主要材料汇总成表。

工料分析的方法，首先从定额项目表中分别将各分项工程消耗的每项材料和人工的定额耗量查出，再分别乘以该工程项目的工程量，得到分项工程工料耗量。最后将各分项工程工、料耗量加以汇总，得出单位工程人工、材料的消耗数量。

用公式表示为：

$$人工 = \Sigma（分项工程量 \times 综合工日消耗定额） \tag{7-1}$$

$$材料 = \Sigma（分项工程量 \times 各种材料定额耗量） \tag{7-2}$$

用同样的方法，也可进行机械台班耗量分析。

（6）计算单位工程经济指标

单位工程经济指标包括单位工程每平方米造价、主要材料消耗指标、劳动量消耗指标等。

（7）编写预算编制说明

编制说明简明扼要地介绍编制依据（定额、价格标准、费用标准、调价系数等）、编制范围等。

（8）校核、复核及审核

工程预算造价书完成后必须进行自校、校核、审核、复制、备案等过程。

工程预算造价书的审查有很多种方法，根据要求不同可以灵活运用，最基本的方法有全面审查法、重点审查法、指标审查法三种。

① 全面审查法　根据施工图纸、合同和定额及有关规定，对工程预算造价书内容逐一审查，不得漏项。

② 重点审查法　是抓住预算中的重点部分进行审查的方法。所谓重点，一是根据工程特点，工程某部分复杂、工程量计算繁杂、定额缺项多、对整个造价有明显影响者；二是工程数量多、单价高，占造价比例大的子目；三是在编制预算造价书过程中易犯错误处或易弄假处。

③ 指标审查法　就是利用建筑结构、用途、工程规模、建造标准基本相同的工程预算造价及各项技术经济指标，与被审查的工程造价相比较，这些指标和预算造价基本相符，则可认为该预算造价计算基本上是合理的。如果出入较大，应该作进一步分析对比，找出重点，进行审查。

7.2.2　清单计价模式的步骤和方法

工程量清单计价的基本过程可以描述为：在统一的工程量计算规则的基础上，制定工程量清单项目设置规则，根据具体工程的施工图纸计算出各个清单项目的工程量，再根据各种渠道所获得的工程造价信息和经验数据计算得到工程造价。工程量清单计价的基本过程如图 7-1 所示。

从工程量清单计价过程的示意图中可以看出，其编制过程可以分为工程量清单的编制和利用工程量清单来编制投标报价（招标控制价）两个阶段。

工程量清单计价的具体步骤如下：研究招标文件→熟悉图纸、计算工程量→分部分项工程量清单计价→措施项目清单计价→其他项目费、规费、税金的计算。

1. 研究招标文件，熟悉图纸

（1）熟悉工程量清单　工程量清单是计算工程造价最重要的依据，在计价时必须全面了解每一个清单项目的特征描述，熟悉其所包括的工程内容，以便在计价时不漏项、不重复计算。

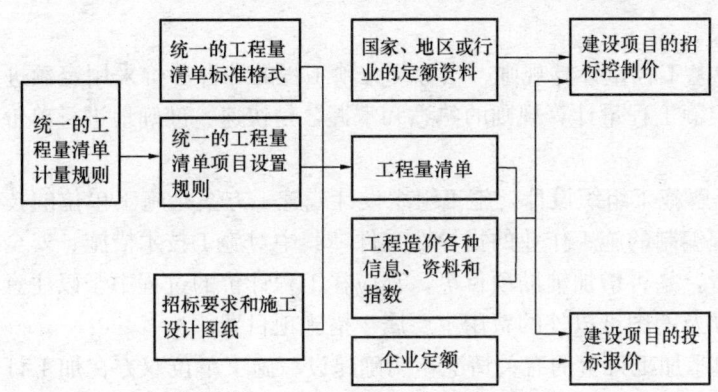

图 7-1 工程量清单计价过程示意图

（2）研究招标文件 工程招标文件及合同条件的有关条款和要求，是计算工程造价的重要依据。在招标文件及合同条件中对有关承发包工程范围、内容、期限、工程材料、设备采购供应办法等都有具体规定，只有在计价时按规定进行，才能保证计价的有效性。因此，投标单位拿到招标文件后，根据招标文件的要求，要对照图纸，对招标文件提供的工程量清单进行复查或复核，其内容主要有：

① 分专业对施工图进行工程量的数量审查。一般招标文件上要求投标单位核查工程量清单，如果投标单位不审查，则不能发现清单编制中存在的问题，也就不能充分利用招标单位给予投标单位澄清问题的机会，则由此产生的后果由投标单位自行负责。

② 根据图纸说明和选用的技术规范对工程量清单项目进行审查。主要是根据规范和技术要求，审查清单项目是否漏项，例如电气设备中有许多调试工作（母线系统调试、低压供电系统调试等），是否在工程量清单中被漏项。

③ 根据技术要求和招标文件的具体要求，对工程需要增加的内容进行审查。认真研究招标文件是投标单位争取中标的第一要素。表面上看，各招标文件基本相同，但每个项目都有自己的特殊要求，这些要求一定会在招标文件中反映出来，这需要投标人仔细研究。有的工程量清单上要求增加的内容与技术要求和招标文件上的要求不统一，只有通过审查和澄清才能统一起来。

（3）熟悉施工图纸、全面系统地阅读图纸，是准确计算工程造价的重要工作。阅读图纸时应注意以下几点：

① 按设计要求，收集图纸选用的标准图、大样图。

② 认真阅读设计说明，掌握安装构件的部位和尺寸、安装施工要求及特点。

③ 了解本专业施工与其他专业施工工序之间的关系。

④ 对图纸中的错、漏以及表示不清楚的地方予以记录，以便在招标答疑会

上询问解决。

（4）熟悉工程量计算规则   当分部分项工程的综合单价采用定额进行单价分析时，对定额工程量计算规则的熟悉和掌握，是快速、准确地进行单价分析的重要保证。

（5）了解施工组织设计   施工组织设计或施工方案是施工单位的技术部门针对具体工程编制的施工作业的指导性文件，其中对施工技术措施、安全措施、施工机械配置，是否增加辅助项目等，都应在工程计价的过程中予以注意。施工组织设计所涉及的图纸以外的费用主要属于措施项目费。

（6）熟悉加工订货的有关情况   明确建设、施工单位双方在加工订货方面的分工。对需要进行委托加工订货的设备、材料，应向生产厂或供应商询价，并落实厂家或供应商对产品交货期及产品到工地交货价格的承诺。

（7）明确主材和设备的来源情况   主材和设备的型号、规格、重量、材质、品牌等对工程造价影响很大，因此主材和设备的范围及有关内容需要发包人予以明确，必要时注明产地和厂家。大宗材料和设备价格，必须考虑交货期和从交通运输线至工地现场的运输条件。

2. 计算工程量

清单计价的工程量计算主要有三部分内容，一是编制分部分项工程量清单，一般由招标人或招标人委托的咨询公司编制，其具体步骤和方法在本书 4.2.3 节（分部分项工程量清单的编制）中已进行了讲述，这里不再赘述；二是核算工程量清单所提供清单项目工程量是否准确；三是计算每一个清单项目所组合的工程项目（子项）的工程量，以便进行单价分析。在计算工程量时，应注意清单计价和定额计价时的计算方法不同。清单计价时，是辅助项目随主项计算，将不同的工程内容组合在一起，计算出清单项目的综合单价；而定额计价时，是按相同的工程内容合并汇总，然后套用定额，计算出该项目的分部分项工程费。

3. 分部分项工程量清单计价

分部分项工程量清单计价分两个步骤：第一步，按招标文件给定的工程量清单项目逐个进行综合单价分析。在分析计算依据采用方面，可采用企业定额，也可采用各地现行的安装工程综合定额。第二步，按分部分项工程量清单计价格式，将每个清单项目的工程数量，分别乘以对应的综合单价计算出各项合价，再将各项合价汇总。

4. 措施项目清单计价

措施项目清单是完成项目施工必须采取的措施所需的工程内容，一般在招标文件中提供。如提供的项目与拟建工程情况不完全相符时，投标人可做增减。费用的计算可参照计价办法中措施项目指引的计算方法进行，也可按施工方案和施工组织设计中相应项目要求进行人工、材料、机械分析计算。

5. 其他项目费、规费、税金的计算

其他项目费中的招标人部分可按估算金额确定，投标人部分的总承包服务费应根据招标人提出的要求，按发生的费用确定。

规费和税金应按国家或地方有关部门规定的项目按一定费（税）率进行计算。

7.3 施工图预算书的内容

7.3.1 定额计价模式下施工图预算书的内容

定额计价模式下施工图预算书的具体内容一般包括封面、扉页、目录、编制说明、预算分析表、计费程序表、工程量汇总表、工料分析等内容。

（1）封面

预算书的封面格式根据其用途不同，可以包括不同的项目。通常必须包括工程编号、工程名称、工程造价、编制单位、编制时间等。

对于中介单位，封面通常还须包括招标单位名称。对于施工单位则应包括建设单位名称等。对于投标单位则应包括投标人及其法人代表等信息。

（2）扉页

预算书的扉页格式根据其用途不同，可以包括不同的项目。通常是将除封面上体现的预算相关重要信息以外的工程名称、工程造价、相关单位法人签字、造价工程师签字、单位建筑面积的造价、编制单位、编制人及证号、编制时间等。工程重要信息等补充和集中于扉页，以便快速了解该预算核心内容。

（3）目录

对于内容较多的预算书，将其内容按顺序排列，并给出页码编号，以方便查找。

（4）编制说明

施工图预算编制说明的主要内容有：工程概况、编制依据（如图纸、定额或单位估价表、费用定额、施工组织方案等）、有关设计修改或图样会审记录、遗留项目或暂估项目统计及其原因说明、存在问题及处理办法、其他要说明的问题。施工图预算编制说明示例如下：

① 工程名称及建设所在地和该地工资区类别；

② 根据×设计院×年度×号图纸编制；

③ 采用×年度×地×种定额；

④ 采用×年度×地×取费标准（或文号）；

⑤ 根据×地×年×号文件调整价差；

⑥ 根据×号合同规定的工程范围编制的预算；

⑦ 定额换算原因、依据、方法；

⑧ 未解决的遗留问题。

（5）预算分析表

表 7-4 是一种常用的预算分析表形式。

预算分析表示例　　　　　　　　　　　　表 7-4

工程名称：　　　　　　　　　标段：　　　　　　　第　页　共　页

序号	定额编号	名 称及说明	单位	数量	单位价值（元）						总价值（元）						合计
					损耗	主材费	人工费	材料费	机械费	管理费	主材费	人工费	材料费	机械费	管理费	

（6）计费程序表

不同时期、不同地区采用的计费程序表可能有所不同，对于不同地区的工程应采用当地造价管理部门公布的计费程序进行计算。建设单位工程招标控制价计价程序、施工企业工程投标报价计价程序、竣工结算计价程序见表 7-5、表 7-6、表 7-7。

建设单位工程招标控制价计价程序　　　　　　表 7-5

工程名称：　　　　　　　　　标段：

序号	内　容	计算方法	金　额（元）
1	分部分项工程费	按计价规定计算	
1.1			
1.2			
1.3			
1.4			
1.5			

序号	内　容	计算方法	金　额（元）
2	措施项目费	按计价规定计算	
2.1	其中：安全文明施工费	按规定标准计算	
3	其他项目费		
3.1	其中：暂列金额	按计价规定估算	
3.2	其中：专业工程暂估价	按计价规定估算	
3.3	其中：计日工	按计价规定估算	
3.4	其中：总承包服务费	按计价规定估算	
4	规费	按规定标准计算	
5	税金（扣除不列入计税范围的工程设备金额）	（1＋2＋3＋4）×规定税率	

招标控制价合计＝1＋2＋3＋4＋5

施工企业工程投标报价计价程序　　　　　　　　　表7-6

工程名称：　　　　　　　　　　标段：

序号	内　容	计算方法	金　额（元）
1	分部分项工程费	自主报价	
1.1			
1.2			
1.3			
1.4			
1.5			
2	措施项目费	自主报价	
2.1	其中：安全文明施工费	按规定标准计算	
3	其他项目费		
3.1	其中：暂列金额	按招标文件提供金额计列	
3.2	其中：专业工程暂估价	按招标文件提供金额计列	

续表

序号	内　　容	计算方法	金　额（元）
3.3	其中：计日工	自主报价	
3.4	其中：总承包服务费	自主报价	
4	规费	按规定标准计算	
5	税金(扣除不列入计税范围的工程设备金额)	(1+2+3+4)×规定税率	

投标报价合计＝1+2+3+4+5

竣工结算计价程序　　　　　　　　　　　　　　　　　　表 7-7

工程名称：　　　　　　　　　　　标段：

序号	内　　容	计算方法	金　额（元）
1	分部分项工程费	按合同约定计算	
1.1			
1.2			
1.3			
1.4			
1.5			
2	措施项目	按合同约定计算	
2.1	其中：安全文明施工费	按规定标准计算	
3	其他项目		
3.1	其中：专业工程结算价	按合同约定计算	
3.2	其中：计日工	按计日工签证计算	
3.3	其中：总承包服务费	按合同约定计算	
3.4	索赔与现场签证	按发承包双方确认数额计算	
4	规费	按规定标准计算	
5	税金(扣除不列入计税范围的工程设备金额)	(1+2+3+4)×规定税率	

竣工结算总价合计＝1+2+3+4+5

（7）工程量汇总表

将建筑安装工程中所有工程量分类汇总，内容包括分项工程名称、规格型号、单位、数量。必要时，写出计算式及所在部位等。

（8）工料分析

将人工、材料等进行汇总。

7.3.2 清单计价模式下施工图预算书的内容

清单计价模式下施工图预算书一般体现为投标报价或招标控制价。两种具体格式有细微区别，但内容一般包括封面、扉页、目录、编制说明、招标控制价（投标报价）汇总表、分部分项工程计价表、措施项目计价表、工程量清单综合单价分析表、综合单价调整表、总价措施项目清单与计价表、其他项目清单与计价汇总表、暂列金额明细表、材料（工程设备）暂估单价及调整表、专业工程暂估价表、计日工表、规费与税金项目清单与计价表等内容。其中封面、扉页、目录、编制说明基本与定额计价模式下相同，这里不再赘述，现就其他内容介绍如下。

（1）招标控制价（投标报价）汇总表

根据项目不同，包括工程项目招标控制价（投标报价）汇总表、单项工程招标控制价（投标报价）汇总表、单位工程招标控制价（投标报价）汇总表，用于招标控制价（投标报价）的汇总。工程项目招标控制价（投标报价）汇总表是对单项工程招标控制价（投标报价）的汇总，单项工程招标控制价（投标报价）汇总表是对单位工程招标控制价（投标报价）的汇总。对于单位工程，该表是对包含分部分项工程费、措施项目费、其他项目费（包括暂列金额、专业工程暂估价、计日工、总承包服务费）、规费、税金在内所有费用的汇总。工程项目招标控制价（投标报价）汇总表最后汇总的费用即为招标控制价（投标报价）。具体表格详见附录 A。

（2）分部分项工程计价表

分部分项工程计价表是将工程量清单中分部分项工程量与分部分项工程综合单价相乘进行分部分项工程计价并进行汇总。

分部分项工程费＝Σ（工程量清单中分部分项工程量×分部分项工程综合单价）

计价和汇总的结果即为单位工程分部分项工程费。

（3）工程量清单综合单价分析表

对于投标报价，根据工程量清单中项目内容和特征，依据企业定额将包括人工费、材料费、机械费、管理费和利润在内，并考虑适当风险费用的单位数量分项工程费分别计算并汇总为完成工程量清单规定项目的综合单价，以便计算分部分项工程费。

（4）单价措施项目计价表

单价措施项目计价表适用于以综合单价形式计价的措施项目，其表格形式同分部分项工程计价表。

（5）总价措施项目清单与计价表

总价措施项目计价表适用于以"项"计价的措施费用，一般包括安全文明施工费、夜间施工费、二次搬运费、冬雨期施工费、施工排水施工降水等。

（6）其他项目清单与计价汇总表

其他项目措施项目计价表是计算并汇总包括暂列金额、暂估价、计日工和总承包服务费在内的其他项目措施项目费用的表格。

（7）暂列金额明细表、材料（工程设备）暂估单价及调整表、专业工程暂估价表、计日工表

此部分内容为其他项目费用中的子项，对于投标报价，计日工单价由投标单位自主报价，其他项目均由招标人填写并提供，投标人将上述费用均计入投标总价即可。

（8）规费与税金项目清单与计价表

规费与税金项目清单与计价表是对招投标过程中非竞争项目进行计价和汇总的表格。其中规费包括工程排污费、社会保险费（包括养老保险费、失业保险费、医疗保险费）、工伤保险、生育保险费、住房公积金。且均以计算基础按照规定费率计算；税金即为以分部分项工程费＋措施项目费＋其他项目费用＋规费为计算基础，按照规定税率计算的税金。

复 习 思 考 题

1. 什么是施工图预算？作用有哪些？
2. 简述两种计价模式下施工图预算编制步骤的异同？
3. 工程量清单综合单价是如何计算的？
4. 归纳总结两种计价模式下施工图预算书内容的异同？

第8章　施工图预算编制实务

8.1　给水排水、采暖及燃气安装工程预算定额应用

8.1.1　给水排水、采暖及燃气安装工程预算定额适用范围

给水排水、采暖及燃气安装工程预算定额适用于新建、扩建项目中的生活用给水、排水、燃气、采暖热源管道及其附件、配件的安装和小型容器的制作安装等。

8.1.2　给水排水、采暖及燃气安装工程预算定额与相关定额的关系

（1）工业管道、生产生活共用的管道、锅炉房和泵类配管以及高层建筑内加压泵间的管道，执行第六册《工业管道工程》定额相应的项目。

（2）水泵、风机等传动设备的安装，执行《机械设备安装工程》相应的项目定额。

（3）压力表、温度计的安装，执行《自动化控制仪表安装工程》相应的项目额定。

（4）锅炉的安装，执行《热力设备安装工程》定额的有关子目。

（5）刷油、保温部分，执行《刷油、防腐蚀、绝热工程》定额有关子目。

（6）室内外管道沟土方及管道基础，应执行《全国统一建筑工程基础定额》。

（7）给水管道室内外界限，以建筑物外墙面1.5m处为界；入口处设阀门者，以阀门为界。

（8）与市政管道的界限，以水表井为界。无水表井者，以与市政管道碰头点为界。

（9）排水管道室内外界限，以第一个排水检查井为界。

（10）排水管室外管道与市政管道之间，以室外管道与市政管道碰头井为界。

（11）采暖热源管道室内外界限，以入口阀门或建筑物外墙面1.5m处为界。与工艺管道间的界限，以锅炉房或泵站外墙面1.5m处为界。工厂车间内采暖管道以采暖系统与工业管道碰头点为界。与设在高层建筑内的加压泵间管道的界限，以泵间外墙面为界。

（12）室内外燃气管道的界限划分：若是地下引入室内的管道，以室内第一

个阀门为界；地上引入室内的管道，以墙外三通为界。室外管道与市政管道间以两者的碰头点为界。

8.1.3 给水排水、采暖及燃气安装工程预算定额内容的组成

该定额共分 7 个分部工程。

（1）管道安装

在这个分部工程中，共分 6 个分项工程，即室外管道、室内管道、法兰安装、伸缩器的制作与安装、管道的消毒冲洗、管道压力试验。

① 室内外管道的安装

a. 镀锌钢管、焊接钢管的螺纹连接。工作内容为打、堵洞眼，切管，套螺纹，零件安装，钢管调直，管道安装，栽钩卡及管件安装，水压试验等；b. 焊接钢管的焊接。工作内容包括留、堵洞眼，切管，坡口，调直，揻弯，挖眼接管，异形管制作，对口，焊接，管道及管件的安装及水压试验；c. 承插铸铁给水管安装。包括青铅接口、膨胀水泥接口、石棉水泥接口三种形式。工作内容包括切管、管道除沥青、管道及管件的安装、调制接口材料、接口养护及水压试验等；d. 承插铸铁排水管的安装。包括石棉水泥接口和水泥接口两种接口方式及承插铸铁雨水管（石棉水泥接口）。工作内容包括留、堵洞眼、切管，栽管卡，管件及管道的安装，调制接口材料，接口养护和水压试验等；e. 承插塑料排水管（零件粘接）。工作内容包括切管、调制、对口、熔化接口材料、粘接、管道及管件和管卡的安装和灌水试验；f. 镀锌薄钢板套管的制作。包括下料、卷制、咬口等工作内容；g. 管道支架的制作安装。包括材料切断、调直、揻制、钻孔、组对、焊接、打洞、安装、和灰、堵洞等工作内容。

② 法兰的安装

a. 铸铁法兰（螺纹连接）。工作内容包括切管、套螺纹、制垫、加垫、上法兰、组对、紧螺纹、水压试验；b. 碳钢法兰（焊接）。工作内容包括切口、坡口、焊接、制垫、加垫、安装、组对、紧螺纹、水压试验。

③伸缩器的制作安装

a. 螺纹连接法兰式套筒伸缩器的安装。工作内容包括切管、套螺纹、检修盘根、制垫、加垫、安装、水压试验；b. 焊接法兰式套筒伸缩器的安装。包括切管、检修盘根、对口、焊法兰、制垫、加垫、安装、水压试验等工作内容；c. 方形伸缩器的制作安装。包括做样板、筛砂、炒砂、灌砂、打砂、制堵板、加热、揻制、倒砂、清理内砂、组成、焊接、拉伸安装。

④ 管道的消毒冲洗包括溶解漂白粉、灌水、消毒、冲洗等工作。

⑤ 管道压力试验工作内容包括准备工作、制堵盲板、装设临时泵、灌水、加压、停压检查。

（2）阀门、水位标尺安装

共分 4 个分项工程，其中包括阀门安装、浮标液面计、水塔水池浮漂及水位标尺的制作安装。

① 阀门的安装

a. 螺纹阀。工作内容包括切管、套螺纹、制垫、加垫、上阀门、水压试验；b. 螺纹法兰阀。工作内容包括切管、套螺纹、上法兰、制垫、加垫、调直、紧螺栓、水压试验。对于带甲乙短管的阀门，则包括管口除沥青、制垫、加垫、打麻、调制接口材料、接口、紧螺栓和水压试验；c. 焊接法兰阀。工作内容包括切管、焊法兰、制垫、加垫、紧螺栓、水压试验；d. 自动排气阀、手动放风阀。包括支架的制作安装、管堵的攻螺纹、套螺纹和安装及水压试验等内容；e. 浮球阀。包括切管、套螺纹（或焊接）、制垫、加垫、安装、紧螺栓、水压试验等工作内容；f. 法兰液压式水位控制阀。工作内容包括切管、挖眼、焊接、制垫、加垫、固定、紧螺栓、安装、水压试验等。

② 浮标液面计、水塔水池浮漂及水位标尺的制作安装。工作内容包括支架的制作安装、液面计的安装、预埋螺栓及导杆的升降调整等。

（3）低压器具、水表的组成与安装

包括减压器的组成与安装、疏水器的组成与安装、水表的组成安装。

① 减压器的组成与安装分为螺纹连接和焊接两种方式。

a. 螺纹连接工作内容为切管、套螺纹、安装零件、制垫、加垫、组对、找正、找平、安装及水压试验；

b. 焊接连接工作内容为切管、套螺纹、安装零件、组对、焊接、制垫、加垫、安装、水压试验。

② 疏水器的组成与安装分螺纹连接和焊接两种形式。工作内容为切管、套螺纹、安装零件、制垫、加垫、组成（焊接）、安装、水压试验。

③ 水表的组成与安装分螺纹水表和焊接法兰水表（带旁通管和止回阀）。

a. 螺纹水表工作内容为切管、套螺纹、制垫、套螺纹、制垫、加垫、安装、水压试验；

b. 焊接法兰水表工作内容为切管、焊接、制垫、加垫、水表和阀门的安装、紧螺栓、水压试验。

（4）卫生器具的制作与安装

包括浴盆、洗脸盆、洗手盆、洗涤盆、化验盆、淋浴器、水龙头、大便器、小便器、大便槽、小便槽自动冲洗箱器、小便槽冲洗管、排水栓、地漏、容积式热交换器、蒸汽—水加热器、冷热水混合器安装、消毒器、消毒锅、饮水器安装18 个分项工程。

① 各种盆（包括浴盆、洗脸盆、化验盆等）的安装工作内容包括栽木砖、

切管、套螺纹、安装盆及附件、上下水管连接、试水等。

② 淋浴器的组成与安装工作内容包括留堵洞眼、栽木砖、切管、套螺纹、淋浴器的安装及试水等。

③ 水嘴的安装包括上水嘴和试水工作等内容。

④ 大便器的安装包括留堵洞眼、栽木砖、切管、套螺纹、大便器和水箱及附件的安装及水管连接和试水。

⑤ 小便器的安装工作内容包括栽木砖、切管、套螺纹、安装小便器及水管连接和试水。

⑥ 大便槽自动冲洗水箱器的安装工作内容包括留堵洞眼、栽托架、切管、套螺纹、安装水箱并试水。

⑦ 小便槽冲洗管的制作与安装包括切管、套螺纹、钻眼、安装零件、栽管卡及安装小便槽冲洗管、试水等。

⑧ 排水栓、地漏、地面扫除口的安装包括：切管、套螺纹、安装零件、整体安装、与排水管连接、试水等。

⑨ 开水炉、热水器等的安装工作内容包括留、堵墙眼、栽螺栓、就位、加固、安装附件、试水等。

⑩ 容积式热交换器安装工作内容包括安装就位、上零件、水压试验等。

⑪ 蒸汽—水加热器、冷热水混合器安装工作内容为切管、套螺纹、器具安装、试水。

⑫ 消毒器、消毒锅、饮水器安装工作内容为就位、安装、上附件、试水。

(5) 供暖器具的安装

包括散热器、暖风机、太阳能集热器的安装及热空气幕的安装。

① 散热器的安装

a. 铸铁散热器的组成与安装工作内容包括制垫、加垫、组成、栽钩、加固、水压试验等；

b. 光排管散热器的制作与安装工作内容包括切管、焊接、组成、栽钩、加固及水压试验等；

c. 钢制闭式散热器、钢柱式散热器的安装。工作内容包括打堵墙眼、栽钩、安装、加固；

d. 钢制壁式散热器的安装。工作内容包括预埋螺栓、安装汽包及钩架、加固等。

② 暖风机、热空气幕的安装包括吊装、加固、试运转等工作内容。

(6) 小型容器的制作与安装

主要是水箱类的制作和安装。

① 钢板水箱的制作（不含安装）工作内容包括下料、制坡口、平直、开孔、

接板组对、配装零部件、焊接、注水试验。

② 补水箱、膨胀水箱、矩形钢板水箱的安装（不含制作）其工作内容包括水箱加固、零件装配。

（7）燃气管道、附件、器具的安装

① 燃气管道的安装，燃气管道的安装与给水管道有许多相似之处，都有室内外管道之分，连接方式都分为螺纹连接、焊接、承插口连接。材质均为镀锌钢管、焊接钢管和普通钢管。工作内容和主要工序也基本相同。不同的是，给水管道须进水压试验，而燃气管道须进行气压试验。

② 附件安装，包括铸铁抽水缸、碳钢抽水缸及调长器的安装，以及调长器与阀门连接等项目。

a. 铸铁抽水缸（0.005MPa 以内）的安装工作内容包括缸体检查、抽水管及抽水立管的安装、抽水缸与管道连接；

b. 碳钢抽水缸（0.005MPa 以内）的安装工作内容包括下料、焊接、缸体与抽水立管组装；

c. 调长器的安装及调长器与阀门连接工作内容均包括灌沥青、焊法兰、安装、加垫、找正、找平、紧螺栓等。

③ 燃气表与燃气加热设备的安装

a. 燃气表的安装包括表接头的安装、燃气计量表的安装等工作内容；

b. 燃气加热设备即开水炉、采暖炉、热水器的安装包括设备安装、通气、通水、试火、调试风门；

c. 灶具安装内容包括灶具安装、通气、试火、调试风门；

d. 单双气嘴安装工作内容为气嘴研磨、上气嘴。

8.1.4　定　额　系　数

（1）子目系数

① 超高增加费系数　给水排水、采暖、燃气工程预算定额高度为 3.6m。即当工程安装高度超过 3.6m 时（不含 3.6m）应按其超过部分（指由 3.6m 至操作物最高点）的定额人工费乘以表 8-1 的超高系数计取超高增加费。

超高系数表

表 8-1

标高（±m）	3.6~8	3.6~12	3.6~16	3.6~20
超高系数	0.10	0.15	0.20	0.25

如：某建筑层高 5m，给水工程定额人工费为 2000 元，其中安装高度超过 3.6m 工程量的人工费为 500 元，则该工程超高增加费为：500×0.25 元＝125

元，整个给水工程人工费应为：2000 元 ＋ 125 元＝2125 元，或者 2000 元－500 元＋500×（1＋0.25）元＝2125 元。

② 高层建筑增加费系数　高层建筑，即 6 层以上（不含 6 层）或层数虽未超过 6 层，但建筑高度超过 20m（不含 20m）的工业和民用建筑。高层建筑增加费以高层建筑给水排水工程、采暖工程、生活用煤气工程的人工费分别乘以相应的系数计取。

高层建筑增加费系数见表 8-2：

高层建筑增加费系数　　　　　　　　　　　表 8-2

层数	9 层以下（30m）	12 层以下（40m）	15 层以下（50m）	18 层以下（60m）	21 层以下（70m）	23 层以下（80m）	27 层以下（90m）	30 层以下（100m）	33 层以下（110m）
按人工费(%)	2	3	4	6	8	10	13	16	19
层数	36 层以下（120m）	39 层以下（130m）	42 层以下（140m）	45 层以下（150m）	48 层以下（160m）	51 层以下（170m）	54 层以下（180m）	57 层以下（190m）	60 层以下（200m）
按人工费(%)	22	25	28	31	34	37	40	43	46

③ 管廊系数　设置于管道间、管廊内的管道、阀门、法兰、支架，其定额人工乘以 1.3，即增加费系数为 0.3。如某建筑管廊内有 DN50 的给水管道 100m，查定额知基价为 110.13 元，其中人工费为 62.23 元，则该管廊内给水管的人工费为 62.23 元×100/10×1.3＝808.99 元。

该项内容是指一些高级建筑、宾馆、饭店内封闭的天棚、竖向通道（或称管道间）内安装的采暖、给水排水、燃气管道及阀门、法兰、支架等工程量，不包括管沟内的管道安装。

④ 浇筑工程系数　为配合预留孔洞，凡主体结构为现场浇筑并采用钢模施工的工程，内外浇筑的定额人工费乘以系数 1.05，内浇外砌的定额人工费乘以 1.03。

例如：有一工程，其主体结构为现场浇筑并采用钢模施工，该工程给水排水工程定额人工费为 10000 元。根据定额规定，定额人工费应乘以系数。即 10000 元×1.05＝10500 元（内外浇筑）。若是内浇外砌，则其人工费为：10000 元×1.03＝10300 元。

（2）综合系数

① 采暖工程系统的调整费系数　采暖工程系统调整费按采暖工程（不包括锅炉房管道和外部供热管网工程）人工费的 15% 计算（不包括间接费等），其中人工费占 20%。

② 脚手架搭拆费按人工费的 5% 计取，其中人工费占 25%。

③ 安装与生产同时进行增加费系数　安装与生产同时进行增加费按人工费的 10% 计取。

④ 在有害身体健康的环境中施工降效增加费系数　在有害身体健康的环境中施工降效，增加费按人工费的 10% 计取。

关于安装与生产同时进行增加费和在有害身体健康的环境中施工增加费，在定额说明中并未列出，但如果发生，仍应按上述规定计取。

8.1.5　使用定额应注意的问题

（1）室内外给水、雨水铸铁管的安装定额已包括接头零件安装所需人工费（包括雨水漏斗），但不包括接头零件和雨水漏斗的材料费，应按设计需用量另计主材费。

（2）铸铁排水管及塑料排水管均包括管卡及托架、支架、通气帽的制作与安装。其用量和种类不得调整。

（3）定额规定，给水管道室内外界限的划分，以建筑物外墙面 1.5m 为界。如果给水管道绕房屋周围 1m 以内敷设，不得按室内管道计算，而是按室外管道计算。

（4）本定额没有碳钢法兰螺纹连接安装子目，如发生可执行本定额中铸铁法兰螺纹连接项目。

（5）定额中，室内给水螺纹连接部分，给出的附属零件是综合计算的，无论实际需用多少，均不得调整。

（6）各种水箱连接件和支架均未包括在定额内，可按室内管道安装的相应项目执行；型钢支架可执行本定额"一般管架项目"；混凝土或砖支座可执行各省、自治区、直辖市建筑工程预算定额有关项目。

（7）系统调整费只有采暖工程才可计取，热水管道不属于采暖工程，不能收取系统调整费。

（8）地漏安装中所需的焊接管量，定额是综合取定的，任何情况都不能调整。

（9）钢管调直、燃气工程中的阀门研磨、抹密封油等工作量均已分别包括在相应定额内，不得列项另计。

（10）采暖工程散热器的安装定额中没有包括其两端阀门，可以按其规格，另套用阀门安装定额相应项目。

8.2   给水排水、采暖及燃气安装工程工程量计算规则

8.2.1   定额计价模式下的工程量计算规则

1. 管道安装

(1) 各种管道的安装

各种管道安装的工程量均按图示中心线延长米计算，以 10m 为计算单位。阀门及管件（包括减压器、疏水器、水表、套筒式伸缩器等组成安装项目）所占长度均不从管道延长米中扣除。

计算工程量时，应分别按不同安装部位（室内、室外）、不同材质（镀锌管、焊接管、铸铁管、塑料管等）、不同连接方式（螺纹连接、焊接、石棉水泥接口等）、不同直径（定额规定的步距）、不同用途（给水、排水），以 10m 为单位分别计算。

(2) 法兰的安装

各种法兰的安装均以"副"为计量单位。计算工程量时，应按不同材质（铸铁、碳钢）、不同连接方式（螺纹连接、焊接）、不同公称直径分别计算。但在法兰阀门的安装、减压器的组成与安装等定额子目中已包括了法兰盘、带螺母螺栓等，不能重复计算法兰安装工程量。

(3) 各种伸缩器的制作与安装

各种伸缩器制作安装，均以"个"为计量单位。方形伸缩器的两臂，按臂长的两倍合并在管道长度内计算。

(4) 管道支架的制作安装

管道支架制作安装，室内管道公称直径 32mm 以下的安装工程已包括在内，不得另行计算。公称直径 32mm 以上的，可另行计算。

(5) 镀锌铁皮套管的制作

镀锌铁皮套管制作以"个"为计量单位，其安装已包括在管道安装定额内，不得另行计算。

(6) 管道消毒、冲洗、压力试验

管道消毒、冲洗、压力试验，均按管道长度以"m"为计量单位，不扣除阀门、管件所占的长度。

2. 阀门、水位标尺

(1) 各种阀门安装均以"个"为计量单位。法兰阀门安装，如仅为一侧法兰连接时，定额所列法兰、带帽螺栓及垫圈数量减半，其余不变。

(2) 各种法兰连接用垫片，均按石棉橡胶板计算，如用其他材料，不得

调整。

（3）法兰阀（带短管甲乙）安装，均以"套"为计量单位，如接口材料不同时，可作调整。

（4）自动排气阀安装以"个"为计量单位，已包括了支架制作安装，不得另行计算。

（5）浮球阀安装均以"个"为计量单位，已包括了连杆及浮球的安装，不得另行计算。

（6）浮标液面计、水位标尺是按国标编制的，如设计与国标不符时，可作调整。

3. 低压器具、水表的组成与安装

（1）减压器、疏水器组成安装以"组"为计量单位，如设计组成与定额不同时，阀门和压力表数量可按设计用量进行调整，其余不变。

（2）减压器安装按高压侧的直径计算。

（3）法兰水表安装以"组"为计量单位，定额中旁通管及止回阀如与设计规定的安装形式不同时，阀门及止回阀可按设计规定进行调整，其余不变。

4. 卫生器具的制作安装

（1）卫生器具组成安装以"组"为计量单位，已按标准图综合了卫生器具与给水管、排水管连接的人工与材料用量，不得另行计算。

（2）浴盆安装不包括支座和四周侧面的砌砖及瓷砖粘贴。

（3）蹲式大便器安装，已包括了固定大便器的垫砖，但不包括大便器蹲台砌筑。

（4）大便槽、小便槽自动冲洗水箱安装以"套"为计量单位，已包括了水箱托架的制作安装，不得另行计算。

（5）小便槽冲洗管的制作安装以"m"为计量单位，不包括阀门安装，其工程量可按相应定额另行计算。

（6）脚踏开关安装，已包括了弯管与喷头的安装，不得另行计算。

（7）冷热水混合器安装以"套"为计量单位，不包括支架制作安装及阀门安装，其工程量可按相应定额另行计算。

（8）蒸汽-水加热器安装以"台"为计量单位，已包括莲蓬头安装，不包括支架制作、安装及阀门、疏水器安装，其工程量可按相应定额另行计算。

（9）容积式水加热器安装以"台"为计量单位，不包括安全阀安装、保温与基础砌筑，可按相应定额另行计算。

（10）电热水器、电开水炉安装以"台"为计量单位，只考虑本体安装，连接管、连接件等工程量可按相应定额另行计算。

（11）饮水器安装以"台"为计量单位，阀门和脚踏开关工程量可按相应定额另行计算。

5. 供暖器具的安装

(1) 热空气幕安装以"台"为计量单位，其支架制作安装可按相应定额另行计算。

(2) 长翼、柱型铸铁散热器的组成安装以"片"为计量单位，其汽包垫不得换算；圆翼型铸铁散热器组成安装以"节"为计量单位。

(3) 光排管散热器制作安装以"m"为计量单位，已包括连管长度，不得另行计算。

6. 小型容器制作安装

(1) 钢板水箱制作，按施工图所示尺寸，不扣除人孔、手孔重量，以"kg"为计量单位，法兰和短管水位计可按相应定额另行计算。

(2) 钢板水箱安装，按国家标准图集水箱容量"m³"，执行相应定额。各种水箱安装，均以"个"为计量单位。

7. 燃气管道及附件、器具安装

(1) 各种管道安装，均按设计管道中心线长度，以"m"为计量单位，不扣除各种管件和阀门所占长度。

(2) 除铸铁管外，管道安装中已包括管件安装和管件本身价值。

(3) 承插铸铁管安装定额中未列出接头零件，其本身应按设计用量另行计算，其余不变。

(4) 钢管焊接挖眼接管工作，均在定额中综合取定，不得另行计算。

(5) 调长器及调长器与阀门连接，包括一副法兰安装，螺栓规格和数量以压力为 0.6MPa 的法兰装配为标准，如压力不同，可按设计要求的数量规格进行调整，其他不变。

(6) 燃气表安装按不同规格、型号分别以"块"为计量单位，不包括表托、支架、表底垫层基础，其工程量可根据设计要求另行计算。

(7) 燃气加热设备、灶具等按不同用途规定型号，分别以"台"为计量单位。

(8) 气嘴安装按规格型号连接方式，分别以"个"为计量单位。

8. 管沟开挖及回填工程量的计算

管沟开挖与回填工程量以"m³"为计量单位。按下列规定计算（地区有规定者按地区规定计算）。

(1) 管沟开挖土方量的计算

管沟计算长度按图示尺寸净长计算，宽度按设计宽度计算。如设计无规定时，可按表 8-3 计算。

管沟底尺寸表			表 8-3
管径（mm）	铸铁管、钢管、石棉水泥管	混凝土、钢筋混凝土、预应力混凝土管	陶土管
50～75	0.60	0.80	—
100～200	0.70	0.90	0.70
250～350	0.80	1.00	0.80
400～450	1.00	1.30	0.90
500～600	1.30	1.50	1.10
700～800	1.60	1.80	1.40
900～1000	1.80	2.00	—

计算管道沟槽土方工程量时，各种检查井和管道（不含铸铁给水排水管）接口等处，因加宽面积增加的工程量均不计算。但铺设铸铁给水排水管道时，接口处的土方工程量应按铸铁管道沟槽全部土方工程量增加 2.5% 计算。

（2）管沟回填土方量的计算

回填土按夯填和松填分别以"m³"为单位计算。

回填土体积＝挖土体积－设计室外地坪以下建(构)筑物被埋置部分所占的体积

计算管沟回填土时，管径小于 500mm 时，管道所占体积不扣除。管径大于 500mm 时，应减去管道所占体积。每米管道扣减体积数量按表 8-4 的规定计算。

大于 500mm 管径每米管道扣减体积表			表 8-4
项　目	管道直径/mm		
	500～600	700～800	900～1000
钢管	0.21	0.44	0.71
铸铁管	0.24	0.49	0.77
钢筋混凝土管	0.33	0.60	0.92

8.2.2 清单计价模式下的工程量计算规则

1. 给水排水、采暖、燃气管道

工程量清单项目设置、项目特征描述的内容、计量单位及工程量计算规则，应按表 8-5 的规定执行。

给水排水、采暖、燃气管道（编码：031001）					表 8-5
项目编码	项目名称	项目特征	计量单位	工程量计算规则	工程内容
031001001	镀锌钢管	1. 安装部位 2. 输送介质 3. 规格、压力等级 4. 连接方式 5. 压力试验及吹、洗设计要求	m	按设计图示管道中心线以长度计算	1. 管道安装 2. 管件制作、安装 3. 压力试验 4. 吹扫、冲洗
031001002	钢管				
031001003	不锈钢管				
031001004	铜管				

项目编码	项目名称	项目特征	计量单位	工程量计算规则	工程内容
031001005	铸铁管	1. 安装部位 2. 介质 3. 材质、规格 4. 连接形式 5. 接口材料 6. 压力试验及吹、洗设计要求 7. 警示带形式		按设计图示管道中心线以长度计算	1. 管道安装 2. 管件安装 3. 压力试验 4. 吹扫、冲洗 5. 警示带铺设
031001006	塑料管	1. 安装部位 2. 介质 3. 材质、规格 4. 连接形式 5. 压力试验及吹、洗设计要求 6. 警示带形式			1. 管道安装 2. 管件安装 3. 塑料卡固定 4. 压力试验 5. 吹扫、冲洗 6. 警示带铺设
031001007	复合管		m	按设计图示管道中心线以长度计算	
031001008	直埋预制保温管	1. 埋设深度 2. 介质 3. 管道材质、规格 4. 连接形式 5. 接口保温材料 6. 压力试验及吹、洗设计要求 7. 警示带形式			1. 管道安装 2. 管件安装 3. 接口保温 4. 压力试验 5. 吹扫、冲洗 6. 警示带铺设
031001009	承插缸瓦管				
0310010010	承插水泥管	1. 埋设深度 2. 规格 3. 接口方式及材料 4. 压力试验及吹、洗设计要求 5. 警示带形式		按设计图示管道中心线以长度计算	1. 管道安装 2. 管件安装 3. 压力试验 4. 吹扫、冲洗 5. 警示带铺设

续表

项目编码	项目名称	项目特征	计量单位	工程量计算规则	工程内容
0310010011	室外管道接头	1. 输送介质 2. 规格压力等级 3. 连接方式 4. 防腐绝热方式 5. 压力试验及吹、洗设计要求	处	按设计图示以处计算	1. 挖填工作坑或暖气沟拆除及修复 2. 碰头 3. 接口处防腐 4. 接口处绝热及保护层

注：1. 安装部位，指管道安装在室内、室外。
2. 输送介质包括给水、排水、中水、雨水、热媒体、燃气、空调水等。
3. 方形补偿器制作安装，应含在管道安装综合单价中。
4. 铸铁管安装适用于承插铸铁管、球墨铸铁管、柔性抗震铸铁管等。
5. 塑料管安装：
(1) 适用于 UPVC、PVC、PP-C、PP-R、PE、PB 管等塑料管材；
(2) 项目特征应描述是否设置阻火圈或止水环，按设计图纸或规范要求计入综合单价中。
6. 复合管安装适用于钢塑复合管、铝塑复合管、钢骨架复合管等复合型管道安装。
7. 直埋保温管包括直埋保温管件安装及接口保温。
8. 排水管道安装包括立管检查口、通气帽。
9. 室外管道碰头：
(1) 适用于新建或扩建工程热源、水源、气源管道与原（旧）有管道碰头；
(2) 室外管道碰头包括挖工作坑、土方回填或暖气沟局部拆除及修复；
(3) 带介质管道碰头包括开关井、临时放水管线铺设等费用；
(4) 热源管道碰头每处包括供、回水两个接口；
(5) 碰头形式指带介质碰头，不带介质碰头。
10. 管道工程量计算不扣除阀门、管件（包括减压器、疏水器、水表、伸缩器等组成安装）及附属构筑物所占长度；方形补偿器以其所占长度列入管道安装工程量。
11. 压力试验按设计要求描述试验方法，如水压试验、气压试验、泄漏性试验、闭水试验、通球试验、真空试验等。
12. 吹、洗按设计要求描述吹扫、冲洗方法，如水冲洗、消毒冲洗、空气吹扫等。

2. 支架及其他

工程量清单项目设置、项目特征描述的内容、计量单位及工程量计算规则，应按表 8-6 的规定执行。

支架及其他（编码：031002） 表 8-6

项目编码	项目名称	项目特征	计量单位	工程量计算规则	工程内容
031002001	管道支吊架	1. 材质 2. 管架形式 3. 支吊架衬垫材质 4. 减震器形式及做法	1. kg 2. 套	1. 以公斤计量，按设计图示质量计算 2. 以套计量，按设计图示数量计算	1. 制作 2. 安装
031002002	设备支吊架	1. 材质 2. 形式			

续表

项目编码	项目名称	项目特征	计量单位	工程量计算规则	工程内容
031002003	套管	1. 类型 2. 材质 3. 规格 4. 填料材质 5. 除锈、刷油材质及做法	个	按设计图示数量计算	1. 制作 2. 安装 3. 除锈、刷油
031002004	减震装置制作、安装	1. 型号、规格 2. 材质 3. 安装形式	台	按设计图示，以需要减震的设备数量计算	1. 制作 2. 安装

注：1. 单件支架质量 100kg 以上的管道支吊架执行设备支吊架制作安装。
　　2. 成品支吊架安装执行相应管道支吊架或设备支吊架项目，不再计取制作费，支吊架本身价值含在综合单价中。
　　3. 套管制作安装，适用于穿基础、墙、楼板等部位的防水套管、填料套管、无填料套管及防火套管等，应分别列项。
　　4. 减震装置制作、安装，项目特征要描述减震器型号、规格及数量。

3. 管道附件

工程量清单项目设置、项目特征描述的内容、计量单位及工程量计算规则，应按表 8-7 的规定执行。

管道附件（编码：031003） 表 8-7

项目编码	项目名称	项目特征	计量单位	工程量计算规则	工程内容
031003001	螺纹阀门	1. 类型 2. 材质 3. 规格、压力等级 4. 连接形式 5. 焊接方法	个		安装
031003002	螺纹法兰阀门				
031003003	焊接法兰阀门				
031003004	带短管甲乙阀门	1. 材质 2. 规格、压力等级 3. 连接形式 4. 接口方式及材质	组	按设计图示数量计算	
031003005	减压器	1. 材质 2. 规格、压力等级 3. 连接形式 4. 附件名称、规格、数量			1. 组成 2. 安装
031003006	疏水器				
031003007	除污器（过滤器）				

续表

项目编码	项目名称	项目特征	计量单位	工程量计算规则	工程内容
031003008	补偿器	1. 类型 2. 材质 3. 规格、压力等级 4. 连接形式	个	按设计图示数量计算	安装
031003009	软接头	1. 材质 2. 规格 3. 连接形式			
0310030010	法兰	1. 材质 2. 规格、压力等级 3. 连接形式	副（片）		
0310030011	水表	1. 安装部位（室内外） 2. 型号、规格 3. 连接形式 4. 附件名称、规格、数量	组		1. 组成 2. 安装
0310030012	倒流防止器	1. 材质 2. 型号、规格 3. 连接形式	套		安装
0310030013	热量表	1. 类型 2. 型号、规格 3. 连接形式	块		
0310030014	塑料排水管消声器	1. 规格 2. 连接形式	个		
0310030015	浮标液面计		组		
0310030016	浮漂水位标尺	1. 用途 2. 规格	套		

注：1. 法兰阀门安装包括法兰安装，不得另计法兰安装。阀门安装如仅为一侧法兰连接时，应在项目特征中描述。

2. 塑料阀门连接形式需注明热熔连接、粘接、热风焊接等方式。

3. 减压器规格按高压侧管道规格描述。

4. 减压器、疏水器、除污器（过滤器）项目包括组成与安装，项目特征应描述所配阀门、压力表、温度计等附件的规格和数量。

5. 水表安装项目，项目特征应描述所配阀门等附件的规格和数量。

6. 所有阀门、仪表安装中均不包括电气接线及测试，发生时按《通用安装工程计量规范》GB 500854—2013 附录 D 电气设备安装工程相关项目编码列项。

4. 卫生器具

工程量清单项目设置、项目特征描述的内容、计量单位及工程量计算规则，应按表 8-8 的规定执行。

卫生器具（编码：031004）　　　　表 8-8

项目编码	项目名称	项目特征	计量单位	工程量计算规则	工程内容
031004001	浴缸	1. 材质 2. 规格、类型 3. 组装形式 4. 附件名称、数量	组	按设计图示数量计算	1. 器具安装 2. 附件安装
031004002	净身盆				
031004003	洗脸盆				
031004004	洗涤盆				
031004005	化验盆				
031004006	大便器				
031004007	小便器				
031004008	其他成品卫生器具				
031004009	烘手器	1. 材质 2. 型号、规格	个		安装
0310040010	淋浴器	1. 材质、规格 2. 组装形式 3. 附件名称、数量	套		1. 器具安装 2. 附件安装
0310040011	淋浴间				
0310040012	桑拿浴房				
0310040013	大、小便槽自动冲洗水箱制作安装	1. 材质、类型 2. 规格 3. 水箱配件 4. 支架形式及做法 5. 器具及支架除锈、刷油设计要求	套		1. 制作 2. 安装 3. 支架制作、安装 4. 除锈、刷油
0310040014	给水、排水附件	1. 材质 2. 型号、规格 3. 安装方式	个（组）		安装
0310040015	小便槽冲洗管制作安装	1. 材质 2. 规格	m	按设计图示长度计算	1. 制作 2. 安装
0310040016	蒸汽-水加热器制作安装	1. 类型 2. 型号、规格 3. 安装方式	套	按设计图示数量计算	1. 制作 2. 安装
0310040017	冷热水混合器制作安装				
0310040018	饮水器				
0310040019	隔油器	1. 类型 2. 型号、规格 3. 安装部位			

注：1. 成品卫生器具项目中的附件安装，主要指给水附件包括水嘴、阀门、喷头等，排水配件包括存水弯、排水栓、下水口等以及配备的连接管。
　　2. 浴缸支座和浴缸周边的砌砖、瓷砖粘贴，应按《房屋建筑与装饰工程计量规范》相关项目编码列项；功能性浴缸不含电机接线和调试，应按《通用安装工程计量规范》GB 500854—2013 附录D电气设备安装工程相关项目编码列项。
　　3. 洗脸盆适用于洗涤盆、洗发盆、洗手盆安装。
　　4. 器具安装中若采用混凝土或砖基础，应按《房屋建筑与装饰工程计量规范》相关项目编码列项。

5. 供暖器具

工程量清单项目设置、项目特征描述的内容、计量单位及工程量计算规则，应按表 8-9 的规定执行。

供暖器具（编码：031005） 表 8-9

项目编码	项目名称	项目特征	计量单位	工程量计算规则	工程内容
031005001	铸铁散热器	1. 型号、规格 2. 安装方式 3. 托架形式 4. 器具、托架除锈、刷油设计要求	片（组）	按设计图示数量计算	1. 组对、安装 2. 水压试验 3. 托架制作、安装 4. 除锈、刷油
031005002	钢制散热器	1. 结构形式 2. 型号、规格 3. 安装方式 4. 托架刷油设计要求	组（片）		1. 安装 2. 托架安装 3. 托架刷油
031005003	其他成品散热器	1. 材质、类型 2. 型号、规格 3. 托架刷油设计要求	组（片）		1. 制作、安装 2. 水压试验 3. 除锈、刷油
031005004	光排管散热器制作安装	1. 材质、类型 2. 型号、规格 3. 托架形式及做法 4. 器具、托架除锈、刷油设计要求	m	按设计图示排管长度计算	1. 制作、安装 2. 水压试验 3. 除锈、刷油
031005005	暖风机	1. 质量 2. 型号、规格 3. 安装方式	台	按设计图示数量计算	安装
031005006	地板辐射采暖	1. 保温层及钢丝网设计要求 2. 管道材质 3. 型号、规格 4. 管道固定方式 5. 压力试验及吹扫设计要求	1. m² 2. m	1. 以 m² 计量按设计图示采暖房间净面积计算 2. 以 m 计量，按设计图示管道长度计算	1. 保温层及钢丝网铺设 2. 管道排布、绑扎、固定 3. 与分"集"水器连接 4. 水压试验、冲洗 5. 配合地面浇注

续表

项目编码	项目名称	项目特征	计量单位	工程量计算规则	工程内容
031005007	热媒集配装置制作、安装	1. 材质 2. 规格 3. 附件名称、规格、数量	台	按设计图示数量计算	1. 制作 2. 安装 3. 附件安装
031005008	集气罐制作安装	1. 材质 2. 规格	个		1. 制作 2. 安装

注：1. 铸铁散热器，包括拉条制作安装。
　　2. 钢制散热器结构形式，包括钢制闭式、板式、壁板式、扁管式及柱式散热器等，应分别列项计算。
　　3. 光排管散热器，包括联管制作安装。
　　4. 地板辐射采暖，管道固定方式包括固定卡、绑扎等方式；包括与分集水器连接和配合地面浇筑用工。

6. 采暖、给水排水设备

工程量清单项目设置、项目特征描述的内容、计量单位及工程量计算规则，应按表 8-10 的规定执行。

采暖、给水排水设备（编码：031006）　　　　　　表 8-10

项目编码	项目名称	项目特征	计量单位	工程量计算规则	工程内容
031006001	变频调速给水设备	1. 压力容器名称、型号、规格 2. 水泵主要技术参数 3. 附件名称、规格、数量	套	按设计图示数量计算	1. 设备安装 2. 附件安装 3. 调试
031006002	稳压给水设备				
031006003	无负压给水设备				
031006004	气压罐	1. 型号、规格 2. 安装方式	台		1. 安装 2. 调试
031006005	太阳能集热装置	1. 型号、规格 2. 安装方式 3. 附件名称、规格、数	套		1. 安装 2. 附件安装
031006006	地源（水源、气源）热泵机组	1. 型号、规格 2. 安装方式	组		安装

续表

项目编码	项目名称	项目特征	计量单位	工程量计算规则	工程内容
031006007	除砂器	1. 型号、规格 2. 安装方式	台	按设计图示数量计算	安装
031006008	电子水处理器				
031006009	超声波灭藻设备	1. 类型 2. 型号、规格			
0310060010	电子水处理器				
0310060011	紫外线杀菌设备	1. 名称 2. 规格			
0310060012	电热水器、开水炉	1. 能源种类 2. 型号、容积 3. 安装方式			1. 安装 2. 附件安装
0310060013	电消毒器消毒锅	1. 类型 2. 型号、规格			安装
0310060014	直饮水设备	1. 名称 2. 规格	套		安装
0310060015	水箱制作安装	1. 材质、类型 2. 型号、规格	台		1. 制作 2. 安装

注：1. 变频调速给水设备、稳压给水设备、无负压给水设备安装说明：
　　(1) 压力容器包括气压罐、稳压罐、无负压罐；
　　(2) 水泵包括主泵及备用泵，应注明数量；
　　(3) 附件包括给水装置中配备的阀门、仪表、软接头，应注明数量，含设备、附件之间管路连接；
　　(4) 泵组底座安装，不包括基础砌（浇）筑，应按《房屋建筑与装饰工程计量规范》相关项目编码列项；
　　(5) 变频控制柜安装及电气接线、调试应按《通用安装工程计量规范》GB 500854—2013 附录D电气设备安装工程相关项目编码列项。
　　2. 地源热泵机组，接管以及接管上的阀门、软接头、减震装置和基础另行计算，应按相关项目编码列项。

7. 燃气器具及其他

工程量清单项目设置、项目特征描述的内容、计量单位及工程量计算规则，应按表 8-11 的规定执行。

燃气器具及其他（编码：031007） 表 8-11

项目编码	项目名称	项目特征	计量单位	工程量计算规则	工程内容
031007001	燃气开水炉	1. 型号、容量 2. 安装方式 3. 附件型号、规格	台	按设计图示数量计算	安装
031007002	燃气采暖炉				
031007003	燃气沸水器、消毒器	1. 类型 2. 型号、容量 3. 安装方式 4. 附件型号、规格			
031007004	燃气热水器				
031007005	燃气表	1. 类型 2. 型号、规格 3. 连接方式 4. 托架设计要求			
031007006	燃气灶具	1. 用途 2. 类型 3. 型号、规格 4. 安装方式 5. 附件型号、规格			
031007007	气嘴、点火棒	1. 单嘴、双嘴 2. 材质 3. 型号、规格 4. 连接形式	个		
031007008	调压器	1. 类型 2. 型号、规格 3. 安装方式	台		
031007009	水封（油封）	1. 材质 2. 型号、规格	组		
0310070010	燃气抽水缸	1. 材质 2. 规格 3. 连接形式	个		
0310070011	燃气管道调长器	1. 规格 2. 压力等级 3. 连接形式			
0310070012	调长器与阀门连接				
0310070013	调压箱、调压装置	1. 类型 2. 型号、规格 3. 安装部位	台		1. 保温（保护）台砌筑 2. 填充保温（保护）材料
0310070014	引入口砌筑	1. 砌筑形式、材质 2. 保温、保护材料设计要求	处		

注：1. 沸水器、消毒器适用于容积式沸水器、自动沸水器、燃气消毒器等。
2. 燃气灶具适用于人工煤气灶具、液化石油气灶具、天然气燃气灶具等；用途应描述民用或公用；类型应描述所采用气源。
3. 点火棒，综合单价中包括软管安装。
4. 调压箱、调压装置安装部位应区分室内、室外。
5. 引入口砌筑形式，应注明地上、地下。

8. 采暖、空调水工程系统调试

工程量清单项目设置、项目特征描述的内容、计量单位及工程量计算规则，应按表 8-12 的规定执行。

采暖、空调水工程系统调试（编码：031009）　　　表 8-12

项目编码	项目名称	项目特征	计量单位	工程量计算规则	工程内容
031009001	采暖工程系统调试	系统形式	系统	按采暖工程系统计算	系统调试
031009002	空调水工程系统调试			按空调水工程系统计算	

注：1. 由采暖管道、管件、阀门、法兰、供暖器具组成采暖工程系统。

　　2. 由空调水管道、管件、阀门、法兰、冷水机组组成空调水工程系统。

9. 其他相关问题

（1）管道界限的划分

① 给水管道室内外界限划分：以建筑物外墙皮 1.5m 为界，入口处设阀门者以阀门为界。与市政给水管道的界限应以水表井为界；无水表井的，应以与市政给水管道碰头点为界。

② 排水管道室内外界限划分：以出户第一个排水检查井为界。室外排水管道与市政排水界限应以与市政管道碰头井为界。

③ 采暖管道室内外界限划分：以建筑物外墙皮 1.5m 为界，入口处设阀门者应以阀门为界；与工业管道界限的应以锅炉房或泵站外墙皮 1.5m 为界。

④ 燃气管道室内外界限划分：地下引入室内的管道以室内第一个阀门为界，地上引入室内的管道以墙外三通为界；室外燃气管道与市政燃气管道应以两者的碰头点为界。

（2）凡涉及管沟及井类的土石方开挖、垫层、基础、砌筑、抹灰、井盖板预制安装、回填、运输，路面开挖及修复、管道支墩等，应按《房屋建筑与装饰工程计量规范》、《市政工程计量规范》相关项目编码列项。

（3）凡涉及管道热处理、无损探伤的工作内容，均应按《通用安装工程计量规范》GB 50854—2013 附录 H 工业管道工程相关项目编码列项。

（4）医疗气体管道及附件，应按《通用安装工程计量规范》GB 50854—2013 附录 H 工业管道工程相关项目编码列项。

（5）凡涉及管道、设备及支架除锈、刷油、保温的工作内容除注明者外，均应按《通用安装工程计量规范》GB 50854—2013 附录 L 刷油、防腐蚀、绝热工程相关项目编码列项。

（6）凿槽（沟）、打洞项目，应按《通用安装工程计量规范》GB 500854—2013 附录 D 电气设备安装工程相关项目编码列项。

10. 工程计量时每一项目汇总的有效位数

（1）以"t"为单位，应保留小数点后三位数字，第四位小数四舍五入；

（2）以"m、m²、m³、kg"为单位，应保留小数点后两位数字，第三位小数四舍五入；

（3）以"台、个、件、套、根、组、系统"为单位，应取整数；

（4）在《分部分项工程量清单综合单价分析表》等工程量过程计算表格中，考虑损耗或工程量数量很小的情况下，小数位数不受以上限制。

8.3　给水排水、采暖安装工程施工图预算编制实例

8.3.1　给水排水安装工程施工图预算编制实例

【例 8-1】　如图 8-1～图 8-3 所示为某三层办公楼卫生间给水排水系统，男卫生间设延时自闭冲洗式蹲便器 3 个，挂式小便器 2 个，女卫生间只有蹲便器 3 个，入门厅内设洗脸盆 2 个，拖布盆 1 个，如图所示为此卫生间给水系统图，设 2 根给水立管。

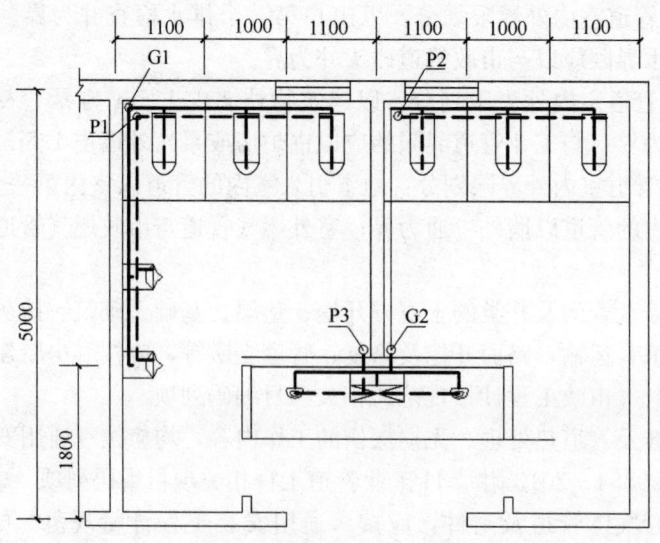

图 8-1　卫生间给水排水平面图

【解】

（1）工程量计算

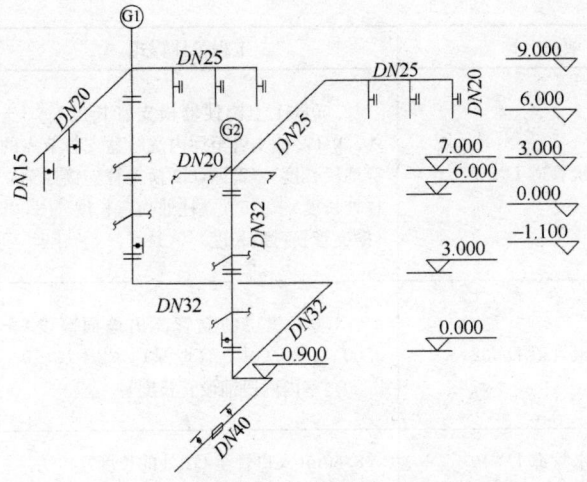

图 8-2　某建筑卫生间给水系统图

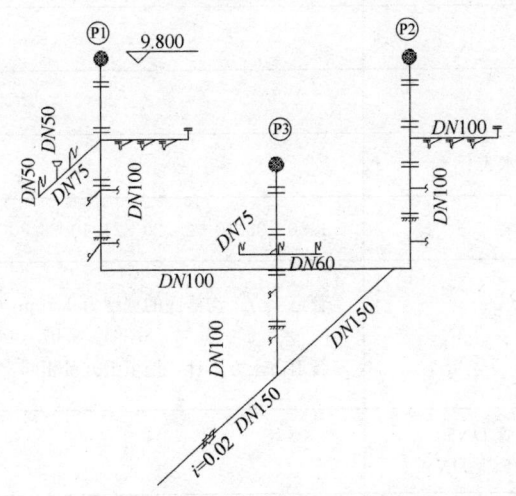

图 8-3　某建筑卫生间排水系统图

工程量计算见表 8-13。

室内给水排水工程量计算表　　　　　　　　　　　　表 8-13

序号	项目名称	工程量计算式	单位	数量
	给水工程			
1	室内给水管道 DN15	0.25(小便器冲洗管长度)×2×3	m	1.50
2	室内给水管道 DN20	[0.90(蹲便器冲洗管长度)×3×2×3+ 3.1(挂式小便器横支管长度)×3+2.2(厅 内洗脸盆支管长度)×3]	m	32.10

续表

序号	项目名称	工程量计算式	单位	数量
3	室内给水管道 DN25	{2.50(G1 上蹲便器横支管长度)×3＋[0.30(G2 横支管至厅内洗脸盆支管节点的穿墙段长度)＋2.90(G2 横支管连接处至立柱处长度)＋0.50(立柱处拐弯长度)＋2.20(横支管拐弯后长度)]×3}	m	25.20
4	室内给水管道 DN32	{[1.00(三层的立管高出地面高度)＋3.00×2＋0.90(立管埋深)]×2＋(3.10＋2.50)(室内两段铺设管长度)}	m	21.40
5	室内给水管道 DN40	8.80m(入户管至 G2 处的长度)	m	8.80
6	水龙头	3×3	个	9
7	DN32 阀门		个	2
8	DN40 阀门		个	1
9	DN40 螺纹水表		组	1
10	管道冲洗消毒	1.50＋32.10＋25.20＋21.40＋8.80	m	89.00
11	土方工程量	管道土方，沟槽底的宽度为 0.70m：0.7×0.9×(5.60＋8.80)＝9.07 管道占土方不计，挖填土方量相同	m³	9.07
12	镀锌铁皮套管 DN50 油麻填料钢套管 DN65	2×3 1	个 个	6 1
13	脚手架搭拆		项	1
	排水工程			
14	室内排水管道 DN50	{[2.20(门厅内洗脸盆横支管长度)＋0.30(洗脸盆、污水盆排出管长度)×3＋0.30(小便斗地漏排出管长度)×3]×3}	m	12.00
15	室内排水管道 DN75	{3.10(男卫生间小便器横支管长度)×3＋0.30(门厅内洗脸盆支管至 P3 穿墙段长度)×3}		10.20

续表

序号	项目名称	工程量计算式	单位	数量
16	室内排水管道 DN100	立管长：[3.00×3+0.80(伸顶通气帽长度)+1.10(立管埋深)]×3m=32.70m 横管及横支管：{3.20(P1、P2 之间铺设横管长度)+[2.60(蹲便器横支管长度)×2+0.40(蹲便器排出管长)×6]×3}m=26.00m 共计：26.00+32.70=58.70	m	58.70
17	室内排水管道 DN150	2.60(P1、P2 间铺设管长度)+6.2m(排水出户管长度)=8.80m	m	8.80
18	蹲便器	6×3	套	18
19	挂式小便斗	2×3	套	6
20	地漏	1×3	个	3
21	洗脸盆	2×3	组	6
22	拖布池	1×3	组	3
23	清扫口	2×3	个	6
24	排水管土方量	埋地铺设管长度：[3.20+2.60+6.20-0.30(墙厚)×2]m=11.40m 沟槽宽度 0.80m，土方：(0.80×11.40×1.1)=10.00 一层排水横支管，其深度 0.30m，其土方量：[0.80×0.30×(2.6+2.6+3.1+2.2)]=2.520 挖方共计：(10.03+2.520)=12.55 挖填土方量相同	m³	12.55
25	脚手架搭拆		项	1

（2）选套定额

定额计价方式的工程预算见表 8-14～表 8-16，工程量清单计价方式的工程预算见表 8-17～表 8-21。

采用《辽宁省建设工程计价依据》（辽宁省建设厅 2008）、《建设工程费用标准》（辽建发［2007］87 号）编制。材料价格依据 2013 年第 3 期《建筑与概算》沈阳地区价格执行，网刊上没有的价格执行市场价格。

单位工程费用表　　　　　　　　　　　　　　表 8-14

项目名称：××给水排水工程　　　　　　　　第 1 页　共 1 页

序号	费用名称	取费说明	费率（％）	费用金额
1	分部分项工程费合计	直接费＋主材费＋设备费		18361.34
1.1	其中：人工费＋机械费	人工费＋机械费－燃料动力价差		3152.12
2	企业管理费	其中：人工费＋机械费	12.25	386.12
3	利润	其中：人工费＋机械费	15.75	496.46
4	措施项目费	安全文明施工措施费＋夜间施工增加费＋二次搬运费＋已完工程及设备保护费＋冬雨期施工费＋市政工程干扰费＋其他措施项目费		425.54
4.1	安全文明施工措施费	其中：人工费＋机械费	12.5	394.02
4.2	夜间施工增加费			
4.3	二次搬运费			
4.4	已完工程及设备保护费			
4.5	冬雨期施工费	其中：人工费＋机械费	1	31.52
4.6	市政工程干扰费	其中：人工费＋机械费	0	
4.7	其他措施项目费			
5	其他项目费			
6	税费前工程造价合计	分部分项工程费合计＋企业管理费＋利润＋措施项目费＋其他项目费		19656.66
7	规费	工程排污费＋社会保障费＋住房公积金		1083.38
7.1	工程排污费			
7.2	社会保障费	养老保险＋失业保险＋医疗保险＋生育保险＋工伤保险		825.54
7.2.1	养老保险	其中：人工费＋机械费	16.36	515.69
7.2.2	失业保险	其中：人工费＋机械费	1.64	51.69
7.2.3	医疗保险	其中：人工费＋机械费	6.55	206.46
7.2.4	生育保险	其中：人工费＋机械费	0.82	25.85
7.2.5	工伤保险	其中：人工费＋机械费	0.82	25.85
7.3	住房公积金	其中：人工费＋机械费	8.18	257.84
8	税金	税费前工程造价合计＋规费	3.477	721.13
9	工程造价	税费前工程造价合计＋规费＋税金		21461.17

单位工程概预算表

表 8-15

工程名称：××给水排水工程

序号	编码	子目名称	工程量		价值(元)		其中(元)		
			单位	数量	单价	合价	人工费	材料费	机械费
		给水工程							
1	8-290	PP-R 塑料给水管 *DN*15	10m	0.15	63.63	9.54	8.54	0.92	0.09
	Z01405@5	PP-R 塑料给水管 *DN*15	m	1.53	2.80	4.28			
	Z02709@5	PP-R 塑料给水管接头零件 *DN*15	个	1.80	1.10	1.98			
2	8-291	PP-R 塑料给水管 *DN*20	10m	3.21	74.02	237.6	207.98	27.73	1.89
	Z01405@4	PP-R 塑料给水管 *DN*20	m	32.74	3.60	117.87			
	Z02709@4	PP-R 塑料给水管接头零件 *DN*20	个	32.55	1.40	45.57			
3	8-292	PP-R 塑料给水管 *DN*25	10m	2.52	77.28	194.75	163.27	29.99	1.49
	Z01405@3	PP-R 塑料给水管 *DN*25	m	25.70	4.70	120.79			
	Z02709@3	PP-R 塑料给水管接头零件 *DN*25	个	20.79	2.10	43.66			
4	8-293	PP-R 塑料给水管 *DN*32	10m	2.14	90.80	194.31	164.93	27.18	2.2
	Z01405@2	PP-R 塑料给水管 *DN*32	m	21.83	6.87	149.97			
	Z02709@2	PP-R 塑料给水管接头零件 *DN*32	个	14.62	3.90	57.02			
5	8-294	PP-R 塑料给水管 *DN*40	10m	0.88	92.32	81.24	67.82	12.51	0.91
	Z01405@1	PP-R 塑料给水管 *DN*40	m	8.98	11.87	106.59			
	Z02709@1	PP-R 塑料给水管接头零件 *DN*40	个	5.32	6.80	36.18			
6	8-602	管道消毒、冲洗 *DN*50	100m	0.89	35.31	31.43	19.86	11.57	
7	8-653	铜闸阀 *DN*40	个	1	20.12	20.12	12.28	7.84	
	Z02494@1	铜闸阀 *DN*40	个	1.01	66.00	66.66			
8	8-811	旋翼水表 *DN*40（配 *DN*40 铜闸阀一个）	组	1	34.91	34.91	33.36	1.55	
	Z02539@1	旋翼水表 *DN*40	个	1	150.00	150			
	Z02552@1	铜闸阀 *DN*40	个	1.01	66.00	66.66			
9	8-652	铜闸阀 *DN*32	个	2	13.18	26.36	14.74	11.62	
	Z02493@1	铜闸阀 *DN*32	个	2.02	52.00	105.04			

工程名称：××给水排水工程

序号	编码	子目名称	工程量		价值(元)		其中(元)		
			单位	数量	单价	合价	人工费	材料费	机械费
10	8-1123	铜水龙头 DN15	10个	0.9	17.14	15.43	12.38	3.05	
	Z02803@1	铜水嘴 DN15	个	9.09	21.00	190.89			
11	8-561	镀锌铁皮套管制作 DN50	10个	0.6	43.11	25.87	17.67	8.2	
12	8-582	油麻填料钢套管制作与安装 DN65	10个	0.1	87.62	8.76	4.62	3.69	0.45
	Z01241@1	焊接钢管 DN65	m	0.31	27.30	8.46			
13	借1-2	土方工程 人工挖土方 一、二类土 深度(1.5m)以内	100m³	0.09	841.85	75.77	75.77		
14	借1-299	土方回填	100m³	0.09	1568.88	141.20	124.78		16.42
15	8-1299	脚手架搭拆(给水排水、采暖、燃气)	元	1	36.37	36.37	9.09	27.28	
		分部小计				2405.28	937.19	173.13	23.45
		排水工程							
16	8-1023	蹲式大便器安装 普通阀冲洗	10组	1.8	999.86	1799.75	509.11	1290.64	
	Z01802	瓷蹲式大便器	个	18.18	280.00	5090.4			
17	8-1033	挂斗式小便器安装 普通式	10组	0.6	429.18	257.51	98.99	158.51	
	Z02202	挂式小便器	个	6.06	320.00	1939.2			
18	8-963	洗脸盆安装 钢管组成 普通冷水嘴	10组	0.6	793.91	476.35	129.94	346.4	
	Z02829	洗脸盆	个	6.06	240.00	1454.4			
19	8-985	拖布池安装	10组	0.3	643.44	193.03	59.67	133.36	
	Z02818	拖布池	个	3.03	170.00	515.1			
	Z01734	拖布池托架	副	3	60.00	180			
20	8-1129	地漏安装 DN50	10个	0.3	100.52	30.16	23.57	6.59	
	Z01855	地漏 DN50	个	3	27.00	81			
21	8-1139	地面扫除口安装 DN100	10个	0.6	49.32	29.59	28.57	1.02	
	Z01857	地面扫除口 DN100	个	6	15.00	90			

工程名称：××给水排水工程　　　　　

序号	编码	子目名称	工程量		价值(元)		其中(元)		
			单位	数量	单价	合价	人工费	材料费	机械费
22	8-308	室内承插塑料排水管（零件粘接）DN50	10m	1.2	89.25	107.1	90.17	16.81	0.12
	Z01185@1	U-PVC 排水管 DN50	m	11.6	6.20	71.92			
	Z01785@1	U-PVC 排水管件 DN50	个	10.82	2.10	22.72			
23	8-309	室内承插塑料排水管（零件粘接）DN80	10m	1.02	121.86	124.3	104.15	20.05	0.10
	Z01186@1	U-PVC 排水管 DN75	m	9.82	10.20	100.16			
	Z01786@1	U-PVC 排水管件 DN75	个	10.98	4.20	46.1			
24	8-310	室内承插塑料排水管（零件粘接）DN100	10m	5.87	143.40	841.76	668.53	172.64	0.59
	Z01180@1	U-PVC 排水管 DN100	m	50.01	19.05	952.69			
	Z01780@1	U-PVC 排水管件 DN100	个	66.8	8.00	534.4			
25	8-311	室内承插塑料排水管（零件粘接）DN150	10m	0.88	187.42	164.93	141.31	23.53	0.09
	Z01181@1	U-PVC 排水管 DN150	m	8.33	32.70	272.39			
	Z01781@1	U-PVC 排水管件 DN150	个	6.14	28.50	175.00			
26	借 1-2	土方工程 人工挖土方 一、二类土深度(1.5m)以内	100m³	0.13	841.85	109.44	109.44		
27	借 1-299	土方回填 回填土夯填	100m³	0.13	1568.88	203.95	178.26		25.69
28	8-1299	脚手架搭拆(给水排水、采暖、燃气)	元	1	92.71	92.71	23.18	69.53	
		分部小计				15956.06	2164.89	2239.08	26.59

单位工程主材表   **表 8-16**

工程名称：××给水排水工程   第 1 页 共 1 页

序号	名称规格	单位	材料量	市场价	合价
1	镀锌钢管 $DN25$	m	27	12.17	328.59
2	大便器存水弯 $DN100$（瓷）	个	18.09	20.00	361.80
3	螺纹截止阀 J11T-16$DN25$	个	18.18	14.00	254.52
4	水嘴（全铜磨光）15	个	9.09	15.00	136.35
5	U-PVC 排水管 $DN100$	m	50.01	19.05	952.69
6	U-PVC 排水管 $DN150$	m	8.33	32.70	272.39
7	PP-R 塑料给水管 $DN40$	m	8.98	11.87	106.59
8	PP-R 塑料给水管 $DN32$	m	21.83	6.87	149.97
9	PP-R 塑料给水管 $DN25$	m	25.70	4.70	120.79
10	PP-R 塑料给水管 $DN20$	m	32.74	3.60	117.86
11	拖布池托架	副	3	60.00	180.00
12	U-PVC 排水管件 $DN100$	个	66.80	8.00	534.40
13	U-PVC 排水管件 $DN150$	个	6.14	28.50	174.99
14	瓷蹲式大便器	个	18.18	280.00	5090.40
15	挂式小便器	个	6.06	320.00	1939.20
16	铜闸阀 $DN32$	个	2.02	52.00	105.04
17	旋翼水表 $DN40$	个	1	150.00	150.00
18	铜水嘴 $DN15$	个	9.09	21.00	190.89
19	拖布池	个	3.03	170.00	515.10
20	洗脸盆	个	6.06	240.00	1454.40
	合计				13136.33

单位工程造价费用汇总表（清单计价）　　表 8-17

工程名称：××给水排水工程　　　　　　　　　　　　第 1 页　共 1 页

序号	汇总内容	计算基础	费率（%）	金额（元）
一	分部分项工程费			19164.52
1.1	给水工程	分部分项合计		2667.81
1.2	排水工程	分部分项合计		16496.71
二	措施项目费	措施项目费合计		558.03
2.1	安全文明施工费	分部分项人工费＋分部分项机械费－燃料动力价差	12.5	388.82
三	其他项目费	其他项目费合计		—
四	规费	工程排污费＋社会保障费＋住房公积金		1069.11
4.1	工程排污费			
4.2	社会保障费	养老保险＋失业保险＋医疗保险＋生育保险＋工伤保险		814.66
4.2.1	养老保险	分部分项人工费＋分部分项机械费	16.36	508.89
4.2.2	失业保险	分部分项人工费＋分部分项机械费	1.64	51.01
4.2.3	医疗保险	分部分项人工费＋分部分项机械费	6.55	203.74
4.2.4	生育保险	分部分项人工费＋分部分项机械费	0.82	25.51
4.2.5	工伤保险	分部分项人工费＋分部分项机械费	0.82	25.51
4.3	住房公积金	分部分项人工费＋分部分项机械费	8.18	254.45
五	税金	分部分项工程费＋措施项目费＋其他项目费＋规费	3.477	722.93
	单位工程造价合计	分部分项工程费＋措施项目费＋其他项目费＋规费＋税金		21514.59

分部分项工程量清单计价表　　　　　　　　　　**表 8-18**

工程名称：××给水排水工程　　　　　　　　　　　　第 1 页　共 3 页

序号	项目编码	项目名称	项目特征	计量单位	数量	金额（元）	
						综合单价	合价
		给水工程					
1	030801005001	PP-R 塑料给水管 DN15	1. 安装部位：室内 2. 输送介质：给水 3. 材质：PP-R 4. 型号、规格：DN15 5. 连接方式：热熔连接 6. 包含管道消毒、冲洗	m	1.50	12.56	18.84
2	030801005002	PP-R 塑料给水管 DN20	1. 安装部位：室内 2. 输送介质：给水 3. 材质：PP-R 4. 型号、规格：DN20 5. 连接方式：热熔连接 6. 包含管道消毒、冲洗	m	32.10	14.73	472.83
3	030801005003	PP-R 塑料给水管 DN25	1. 安装部位：室内 2. 输送介质：给水 3. 材质：PP-R 4. 型号、规格：DN25 5. 连接方式：热熔连接 6. 包含管道消毒、冲洗	m	25.20	16.50	415.80
4	030801005004	PP-R 塑料给水管 DN32	1. 安装部位：室内 2. 输送介质：给水 3. 材质：PP-R 4. 型号、规格：DN32 5. 连接方式：热熔连接 6. 包含管道消毒、冲洗 7. 含镀锌铁皮套管制安	m	21.40	22.80	487.92
5	030801005005	PP-R 塑料给水管 DN40	1. 安装部位：室内 2. 输送介质：给水 3. 材质：PP-R 4. 型号、规格：DN40 5. 连接方式：热熔连接 6. 包含管道消毒、冲洗 7. 含油麻填料钢套管制安	m	8.80	30.14	265.23

续表

工程名称：××给水排水工程

第 2 页　共 3 页

序号	项目编码	项目名称	项目特征	计量单位	数量	金额（元）	
						综合单价	合价
6	030803001001	螺纹阀门	1. 类型：铜闸阀 2. 规格、型号：DN40 3. 连接方式：螺纹连接	个	1	90.21	90.21
7	030803010001	水表	1. 类型：螺纹旋翼水表 2. 规格、型号：DN40 3. 连接方式：螺纹连接 4. 配 DN40 的铜闸阀一个	组	1	260.91	260.91
8	030803001002	螺纹阀门	1. 类型：铜闸阀 2. 规格、型号：DN32 3. 连接方式：螺纹连接	个	2	67.76	135.52
9	030804016001	水龙头	1. 类型：铜质水龙头 2. 规格、型号：DN15	个	9	23.32	209.88
10	010101002001	挖土方		m³	9.1	11.92	108.47
11	010103001001	土方回填		m³	9.1	22.22	202.2
		分部小计					2667.81
		排水工程					
12	030804012001	蹲式大便器	1. 名称：蹲式大便器（普通阀冲洗） 2. 含大便器及连接附件的供应、安装	套	18	390.69	7032.42
13	030804013001	小便器	1. 名称：小便器（普通式） 2. 含小便器及连接附件的供应、安装	套	6	370.74	2224.44
14	030804003001	洗脸盆	1. 名称：洗脸盆 2. 含洗脸盆及连接附件的供应、安装	组	6	327.85	1967.10
15	030804005001	拖布池	1. 名称：拖布池 2. 含拖布池及连接附件的供应、安装	组	3	301.61	904.83

工程名称：××给水排水工程

序号	项目编码	项目名称	项目特征	计量单位	数量	综合单价	合价
16	030804017001	地漏	1. 类型：地漏 2. 规格、型号：DN50	个	3	39.26	117.78
17	030804018001	地面扫除口	1. 类型：地面扫除口 2. 规格、型号：DN100	个	6	21.26	127.56
18	030801005001	U-PVC 排水管 DN50	1. 安装部位：室内 2. 输送介质：排水 3. 材质：U-PVC 4. 型号、规格：DN50 5. 连接方式：粘接 6. 管道、管件及弯管的制作、安装	m	12	18.91	226.92
19	030801005002	U-PVC 排水管 DN75	1. 安装部位：室内 2. 输送介质：排水 3. 材质：U-PVC 4. 型号、规格：DN75 5. 连接方式：粘接 6. 管道、管件及弯管的制作、安装	m	10.2	29.38	299.68
20	030801005003	U-PVC 排水管 DN100	1. 安装部位：室内 2. 输送介质：排水 3. 材质：U-PVC 4. 型号、规格：DN100 5. 连接方式：粘接 6. 管道、管件及弯管的制作、安装	m	58.7	42.87	2516.47
21	030801005004	U-PVC 排水管 DN150	1. 安装部位：室内 2. 输送介质：排水 3. 材质：U-PVC 4. 型号、规格：DN150 5. 连接方式：粘接 6. 管道、管件及弯管的制作、安装	m	8.8	74.10	652.08
22	010101002002	挖土方	人工挖土方一、二类土深度1.5m以内	m³	12.52	11.92	149.24
23	010103001002	土方回填		m³	12.52	22.22	278.19
		分部小计					16496.71
		合计					19164.52

分部分项工程量清单综合单价分析表（部分）

表 8-19

工程名称：××给水排水工程

项目编码	项目名称	计量单位		
030801005001	PP-R 塑料给水管 DN15	m	第 1 页	共 7 页

清单综合单价组成明细

定额编号	定额名称	定额单位	数量	单价				合价			
				人工费	材料费	机械费	管理费和利润	人工费	材料费	机械费	管理费和利润
8-290	室内塑料给水管（热熔）管外径 20mm 以内	10m	0.1	56.92	6.12	0.59	16.1	5.69	0.61	0.06	1.61
8-602	管道消毒、冲洗 DN50	100m	0.01	22.31	13.00		6.24	0.22	0.13		0.06
人工单价	小计							5.91	0.74	0.06	1.67
技工 68 元/工日；普工 53 元/工日	未计价材料费								4.17		
	清单项目综合单价							12.56			

材料费明细	主要材料名称、规格、型号	单位	数量	单价（元）	合价（元）	暂估单价（元）	暂估合价（元）
	钢锯条	根	0.057	0.60	0.03		
	水	t	0.055	2.60	0.14		
	漂白粉	kg	0.001	1.20	0.00		
	塑料管卡子 20	个	1.345	0.42	0.56		
	PP-R 塑料给水管 DN15（未计价材料）	m	1.02	2.80	2.86		
	PP-R 塑料给水管接头零件 DN15（未计价材料）	个	1.197	1.10	1.32		
	材料费小计			—	4.91		—

工程名称：××给水排水工程

项目编码	030801005005	项目名称	PP-R 塑料给水管 DN40	计量单位	m

清单综合单价组成明细

定额编号	定额名称	定额单位	数量	单价				合价			
				人工费	材料费	机械费	管理费和利润	人工费	材料费	机械费	管理费和利润
8-294	室内塑料给水管（热熔）50mm	10m	0.1	77.07	14.22	1.03	21.87	7.71	1.42	0.1	2.19
8-582	油麻填料钢套管安 DN65	10个	0.011	46.19	36.89	4.54	14.2	0.51	0.41	0.05	0.16
8-602	管道清毒、冲洗 DN50	100m	0.01	22.31	13.00		6.24	0.22	0.13		0.06
人工单价		小计						8.44	1.96	0.15	2.41
技工 68 元/工日；普工 53 元/工日		未计价材料费							17.17		
		清单项目综合单价							30.14		

材料费明细	主要材料名称、规格、型号	单位	数量	单价（元）	合价（元）	暂估单价（元）	暂估合价（元）
	钢锯条	根	0.123	0.60	0.07		
	水	t	0.063	2.60	0.16		
	漂白粉	kg	0.001	1.20	0.00		
	圆钢（综合）	kg	0.018	3.50	0.06		
	油麻	kg	0.046	6.20	0.29		
	砂轮片 Φ200	片	0.004	14.30	0.06		
	塑料管卡子 50	个	0.747	1.76	1.31		
	PP-R 塑料给水管 DN40（未计价材料）	m	1.02	11.87	12.11		
	PP-R 塑料给水管接头零件 DN40（未计价材料）	个	0.605	6.80	4.11		
	油麻填料钢套管 DN65（未计价材料）	m	0.035	27.26	0.95		
	其他材料费			—	0.02	—	
	材料费小计			—	19.14	—	

工程名称：××给水排水工程

项目编码	030803001001		项目名称	螺纹阀门				计量单位	个	

清单综合单价组成明细

定额编号	定额名称	定额单位	数量	单价				合价			
				人工费	材料费	机械费	管理费和利润	人工费	材料费	机械费	管理费和利润
8-653	螺纹阀门安装 DN40	个	1	12.28	7.84		3.43	12.28	7.84		3.43
人工单价				小计				12.28	7.84		3.43
技工 68 元/工日；普工 53 元/工日				未计价材料费				66.66			
				清单项目综合单价				90.21			

材料费明细	主要材料名称、规格、型号	单位	数量	单价（元）	合价（元）	暂估单价（元）	暂估合价（元）
	钢锯条	根	0.23	0.60	0.14		
	机油	kg	0.016	12.50	0.20		
	铅油	kg	0.017	9.00	0.15		
	线麻	kg	0.002	11.00	0.02		
	黑玛钢活接头 DN40	个	1.01	6.72	6.79		
	橡胶板 δ1~3	kg	0.008	8.00	0.06		
	棉丝	kg	0.024	15.00	0.36		
	砂纸	张	0.24	0.50	0.12		
	铜闸阀 DN40（未计价材料）	个	1.01	66.00	66.66	—	
	材料费小计			—	74.50		

工程名称：××给水排水工程

项目编码	030803010001	项目名称	水表	计量单位	组

清单综合单价组成明细

定额编号	定额名称	定额单位	数量	单价				合价			
				人工费	材料费	机械费	管理费和利润	人工费	材料费	机械费	管理费和利润
8-811	螺纹水表安装 DN40	组	1	33.36	1.55		9.34	33.36	1.55		9.34
人工单价			小计					33.36	1.55		9.34
技工 68 元/工日；普工 53 元/工日			未计价材料费						216.66		
			清单项目综合单价						260.91		

材料费明细	主要材料名称、规格、型号	单位	数量	单价（元）	合价（元）	暂估单价（元）	暂估合价（元）
	钢锯条	根	0.26	0.60	0.16		
	机油	kg	0.012	12.50	0.15		
	铅油	kg	0.020	9.00	0.18		
	线麻	kg	0.002	11.00	0.02		
	橡胶板 δ1～3	kg	0.130	8.00	1.04		
	螺纹水表 DN40（未计价材料）	个	1	150.00	150.00		
	铜闸阀 DN40（未计价材料）	个	1.01	66.00	66.66		
	材料费小计			—	218.21	—	

工程名称：××给水排水工程

续表
第 5 页　共 7 页

项目编码	030804016001		项目名称	水龙头		计量单位	个

清单综合单价组成明细

定额编号	定额名称	定额单位	数量	单价				合价			
				人工费	材料费	机械费	管理费和利润	人工费	材料费	机械费	管理费和利润
8-1123	铜水龙头安装 DN15	10 个	0.1	13.76	3.38		3.86	1.38	0.34		0.39
人工单价			小计					1.38	0.34		0.39
技工 68 元/工日；普工 53 元/工日			未计价材料费						21.21		
			清单项目综合单价						23.32		

材料费明细	主要材料名称、规格、型号	单位	数量	单价（元）	合价（元）	暂估单价（元）	暂估合价（元）
	聚四氟乙烯生料带 d=20	m	0.141	2.40	0.34		
	铜水嘴 DN15（未计价材料）	个	1.01	21.00	21.21		
	材料费小计			—	21.55	—	

续表

第 6 页　共 7 页

工程名称：××给水排水工程

项目编码	030804012001	项目名称	蹲式大便器	计量单位	套

清单综合单价组成明细

定额编号	定额名称	定额单位	数量	单价				合价			
				人工费	材料费	机械费	管理费和利润	人工费	材料费	机械费	管理费和利润
8-1023	蹲式大便器安装普通阀冲洗	10组	0.1	282.84	717.02		79.2	28.28	71.7		7.92
人工单价				小计				28.28	71.7		7.92
技工 68元/工日；普工 53元/工日				未计价材料费					282.8		
				清单项目综合单价				390.69			

材料费明细	主要材料名称、规格、型号	单位	数量	单价（元）	合价（元）	暂估单价（元）	暂估合价（元）
	钢锯条	根	0.1	0.60	0.06		
	机油	kg	0.010	12.50	0.13		
	橡胶板 δ1~3	kg	0.020	8.00	0.16		
	聚四氟乙烯生料带 $d=20$	m	0.477	2.40	1.14		
	螺纹截止阀 J11T-16DN25	个	1.01	14.00	14.14		
	镀锌钢管 DN25	m	1.5	12.17	18.26		
	镀锌弯头 DN25	个	1.01	1.75	1.77		
	镀锌活接头 DN25	个	1.01	2.70	2.73		
	大便器存水弯 DN100（瓷）	个	1.005	20.00	20.1		
	大便器胶皮碗	个	1.1	2.00	2.20		
	机制砖（红砖）	块	16	0.29	4.64		
	油灰	kg	0.500	1.50	0.75		
	铜丝 16	kg	0.080	70.00	5.60		
	蹲式大便器安装 普通阀冲洗（未计价材料）	个	1.01	280.00	282.8		282.8
	其他材料费			—	0.03		—
	材料费小计			—	354.51		—

工程名称：××给水排水工程

续表
第7页 共7页

项目编码	030801005001	项目名称	U-PVC 排水管 DN50	计量单位	m

清单综合单价组成明细

定额编号	定额名称	定额单位	数量	单价				合价			
				人工费	材料费	机械费	管理费和利润	人工费	材料费	机械费	管理费和利润
8-308	室内承插塑料排水管（粘接）DN50	10m	0.1	75.14	14.01	0.1	21.07	7.51	1.4	0.01	2.11
技工 68 元/工日；普工 53 元/工日 人工单价			小计					7.51	1.4	0.01	2.11
			未计价材料费					7.89			
			清单项目综合单价					18.91			

材料费明细	主要材料名称、规格、型号	单位	数量	单价（元）	合价（元）	暂估单价（元）	暂估合价（元）
	镀锌铁丝 φ3～4	kg	0.005	5.30	0.03		
	钢锯条	根	0.051	0.60	0.03		
	水	t	0.016	2.60	0.04		
	透气帽（铝丝球）DN50	个	0.026	1.30	0.03		
	膨胀螺栓 M14	套	0.274	1.20	0.33		
	精制六角带帽螺栓 M6～12×12～50	套	0.52	0.30	0.16		
	聚氯乙烯热熔密封胶	kg	0.011	15.00	0.17		
	丙酮	kg	0.017	9.40	0.16		
	扁钢综合	kg	0.060	3.65	0.22		
	电焊条	kg	0.002	5.00	0.01		
	铁砂布 0～2	张	0.07	0.80	0.06		
	棉纱头	kg	0.021	8.30	0.17		
	U-PVC 排水管 DN50（未计价材料）	m	0.967	6.20	6.00		
	U-PVC 排水管件 DN50（未计价材料）	个	0.902	2.10	1.89		
	材料费小计			—	9.30		

措施项目清单计价表

表 8-20

工程名称：××给水排水工程

序号	项目名称	计算基数	费率（%）	金额（元）
一	施工组织措施项目			
1	安全文明施工措施费	分部分项人工费＋分部分项机械费	12.5	388.82
2	夜间施工增加费			
3	二次搬运费			
4	已完工程及设备保护费			
5	冬雨期施工费	分部分项人工费＋分部分项机械费	1	31.11
6	市政工程干扰费	分部分项人工费＋分部分项机械费	0	
7	焦炉施工大棚（C.4 炉窑砌筑工程）			
8	组装平台（C.5 静置设备与工艺金属结构制作安装工程）			
9	格架式抱杆（C.5 静置设备与工艺金属结构制作安装工程）			
10	其他措施项目费			
	脚手架搭拆（给水排水工程）			138.10
	脚手架搭拆（刷油工程）			
	脚手架搭拆（绝热工程）			
	合计			558.03

单位工程规费计价表

表 8-21

工程名称：××给水排水工程

序号	汇总内容	计算基础	费率（%）	金额（元）
5.1	工程排污费			
5.2	社会保障费	养老保险＋失业保险＋医疗保险＋生育保险＋工伤保险		814.66
5.2.1	养老保险	其中：人工费＋机械费	16.36	508.89
5.2.2	失业保险	其中：人工费＋机械费	1.64	51.01
5.2.3	医疗保险	其中：人工费＋机械费	6.55	203.74
5.2.4	生育保险	其中：人工费＋机械费	0.82	25.51
5.2.5	工伤保险	其中：人工费＋机械费	0.82	25.51
5.3	住房公积金	其中：人工费＋机械费	8.18	254.45
合计				1069.11

8.3.2　采暖安装工程施工图预算编制实例

【例 8-2】　　如图 8-4～图 8-5 所示为一办公楼采暖系统平面图，图 8-6 为采暖系统图。共 2 层，系统采用上供下回式，采用 4 柱 813 散热器，工程内容包括管道安装、散热器组对安装、各类阀门安装、支架制作安装、除锈刷油和保温等。

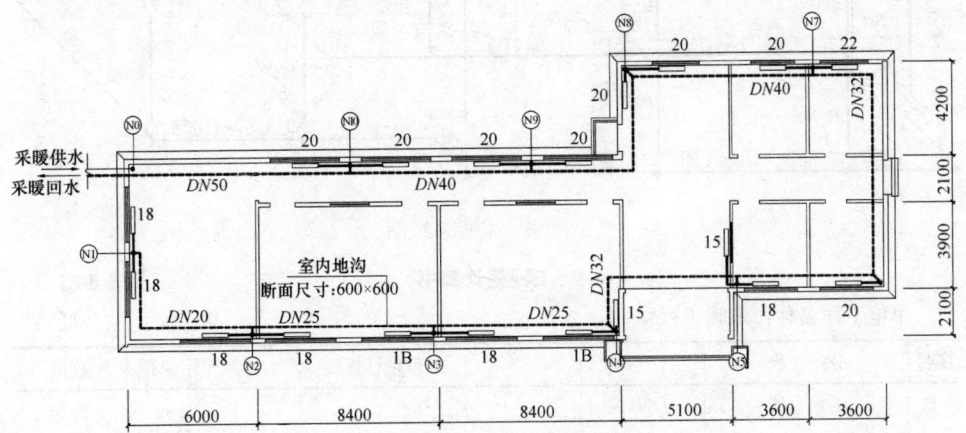

图 8-4　一层采暖平面图

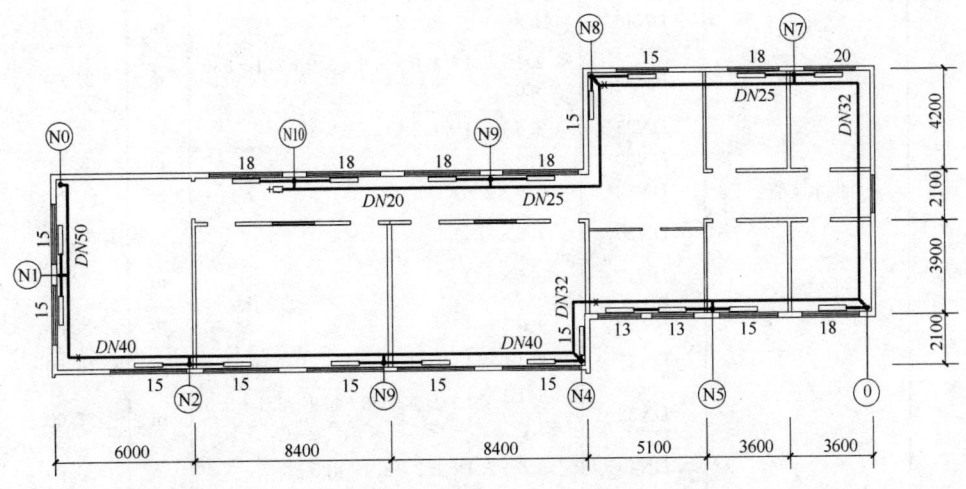

图 8-5　二层采暖平面图

【解】

（1）工程量计算

工程量计算见表 8-22。

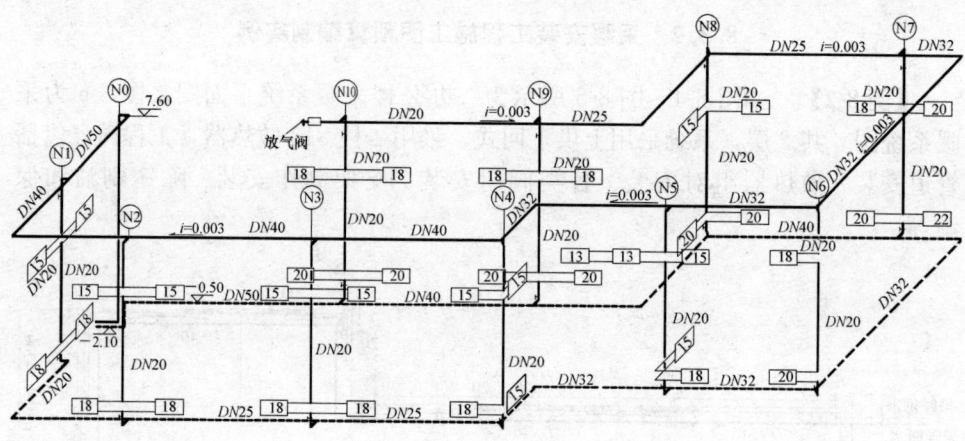

图 8-6　采暖系统图

工程量计算书　　　　　　　　　　　　　表 8-22

单位工程名称：采暖工程　　　　　　　　　　第 1 页　共 2 页

序号	分项工程		工程量计算式	单位	数量
1	供水立管	DN50	2.1＋7.6	m	9.70
		DN20	(7.6＋0.5－0.8×2)×10	m	65.00
2	供水水平管	DN50	3.8＋0.5＋1.5	m	5.80
		DN40	3.8＋5.4＋8.4×2	m	26.00
		DN32	2.1＋5.1＋3.6＋3.6＋3.9＋2.1＋3.6＋3.0	m	27.00
		DN25	3.6＋5.1＋4.2＋0.5＋4.2	m	17.60
		DN20	4.2＋4.5	m	8.70
3	供水支管	DN32	0.9×2	m	1.80
		DN20	1.5×36	m	54.00
		DN15	0.5×4	m	2.00
4	回水水平管	DN20	3.8＋5.4	m	9.20
		DN25	8.4＋8.4	m	16.80
		DN32	2.1＋5.1＋3.6＋3.6＋3.9＋2.1＋3.6＋3.0	m	27.00
		DN40	3.6＋5.1＋4.2＋8.4＋4.5	m	25.80
		DN50	4.2＋6.2＋1.5	m	11.90
5	回水立管	DN50	2.1－0.5	m	1.60
6	管道刷油面积		$S=[3.14×(0.0205×2.0＋0.0255×136.9＋0.0325×34.4＋0.0385×55.8＋0.047×51.8＋0.057×29)]$	m²	34.18

单位工程名称：采暖工程

序号	分项工程		工程量计算式	单位	数量
7	管道保温层		$V=\{3.14\times[(0.0255+0.04\times1.033)\times0.04\times1.033\times9.2+(0.0315+0.04\times1.033)\times0.04\times1.033\times16.8+(0.0385+0.04\times1.033)\times0.04\times1.033\times27+(0.047+0.04\times1.033)\times0.04\times1.033\times25.8+(0.057+0.04\times1.033)\times0.04\times1.033\times17.6)]\}$	m³	1.04
8	闸阀（立管）	DN20		个	20
9	阀门（排气阀）	DN20		个	1
10	自动排气阀	DN20		个	1
11	散热器		356（一层）+319（二层）	片	675
12	支架	C5，$\phi10$	$0.831\times9+0.842\times2+0.620\times(9+8)$	kg	19.70
13	镀锌铁皮套管	DN32		个	20
		DN40		个	2
		DN50		个	5
		DN65		个	2
		DN80		个	2
14	油麻填料刚套管	DN80		个	2

（2）选套定额

采用《辽宁省建设工程计价依据》（辽宁省建设厅 2008）、《建设工程费用标准》（辽建发[2007]87 号）编制。材料价格依据 2013 年第 3 期《建筑与概算》沈阳地区价格执行，网刊上没有的价格执行市场价格。

定额计价方式的工程预算见表 8-23、表 8-24，工程量清单计价方式的工程预算见表 8-25～表 8-29。

单位工程费用表　　　　　　　　　　　　　　　**表 8-23**

单位工程名称：采暖工程

第 1 页　共 2 页

序号	费用名称	取费说明	费率（%）	费用金额
1	分部分项工程费合计	直接费+主材费+设备费		42661.12
1.1	其中：人工费+机械费	人工费+机械费-燃料动力价差		5535.89
2	企业管理费	其中：人工费+机械费	12.25	678.15
3	利润	其中：人工费+机械费	15.75	871.90
4	措施项目费	安全文明施工措施费+夜间施工增加费+二次搬运费+已完工程及设备保护费+冬雨期施工费+市政工程干扰费+其他措施项目费		747.35

续表
第 2 页 共 2 页

单位工程名称：采暖工程

序号	费用名称	取费说明	费率(%)	费用金额
4.1	安全文明施工措施费	其中：人工费＋机械费	12.5	691.99
4.2	夜间施工增加费			
4.3	二次搬运费			
4.4	已完工程及设备保护费			
4.5	冬雨期施工费	其中：人工费＋机械费	1	55.36
4.6	市政工程干扰费	其中：人工费＋机械费	0	
4.7	其他措施项目费			
5	其他项目费			
6	税费前工程造价合计	分部分项工程费合计＋企业管理费＋利润＋措施项目费＋其他项目费		44958.52
7	规费	工程排污费＋社会保障费＋住房公积金		1902.68
7.1	工程排污费			
7.2	社会保障费	养老保险＋失业保险＋医疗保险＋生育保险＋工伤保险		1449.84
7.2.1	养老保险	其中：人工费＋机械费	16.36	905.67
7.2.2	失业保险	其中：人工费＋机械费	1.64	90.79
7.2.3	医疗保险	其中：人工费＋机械费	6.55	362.60
7.2.4	生育保险	其中：人工费＋机械费	0.82	45.39
7.2.5	工伤保险	其中：人工费＋机械费	0.82	45.39
7.3	住房公积金	其中：人工费＋机械费	8.18	452.84
8	税金	税费前工程造价合计＋规费	3.477	1629.36
9	工程总造价	税费前工程造价合计＋规费＋税金		48490.56

单位工程概预算表 表 8-24

单位工程名称：采暖工程

第 1 页 共 4 页

序号	编码	子目名称	工程量		价值(元)		其中(元)		
			单位	数量	单价	合价	人工费	材料费	机械费
1	8-104	室内焊接钢管（螺纹连接）DN15	10m	0.20	103.8	20.76	17.98	2.78	
	C01292 主	焊接钢管 DN15	m	2.04	5.2	10.61			
2	8-105	室内焊接钢管（螺纹连接）DN20	10m	13.69	112.79	1544.10	1230.73	313.37	

单位工程名称：采暖工程　　　　　　　　　　　　　　　　　　

序号	编码	子目名称	工程量		价值(元)		其中(元)		
			单位	数量	单价	合价	人工费	材料费	机械费
	C01294 主	焊接钢管 DN20	m	139.64	6.80	949.54			
3	8-106	室内焊接钢管（螺纹连接）DN25	10m	3.44	138.46	476.30	371.52	101.82	2.96
	Z01296	焊接钢管 DN25	m	35.09	9.90	347.37			
4	8-107	室内焊接钢管（螺纹连接）DN32	10m	5.58	145.43	811.50	602.64	204.06	4.80
	Z01299	焊接钢管 DN32	m	56.92	12.90	734.22			
5	8-116	室内钢管焊接 DN40	10m	5.18	103.38	535.51	460.24	39.16	36.10
	Z01301	焊接钢管 DN40	m	52.84	15.20	803.11			
6	8-117	室内钢管焊接 DN50	10m	2.90	119.40	346.26	283.39	40.71	22.16
	Z01303	焊接钢管 DN50	m	29.58	19.30	570.89			
7	8-602	管道冲洗 DN50	100m	3.099	35.31	109.43	69.14	40.29	
8	14-1	手工除锈管道轻锈	10m²	3.418	18.87	64.50	54.25	10.25	
9	14-56	管道刷油银粉第一遍	10m²	3.418	22.72	77.66	47.03	30.63	
10	14-57	管道刷油银粉第二遍	10m²	3.418	21.51	73.52	45.32	28.20	
11	14-1971	绝热工程毡类制品安装管道 Φ57 以下厚度 40mm	m³	1.04	316.14	328.79	296.62	19.33	12.84
	Z01154@1	铝箔离心玻璃管壳 40mm 厚	m³	1.07	450.00	481.10			
12	8-650	螺纹阀门安装 DN20	个	20	8.02	160.40	99.2	61.20	
	Z02491@1	铜闸阀 DN20	个	20.2	27.00	545.40			

单位工程名称：采暖工程　　　　　　　　　　

序号	编码	子目名称	工程量		价值（元）		其中（元）		
			单位	数量	单价	合价	人工费	材料费	机械费
13	8-751	自动排气阀安装 DN20	个	1	17.82	17.82	10.85	6.97	
	Z02988	自动排气阀 DN20	个	1	27.00	27.00			
14	8-650	螺纹阀门 DN20	个	1	8.02	8.02	4.96	3.06	
	Z02491@1	铜闸阀 DN20	个	1.01	27.00	27.27			
15	8-1186	铸铁散热器组成安装 柱型	10 片	67.50	192.21	12974.18	1372.95	11601.23	
	Z03309	铸铁散热器柱型	片	466.43	41.00	19123.63			
16	8-559	镀锌铁皮套管制作 DN32	10 个	2.00	43.11	86.22	58.9	27.32	
17	8-560	镀锌铁皮套管制作 DN40	10 个	0.20	43.11	8.62	5.89	2.73	
18	8-561	镀锌铁皮套管制作 DN50	10 个	0.50	43.11	21.56	14.73	6.83	
19	8-562	镀锌铁皮套管制作 DN65	10 个	0.20	64.70	12.94	8.84	4.10	
20	8-563	镀锌铁皮套管制作 DN80	10 个	0.20	64.70	12.94	8.84	4.10	
21	8-583	油麻填料钢套管制作与安装 DN80	10 个	0.20	100.28	20.06	9.72	8.99	1.35
	Z01241@2	焊接钢管 DN80	m	0.61	33.00	20.13			
22	8-648	一般管道支架制作安装	100kg	0.197	963.51	189.81	98.09	38.16	53.56
	C00848 主	型钢	kg	20.88	4.40	91.88			
23	14-7	手工除锈一般钢结构轻锈	100kg	0.197	26.80	5.28	3.13	0.43	1.72
24	14-122	一般钢结构银粉第一遍	100kg	0.197	26.11	5.14	2.14	1.28	1.72
25	14-123	一般钢结构银粉第二遍	100kg	0.197	25.38	5.00	2.14	1.14	1.72

单位工程名称：采暖工程

序号	编码	子目名称	工程量		价值（元）		其中（元）		
			单位	数量	单价	合价	人工费	材料费	机械费
26	8-1292	系统调试费（采暖工程）	项	1	709.29	709.29	141.86	567.43	
27	8-1299	脚手架搭拆（给水排水、采暖、燃气工程）	项	1	236.43	236.43	59.11	177.32	
28	14-2526	脚手架搭拆（刷油工程）	项	1	7.73	7.73	1.93	5.80	
29	14-2526	脚手架搭拆（绝热工程）	项	1	59.32	59.32	14.83	44.49	
		合计				42661.12	5396.96	13393.19	138.93

单位工程造价费用汇总表（清单计价）　　表 8-25

工程名称：采暖工程　　　　　　　　　　　　　　　　第 1 页　共 1 页

序号	汇总内容	计算基础	费率（%）	金额（元）
一	分部分项工程费			43886.64
1.1	采暖工程	分部分项合计		43886.64
二	措施项目费	措施项目合计		1061.91
2.1	安全文明施工费	分部分项人工费＋分部分项机械费－燃料动力价差	12.5	682.51
三	其他项目费	其他项目费合计		
四	规费	工程排污费＋社会保障费＋住房公积金		1876.61
4.1	工程排污费			
4.2	社会保障费	养老保险＋失业保险＋医疗保险＋生育保险＋工伤保险		1429.98
4.2.1	养老保险	分部分项人工费＋分部分项机械费	16.36	893.27
4.2.2	失业保险	分部分项人工费＋分部分项机械费	1.64	89.54
4.2.3	医疗保险	分部分项人工费＋分部分项机械费	6.55	357.63
4.2.4	生育保险	分部分项人工费＋分部分项机械费	0.82	44.77
4.2.5	工伤保险	分部分项人工费＋分部分项机械费	0.82	44.77
4.3	住房公积金	分部分项人工费＋分部分项机械费	8.18	446.63
五	税金	分部分项工程费＋措施项目费＋其他项目费＋规费	3.477	1628.11
	单位工程造价合计	分部分项工程费＋措施项目费＋其他项目费＋规费＋税金		48453.27

分部分项工程量清单计价表　　　　　　　　　　　　　　　　　表 8-26

工程名称：采暖工程　　　　　　　　　　　　　　　　　　　　　　第 1 页　共 4 页

序号	项目编码	项目名称	项目特征	计量单位	工程数量	金额(元)	
						综合单价	合价
		采暖工程					
1	030801002001	焊接钢管DN15(螺纹连接)	1. 安装部位(室内外)：室内 2. 输送介质(给水、排水、热媒介、燃气、雨水)：采暖热水 3. 材质：焊接钢管 4. 型号、规格：DN15 5. 连接方式：螺纹连接 6. 管道、管件及弯管的制作、安装 7. 管道水压试验及水冲洗 8. 管道除锈后刷银粉两道	m	2	19.13	38.26
2	030801002002	焊接钢管DN20(螺纹连接)	1. 安装部位：室内 2. 输送介质：采暖热水 3. 材质：焊接钢管 4. 型号、规格：DN20 5. 连接方式：螺纹连接 6. 管道、管件及弯管的制作、安装 7. 含镀锌铁皮套管制作、安装 8. 管道水压试验及水冲洗 9. 管道除锈后刷银粉两道	m	127.7	22.55	2879.64
3	030801002003	焊接钢管DN25(螺纹连接)	1. 安装部位：室内 2. 输送介质：采暖热水 3. 材质：焊接钢管 4. 型号、规格：DN25 5. 连接方式：螺纹连接 6. 管道、管件及弯管的制作、安装 7. 含镀锌铁皮套管制作、安装 8. 管道水压试验及水冲洗 9. 管道除锈后刷银粉两道	m	17.6	28.77	506.35

工程名称：采暖工程

序号	项目编码	项目名称	项目特征	计量单位	工程数量	综合单价	合价
						金额(元)	
4	030801002004	焊接钢管DN32(螺纹连接)	1. 安装部位：室内 2. 输送介质：采暖热水 3. 材质：焊接钢管 4. 型号、规格：DN32 5. 连接方式：螺纹连接 6. 管道、管件及弯管的制作、安装 7. 含镀锌铁皮套管制作、安装 8. 管道水压试验及水冲洗 9. 管道除锈后刷银粉两道	m	28.8	32.97	949.54
5	030801002005	焊接钢管DN40(焊接)	1. 安装部位：室内 2. 输送介质：采暖热水 3. 材质：焊接钢管 4. 型号、规格：DN40 5. 连接方式：焊接 6. 管道、管件及弯管的制作、安装 7. 含镀锌铁皮套管制作、安装 8. 管道水压试验及水冲洗 9. 管道除锈后刷银粉两道	m	26	30.64	796.64
6	030801002006	焊接钢管DN50(焊接)	1. 安装部位：室内 2. 输送介质：采暖热水 3. 材质：焊接钢管 4. 型号、规格：DN50 5. 连接方式：焊接 6. 管道、管件及弯管的制作、安装 7. 含镀锌铁皮套管制作、安装 8. 管道水压试验及水冲洗 9. 管道除锈后刷银粉两道	m	11.4	37.70	429.78

工程名称：采暖工程

序号	项目编码	项目名称	项目特征	计量单位	工程数量	金额（元）	
						综合单价	合价
7	030801002007	焊接钢管DN20（螺纹连接）	1. 安装部位：室内 2. 输送介质：采暖热水 3. 材质：焊接钢管 4. 型号、规格：DN20 5. 连接方式：螺纹连接 6. 管道、管件及弯管的制作、安装 7. 管道水压试验及水冲洗 8. 管道除锈后刷银粉两道 9. 管道采用40mm厚铝箔离心玻璃管壳保温	m	9.2	29.26	269.19
8	030801002008	焊接钢管DN25（螺纹连接）	1. 安装部位：室内 2. 输送介质：采暖热水 3. 材质：焊接钢管 4. 型号、规格：DN25 5. 连接方式：螺纹连接 6. 管道、管件及弯管的制作、安装 7. 管道水压试验及水冲洗 8. 管道除锈后刷银粉两道 9. 管道采用40mm厚铝箔离心玻璃管壳保温	m	16.8	36.34	610.51
9	030801002009	焊接钢管DN32（螺纹连接）	1. 安装部位：室内 2. 输送介质：采暖热水 3. 材质：焊接钢管 4. 型号、规格：DN32 5. 连接方式：螺纹连接 6. 管道、管件及弯管的制作、安装 7. 管道水压试验及水冲洗 8. 管道除锈后刷银粉两道 9. 管道采用40mm厚铝箔离心玻璃管壳保温	m	27	41.01	1107.27
10	030801002010	焊接钢管DN40（焊接）	1. 安装部位：室内 2. 输送介质：采暖热水 3. 材质：焊接钢管 4. 型号、规格：DN40 5. 连接方式：焊接 6. 管道、管件及弯管的制作、安装 7. 管道水压试验及水冲洗 8. 管道除锈后刷银粉两道 9. 管道采用40mm厚铝箔离心玻璃管壳保温	m	25.8	39.96	1030.97

工程名称：采暖工程

序号	项目编码	项目名称	项目特征	计量单位	工程数量	金额(元)	
						综合单价	合价
11	030801002011	焊接钢管 DN50(焊接)	1. 安装部位：室内 2. 输送介质：采暖热水 3. 材质：焊接钢管 4. 型号、规格：DN50 5. 连接方式：焊接 6. 管道、管件及弯管的制作、安装 7. 管道水压试验及水冲洗 8. 含油麻填料钢套管制作与安装 9. 管道除锈后刷银粉两道 10. 管道采用40mm厚铝箔离心玻璃管壳保温	m	17.6	49.85	877.36
12	030803001003	铜闸阀 DN20	1. 类型：铜闸阀 2. 规格、型号：DN20 3. 连接方式：螺纹连接	个	20	36.68	733.60
13	030803005001	自动排气阀 DN20	1. 类型：自动排气阀 2. 规格、型号：DN20 3. 连接方式：螺纹连接	个	1	47.86	47.86
14	030803001004	铜闸阀 DN20	1. 类型：铜闸阀 2. 规格、型号：DN20 3. 连接方式：螺纹连接 4. 安装位置：自动排气阀前	个	1	36.68	36.68
15	030805001001	铸铁散热器	1. 名称：铸铁散热器 2. 规格、型号：铸铁散热器四柱型(外喷银粉)	片	675	48.12	32481.00
16	030802001001	管道支架制作安装	包含支吊架除锈后刷银粉两道	kg	19.7	17.41	342.98
17	CB001	系统调试费 (采暖工程)		项	1	749.01	749.01
		合计					43886.64

工程名称：采暖工程

分部分项工程量清单综合单价分析表

表 8-27

第 1 页　共 8 页

项目编码	030801002001	项目名称	焊接钢管 DN15（螺纹连接）	计量单位	m

清单综合单价组成明细

定额编号	定额名称	定额单位	数量	单价				合价			
				人工费	材料费	机械费	管理费和利润	人工费	材料费	机械费	管理费和利润
8-104	室内焊接钢管（螺纹）DN15	10m	0.1	89.90	13.90		25.17	8.99	1.39		2.52
14-56	管道刷油银粉第一遍	10m²	0.007	13.76	8.96		3.86	0.09	0.06		0.03
14-57	管道刷油银粉第二遍	10m²	0.007	13.26	8.25		3.71	0.09	0.06		0.03
14-1	手工除锈管道轻锈	10m²	0.007	15.87	3.00		4.44	0.11	0.02		0.03
8-602	管道消毒、冲洗 DN50	100m	0.01	22.31	13.00		6.24	0.22	0.13		0.06
人工单价			小计					9.51	1.66		2.67
技工 68 元/工日；普工 53 元/工日			未计价材料费					5.30			
清单项目综合单价								19.13			

材料费明细	主要材料名称、规格、型号	单位	数量	单价（元）	合价（元）	暂估单价（元）	暂估合价（元）
	管子托钩 DN15	个	0.11	0.50	0.06		
	管卡子（单立管）DN25	个	0.071	0.95	0.07		
	普通硅酸盐水泥 32.5MPa	kg	0.078	0.34	0.03		

续表

工程名称：采暖工程 第 2 页 共 8 页

主要材料名称、规格、型号	单位	数量	单价（元）	合价（元）	暂估单价（元）	暂估合价（元）
砂子	m³	0.002	50.00	0.01		
镀锌铁丝 φ3～4	kg	0.005	5.30	0.03		
钢锯条	根	0.218	0.60	0.13		
机油	kg	0.016	12.50	0.20		
铝油	kg	0.011	9.00	0.10		
线麻	kg	0.001	11.00	0.01		
破布	kg	0.011	5.50	0.06		
水	t	0.055	2.60	0.14		
漂白粉	kg	0.001	1.20	0.00		
铁砂布 0～2	张	0.01	0.80	0.01		
焊接钢管接头零件 DN15 室内	个	1.696	0.41	0.70		
酚醛清漆各色	kg	0.005	10.18	0.05		
汽油 93 号	kg	0.009	5.86	0.05		
银粉	kg	0.001	12.00	0.01		
钢丝刷	把	0.001	3.50	0.01		
焊接钢管 DN15（未计价材料）	m	1.02	5.20	5.30	—	
材料费小计			—	6.96	—	

材料费明细

工程名称：采暖工程

项目编码	030801002011	项目名称	焊接钢管 DN50（焊接）	计量单位	m

清单综合单价组成明细

定额编号	定额名称	定额单位	数量	单价				合价			
				人工费	材料费	机械费	管理费和利润	人工费	材料费	机械费	管理费和利润
8-117	室内钢管焊接 DN50	10m	0.1	97.72	14.04	7.64	29.5	9.77	1.40	0.76	2.95
14-1971	绝热工程 毡类制品安装 管道Φ57以下厚度40mm	m³	0.013	285.76	18.62	12.37	83.48	3.71	0.24	0.16	1.09
8-583	油麻填料钢套管管制作与安装 DN80	10个	0.011	48.6	44.94	6.74	15.5	0.53	0.49	0.07	0.17
14-56	管道刷油 银粉第一遍	10m²	0.018	13.76	8.96		3.86	0.25	0.16		0.07
14-57	管道刷油 银粉第二遍	10m²	0.018	13.26	8.25		3.71	0.24	0.15		0.07
14-1	手工除锈 管道轻锈	10m²	0.018	15.87	3		4.44	0.28	0.05		0.08
8-602	管道消毒、冲洗 DN50	100m	0.01	22.31	13		6.24	0.22	0.13		0.06
人工单价		技工 68元/工日；普工 53元/工日	小计					15.00	2.62	0.99	4.49
			未计价材料费					26.73			
			清单项目综合单价					49.85			

材料费明细	主要材料名称、规格、型号	单位	数量	单价（元）	合价（元）	暂估单价（元）	暂估合价（元）
	钢锯条	根	0.108	0.60	0.06		
	机油	kg	0.006	12.50	0.08		
	铅油	kg	0.001	9.00	0.01		
	破布	kg	0.029	5.50	0.16		
	水	t	0.066	2.60	0.17		

续表

第 4 页　共 8 页

工程名称：采暖工程

主要材料名称、规格、型号	单位	数量	单价（元）	合价（元）	暂估单价（元）	暂估合价（元）
漂白粉	kg	0.001	1.20	0.00		
圆钢（综合）	kg	0.018	3.50	0.06		
油麻	kg	0.057	6.20	0.35		
砂轮片 Φ200	片	0.004	14.30	0.06		
电焊条	kg	0.001	5.00	0.01		
铁砂布 0～2	张	0.027	0.80	0.02		
棉纱头	kg	0.004	8.30	0.03		
氧气	m³	0.101	3.50	0.35		
乙炔气	kg	0.034	15.50	0.53		
普通钢板（综合）	kg	0.009	4.30	0.04		
碳钢气焊条＜Φ2	kg	0.002	5.00	0.01		
尼龙砂轮片 Φ100	片	0.022	3.60	0.08		
铁丝 8 号	kg	0.008	4.20	0.03		
酚醛清漆各色	kg	0.012	10.18	0.12		
汽油 93 号	kg	0.025	5.86	0.15		
银粉	kg	0.003	12.00	0.04		
钢丝刷	把	0.004	3.50	0.01		
镀锌铁丝 φ1.6～3.0	kg	0.046	5.20	0.24		
焊接钢管 DN50（未计价材料）	m	1.02	19.30	19.69		
铝箔离心玻璃管壳 40mm 厚（未计价材料）	m³	0.013	452.00	5.88		
油麻填料钢套管 DN80（未计价材料）	m	0.035	33.00	1.16		
其他材料费			—	0.03	—	—
材料费小计			—	29.37	—	—

材料费明细

工程名称：采暖工程

项目编码	030803005001	项目名称	自动排气阀 DN20	计量单位	个

清单综合单价组成明细

定额编号	定额名称	定额单位	数量	单价				合价			
				人工费	材料费	机械费	管理费和利润	人工费	材料费	机械费	管理费和利润
8-751	自动排气阀安装 DN20	个	1	10.85	6.97		3.04	10.85	6.97		3.04
人工单价								小计			
普工 68 元/工日；技工 53 元/工日								6.97			
						未计价材料费					27.00
					清单项目综合单价						47.86

材料费明细	主要材料名称、规格、型号	单位	数量	单价（元）	合价（元）	暂估单价（元）	暂估合价（元）
	普通硅酸盐水泥 32.5MPa	kg	0.5	0.34	0.17		
	钢锯条	根	0.05	0.60	0.03		
	机油	kg	0.009	12.50	0.11		
	铅油	kg	0.024	9.00	0.22		
	线麻	kg	0.002	11.00	0.02		
	棉丝	kg	0.03	15.00	0.45		
	圆钢（综合）	kg	0.21	3.50	0.74		
	精制六角螺母 M8	个	2.06	0.08	0.16		
	钢垫圈 M8.5	个	2.06	0.03	0.06		
	角钢（综合）	kg	0.65	3.50	2.28		
	黑玛钢管箍 DN20	个	2.02	0.75	1.52		
	黑玛钢弯头 DN20	个	1.01	0.81	0.82		
	黑玛钢丝堵（堵头）DN20	个	1.01	0.39	0.39		
	自动排气阀 DN20（未计价材料）	个	1	27.00	27.00	—	—
	材料费小计			—	33.97		

工程名称：采暖工程

续表

第 6 页　共 8 页

项目编码	03080500 1001	项目名称	铸铁散热器			计量单位	片

清单综合单价组成明细

定额编号	定额名称	定额单位	数量	单价				合价			
				人工费	材料费	机械费	管理费和利润	人工费	材料费	机械费	管理费和利润
8-1186	铸铁散热器组成安装 柱型	10 片	0.1	20.34	171.87		5.69	2.03	17.19		0.57
人工单价			小计					2.03	17.19		0.57
技工 68 元/工日　普工 53 元/工日			未计价材料费						28.33		
			清单项目综合单价						48.12		

材料费明细	主要材料名称、规格、型号	单位	数量	单价（元）	合价（元）	暂估单价（元）	暂估合价（元）
	普通硅酸盐水泥 32.5MPa	kg	0.033	0.34	0.01		
	砂子	m³	0.0002	50.00	0.01		
	水	t	0.003	2.60	0.01		
	铁砂布 0～2	张	0.2	0.80	0.16		
	柱型散热器 813 足片	片	0.319	41.00	13.08		
	汽包对丝 DN38	个	1.892	1.00	1.89		
	汽包丝堵 DN38	个	0.175	1.50	0.26		
	汽包补芯 DN38	个	0.175	1.50	0.26		
	精制六角带帽螺栓 M12×300	套	0.087	3.00	0.26		
	方形钢垫圈 Φ12×50×50	个	0.174	0.40	0.07		
	汽包胶垫 δ3	个	2.352	0.50	1.18		
	铸铁散热器柱型（未计价材料）	片	0.691	41.00	28.33		
	材料费小计			—	45.52	—	28.33

工程名称：采暖工程

项目编码	030802001001	项目名称	管道支架制作安装	计量单位	kg

清单综合单价组成明细

定额编号	定额名称	定额单位	数量	单价				合价			
				人工费	材料费	机械费	管理费和利润	人工费	材料费	机械费	管理费和利润
8-648	一般管道支架制作安装	100kg	0.01	497.93	193.72	271.86	215.54	4.98	1.94	2.72	2.16
14-7	手工除锈一般钢结构轻锈	100kg	0.01	15.87	2.22	8.71	6.88	0.16	0.02	0.09	0.07
14-122	一般钢结构 银粉 第一遍	100kg	0.01	10.85	6.55	8.71	5.48	0.11	0.07	0.09	0.05
14-123	一般钢结构 银粉 第二遍	100kg	0.01	10.85	5.82	8.71	5.48	0.11	0.06	0.09	0.05
人工单价				小计				5.36	2.09	2.99	2.33
技工 68 元/工日；普工 53 元/工日				未计价材料费					4.66		
				清单项目综合单价					17.41		

材料费明细	主要材料名称、规格、型号	单位	数量	单价（元）	合价（元）	暂估单价（元）	暂估合价（元）
	普通硅酸盐水泥 32.5MPa	kg	0.293	0.34	0.10		
	砂子	m³	0.001	50.00	0.05		
	机油	kg	0.005	12.50	0.06		
	铅油	kg	0	9.00			
	破布	kg	0.002	5.50	0.01		
	水	t	0	2.60			
	尼龙砂轮片 Φ400	片	0.014	12.80	0.18		
	橡胶板 δ1~3	kg	0.005	8.00	0.04		
	电焊条	kg	0.054	5.00	0.27		

续表

第 8 页 共 8 页

工程名称：采暖工程

主要材料名称、规格、型号	单位	数量	单价(元)	合价(元)	暂估单价(元)	暂估合价(元)
铁砂布 0～2	张	0.011	0.80	0.01		
棉纱头	kg	0.024	8.30	0.20		
氧气	m³	0.026	3.50	0.09		
乙炔气	kg	0.009	15.50	0.14		
尼龙砂轮片 Φ100	片	0.001	3.60			
精制六角螺栓	kg	0.012	5.50	0.07		
精制六角螺母	kg	0.025	8.00	0.20		
钢垫圈	kg	0.01	5.30	0.05		
木材（一级红松）	m³	0.0002	2050.00	0.41		
清油	kg	0	11.30			
碎石 5mm	m³	0.001	55.00	0.06		
酚醛清漆各色	kg	0.005	10.18	0.05		
汽油 93 号	kg	0.01	5.86	0.06		
银粉	kg	0.001	12.00	0.01		
钢丝刷	把	0.002	3.50	0.01		
型钢（未计价材料费）	kg	1.06	4.40	4.66		
材料费小计	m³		—	6.73		

材料费明细

措施项目清单计价表　　　　　　　　　　　**表 8-28**

工程名称：采暖工程　　　　　　　　　　　　第 1 页　共 1 页

序号	项目名称	计算基数	费率(%)	金额(元)
一	施工组织措施项目			
1	安全文明施工措施费	分部分项人工费＋分部分项机械费	12.5	682.51
2	夜间施工增加费			
3	二次搬运费			
4	已完工程及设备保护费			
5	冬雨期施工费	分部分项人工费＋分部分项机械费	1	54.60
6	市政工程干扰费	分部分项人工费＋分部分项机械费	0	
7	焦炉施工大棚(C.4 炉窑砌筑工程)			
8	组装平台(C.5 静置设备与工艺金属结构制作安装工程)			
9	格架式抱杆(C.5 静置设备与工艺金属结构制作安装工程)			
10	其他措施项目费			
	脚手架搭拆(给水排水工程)			252.98
	脚手架搭拆(刷油工程)			8.22
	脚手架搭拆(绝热工程)			63.60
	合计			1061.91

单位工程规费计价表　　　　　　　　　　**表 8-29**

工程名称：采暖工程　　　　　　　　　　　　第 1 页　共 1 页

序号	汇总内容	计算基础	费率(%)	金额(元)
5.1	工程排污费			
5.2	社会保障费	养老保险＋失业保险＋医疗保险＋生育保险＋工伤保险		1429.98
5.2.1	养老保险	其中：人工费＋机械费	16.36	893.27
5.2.2	失业保险	其中：人工费＋机械费	1.64	89.54
5.2.3	医疗保险	其中：人工费＋机械费	6.55	357.63
5.2.4	生育保险	其中：人工费＋机械费	0.82	44.77
5.2.5	工伤保险	其中：人工费＋机械费	0.82	44.77
5.3	住房公积金	其中：人工费＋机械费	8.18	446.63
合计				1876.61

复 习 思 考 题

1. 简述给水排水、采暖及燃气安装工程预算定额适用范围？
2. 给水排水、采暖及燃气安装工程预算定额包含那几个部分？
3. 简述定额计价和清单计价模式工程量计算规则有何异同？
4. 什么是子目系数？什么是综合系数？二者计算有何不同？

第9章 施工预算、工程结算及竣工决算

施工预算是施工单位根据施工图纸、施工定额、施工及验收规范、标准图集、施工组织设计（或施工方案）编制的单位工程（或分部分项工程）施工所需的人工、材料和施工机械台班数量，是施工企业内部文件，是单位工程（或分部分项工程）施工所需的人工、材料和施工机械台班消耗数量的标准。

建筑企业以单位工程为对象编制的人工、材料、机械台班耗用量及其费用总额，即单位工程计划成本。施工预算是企业进行劳动调配，物资技术供应，反映企业个别劳动量与社会平均劳动量之间的差别，控制成本开支，进行成本分析和班组经济核算的依据。

施工预算内容包括：①分层、分部位、分项工程的工程量指标；②分层、分部位、分项工程所需人工、材料、机械台班消耗量指标；③按人工工种、材料种类、机械类型分别计算的消耗总量；④按人工、材料和机械台班的消耗总量分别计算的人工费、材料费和机械台班费，以及按分项工程和单位工程计算的分部分项工程费。

编制施工预算的目的是按计划控制企业劳动和物资消耗量。它依据施工图、施工组织设计和施工定额，采用实物法编制。施工预算和建筑安装工程预算之间的差额，反映企业个别劳动量与社会平均劳动量之间的差别，体现降低工程成本计划的要求。

施工部门为了加强施工管理，在施工图预算的控制之下，计算建筑安装工程所需要消耗的人工、材料、施工机械的数量限额，并直接用于施工生产的技术性文件，是根据施工图的工程量、施工组织设计或施工方案以及施工定额而编制的。

9.1 施工预算与施工图预算的区别

（1）用途及编制方法不同

施工预算用于施工企业内部核算，主要计算工料用量和分部分项工程费；而施工图预算却要确定整个单位工程造价。施工预算必须在施工图预算价值的控制下进行编制。

（2）使用定额不同

施工预算的编制依据是施工定额，施工图预算使用的是预算定额，两种定额的项目划分不同。即使是同一定额项目，在两种定额中各自的工、料、机械台班耗用数量都有一定的差别。

（3）工程项目粗细程度不同

施工预算比施工图预算的项目多、划分详细，具体表现如下：

① 施工预算的工程量计算要分层、分段、分工程项目计算，其项目要比施工图预算多。如很多类型的建筑安装设备安装，预算定额仅按重量等级划分项目，而施工定额则可根据不同类型设备安装时对人工、材料、机械的消耗量不同而细分为很多详细的项目。

② 施工定额的项目综合性小于预算定额。如现浇钢筋混凝土工程，预算定额每个项目中都包括了模板、钢筋、混凝土三个项目，而施工定额中模板、钢筋、混凝土则分别列项计算。

（4）计算范围不同

施工预算一般只计算工程所需工料的数量，有条件的地区或计算工程的分部分项工程费，而施工图预算要计算整个工程的分部分项工程费、现场经费、措施费、利润及税金等各项费用。

（5）所考虑的施工组织及施工方法不同

施工预算所考虑的施工组织及施工方法要比施工图预算细得多。如吊装机械，施工预算要考虑的是采用塔吊还是卷扬机或别的机械，而施工图预算对一般民用建筑是按塔式起重机考虑的，即使是用卷扬机作吊装机械也按塔吊计算。

9.2 工 程 结 算

工程结算是指发承包双发依据约定的合同价款的确定和调整以及索赔等事项，对合同范围内部分完成、中止、竣工工程项目进行计算和确定工程价款的文件。

工程结算编制应该采用书面形式，对有电子文本要求的应一并报送与书面形式内容一致的电子版本，还应严格按工程结算编制程序进行编制，做到程序化、规范化，结算资料必须完整。

结算编制人或审核人应与委托人在咨询服务委托合同内约定结算编制工作的所需时间，并在约定的期限内完成工程结算编制工作。合同未作约定或约定不明的，结算编制或审核受托人应以财政部、建设部联合颁发的《建设工程价款结算暂行办法》（财建［2004］369 号）第十四条有关结算期限规定为依据，在规定期限内完成结算编制或审查工作。结算编制或审查人未在合同约定或规定期限内完成，且无正当理由延期的，应当承担违约责任。

9.2.1 编制文件的组成

工程结算文件一般由封面、签署页、工程结算汇总表、单项工程结算汇总表、单位工程结算表和工程结算编制说明等组成。封面应包括工程名称、编制单位等内容。工程造价咨询企业接受委托编制的工程结算文件应在编制单位上签署企业执业印章。签署页应包括编制、审核、审定人员姓名及技术职称等内容，并应签署造价工程师或造价员执业或从业印章。

工程结算编制说明可以根据委托工程的实际情况，以单位工程、单项工程或建设项目为对象进行编制，并应说明工程概况、编制范围、编制依据、编制方法、有关材料设备参数和费用以及其他有关问题等内容。

工程结算文件提交时，受托人应当同时提供与工程结算相关的附件，包括所依据的发承包合同调价条款、设计变更、工程洽商、材料及设备定价单、调价后的单价分析表等与工程结算相关的其他书面证明材料。

9.2.2 审查文件的组成

工程结算审查文件一般由封面、签署页、工程结算审查报告、工程结算审定签署表、工程结算审查汇总对比表、单项工程结算审查汇总对比表、单位工程结算审查对比表等组成。封面应包括工程名称、编制单位等内容。工程造价咨询企业接受委托编制的工程结算审查文件应在编制单位上签署企业执业印章。签署页应包括编制、审核、审定人员姓名及技术职称等内容，并应签署造价工程师或造价员执业或从业印章。审定结果签署表由结算审查受托人编制，并由结算审查委托人、结算编制人和结算审查受托人签字盖章，当结算编制委托人与建设单位不一致时，按工程造价咨询合同要求或结算审查委托人的要求在结算审定签署表上签字盖章。

工程结算审查报告可根据该委托工程项目的实际情况，以单位工程、单项工程或建设项目为对象进行编制，并应说明审查范围、原则、依据、方法、程序、结果以及主要问题等内容。

9.2.3 编 制 的 依 据

工程结算编制依据是编制工程结算时需要工程计量、价格确定、工程计价有关参数、率值确定的基础资料，主要有以下几个方面：

（1）建设期内影响合同价格的法律、法规和规范性文件；

（2）施工合同、专业分包合同及补充合同，有关资料、设备采购合同；

（3）与工程结算编制相关的国务院建设行政主管部门以及各省、自治区、直

辖市和有关部门发布的建设工程造价计价标准、计价方法、计价定额、价格信息、相关规定等计价依据;

（4）招标文件、投标文件;

（5）工程施工图或竣工图、经批准的施工组织设计、设计变更、工程洽商、索赔与现场签证，以及相关的会议纪要;

（6）工程材料及设备中标价、认价单;

（7）双方确认追加（减）的工程价款;

（8）经批准的开、竣工报告或停、复工报告;

（9）影响工程造价的其他相关资料。

9.2.4 编 制 的 方 法

采用工程量清单计价方式计价的工程，一般采用单价合同，应按工程量清单单价编制工程结算。分部分项工程费应依据施工合同相关约定以及实际完成的工程量、投标时的综合单价等进行计算。

工程结算编制时原招标工程量清单描述不清或项目特征发生变化，以及变更工程、新增工程的综合单价按下列方法确定:

（1）合同中已有适用的综合单价，应按已有的综合单价确定;

（2）合同中有类似的综合单价，可参照类似的综合单价确定;

（3）合同中没有适度或类似的综合单价，由承包人提出综合单价等，经发包人确认后执行。

工程结算编制时措施项目费应依据合同约定的项目和金额计算，发生变更、新增的措施项目，以发包双方合同约定的计价方式计算，其中措施项目清单中的安全文明施工费用按照国家或省级、行业建设主管部门的规定计算。施工合同中未约定措施项目费结算方法时，措施项目费可按以下方法结算:

（1）与分部分项实体消耗相关的措施项目，随该分部分项工程的实体工程量的变化，依据双方确定的工程量、合同约定的综合单价进行结算;

（2）独立性的措施项目，充分体现其竞争性，一般应固定的不变，按合同中相应的措施项目费用进行结算;

（3）与整个建设项目相关的综合取定的措施项目费用，可参照投标时的取费基数及费率进行结算。

其他项目费应按以下方法进行结算:

（1）计日工按发包人实际签证的数量和确认的事项进行结算;

（2）暂估价中的材料单价按发承包双方最终确认价在分部分项工程费中对相应综合单价进行调整，计入相应的分部分项工程费用;

（3）专业工程结算价按中标价或发包人、承包人与分包人最终确认的分包工程价进行结算；

(4) 总承包服务费依据合同约定的结算方式进行结算；

(5) 暂列金额按合同约定计算实际发生的费用，并分别列入相应的分部分项工程费、措施项目费中。

9.2.5 编制的成果文件形式

工程结算编制成果文件应包括工程结算书封面、签署页、目录、编制说明、相关表式以及必要的附件等内容。采用工程清单计价的工程结算文件的相关表式参照《建设工程工程量清单计价规范》GB 50500—2013 和《建设项目工程结算编审规程》CECA/GC3—2010 中的相关规定进行编制，并包括以下内容：

(1) 工程结算汇总表；

(2) 单项工程结算汇总表；

(3) 单位工程结算汇总表；

(4) 分部分项工程量清单与计价表；

(5) 措施项目清单与计价表；

(6) 其他项目清单与计价汇总表；

(7) 规费、税金项目清单与计价表；

(8) 必要的其他表格。

9.3 竣 工 决 算

竣工决算是指承包人按照合同约定的内容完成全部工作，经发包人或有关机构验收合格后，发承包双方依据约定的合同价款的确定和调整以及索赔等事项，最终计算和确定竣工项目工程价款的文件。竣工决算可分为施工企业单位工程竣工决算和建设单位的竣工决算。

9.3.1 施工单位工程竣工决算

施工单位工程竣工决算是施工单位内部对竣工的单位工程进行实际成本分析，反映其经济效果的一项成本核算工作。它是以单位工程的竣工结算为依据，核算其预算成本、实际成本和成本降低额，并编制单位工程成本核算表，以总结经验教训，提高企业经营管理水平。

9.3.2 建设单位项目竣工决算

建设单位竣工决算是工程竣工之后，由建设单位编制的用来综合反映竣工建设项目或单项工程的建设成果和财务情况的总结性文件。在竣工决算报告中必须对控制工程造价所采取的措施、效果及其动态的变化进行认真的比较分析，总结经验教训。批准的概算是考核建设工程造价的依据，在分析时，可将决算报表中所提供的实际数据和相关资料与批准的概算、预算指标进行对比，以确定竣工项目总造价是节约还是超支，在对比的基础上，总结先进经验，找出落后原因，提出改进意见。

建设单位竣工决算是反映建设项目实际造价和投资效果的文件，是竣工验收报告的重要组成部分。及时、正确地编报竣工决算，对于总结分析建设过程的经验教训，提高工程造价管理水平以及积累技术经济资料等，都具有重要意义。建设项目竣工决算应包括从筹建到竣工投产全过程的全部实际支出费用，即建筑工程费用、安装工程费用、设备工器具购置费用和其他费用等等。竣工决算由竣工决算报表、竣工决算报告说明书、竣工工程平面示意图、工程造价比较分析四部分组成。大中型建设项目竣工决算报表一般包括竣工工程概况表、竣工财务决算表、建设项目交付使用财产总表及明细表、建设项目建成交付使用后投资效益表等。而小型项目竣工决算报表则由竣工决算总表和交付使用财产明细表所组成。

（1）竣工决算报告说明书的内容

竣工决算报告情况说明书总括反映竣工工程建设成果和经验，是全面考核分析工程投资与造价的书面总结，是竣工决算报告的重要组成部分，其主要内容包括：

1）对工程总的评价

从工程的进度、质量、安全和造价 4 方面进行分析说明。

进度：主要说明开工和竣工时间、对照合理工期和要求工期是提前还是延期。

质量：要根据竣工验收委员会或相当一级质量监督部门的验收评定等级，合格率和优良率进行说明。

安全：根据劳动工资和施工部门记录，对有无设备和人身事故进行说明。

造价：应对照概算造价，说明节约还是超支，用金额和百分率进行分析说明。

2）各项财务和技术经济指标的分析

概算执行情况分析：根据实际投资完成额与概算进行对比分析。

新增生产能力的效益分析：说明交付使用财产占总投资额的比例；固定资产占交付使用财产的比例；递延资产占投资总数的比例，分析有机构成和成果。

基本建设投资包干情况的分析：说明投资包干数，实际支用数和节约额，投资包干节余的有机构成和包干节余的分配情况。

财务分析：列出历年资金来源和资金占用情况。

工程建设的经验教训及有待解决的问题。

（2）编制竣工决算报表

竣工决算全部表格共 9 个，包括：

1）建设项目竣工工程概况表。

2）建设项目竣工财务决算总表。

3）建设项目竣工财务决算明细表。

4）交付使用固定资产明细表。

5）交付使用流动资产明细表。

6）交付使用无形资产明细表。

7）递延资产明细表。

8）建设项目工程造价执行情况分析表。

9）待摊投资明细表。

（3）进行工程造价比较分析

竣工决算是用来综合反映竣工建设项目或单项工程的建设成果和财务情况的总结性文件。在竣工决算报告中必须对控制工程造价所采取的措施、效果以及其动态的变化进行认真的比较分析，总结经验教训。批准的概算是考核建设工程造价的依据，在分析时，可将决算报表中所提供的实际数据和相关资料与批准的概算、预算指标进行对比，以确定竣工项目总造价是节约还是超支，在对比的基础上，总结先进经验，找出落后原因，提出改进措施。

为考核概算执行情况，正确核实建设工程造价，财务部门首先必须积累概算动态变化资料（如材料价差、设备价差、人工价差、费率价差等）和设计方案变化，以及对工程造价有重大影响的设计变更资料；其次，考察竣工形成的实际工程造价节约或超支的数额，为了便于进行比较，可先对比整个项目的总概算之后对比工程项目（或单项工程）的综合概算和其他工程费用概算，最后在对比单位工程概算，并分别将建筑安装工程、设备、工器具购置和其他基建费用逐一与项目决算编制的实际工程造价进行对比，找出节约或超支的具体环节。

根据经审定竣工结算等原始资料，对原概预算进行调整，重新核定各单项工程和单位工程造价。属于增加固定资产价值的其他投资，如建设单位管理费、研究试验费、土地征用及拆迁补偿费等，应分摊于收益工程，随收益工程交付使用的同时，一并计入新增固定资产价值。

9.4　工程竣工结算和竣工决算的区别

工程竣工结算是指一个单项或者单位工程竣工后的工程造价的计算。而竣工决算则是指整个建设项目竣工验收后的工程及财务等所有费用的计算。

结算是发生在施工、建设以及计量监理之间，而决算在发生在项目的法人和他的所有上级主管部门和国家之间。且最后的决算资料是要上报给上级部门和国家主管部门的，而结算只会上报给上级主管部门，不必要上报给国家相关主管部门。

（1）二者包含的范围不同

工程竣工结算是指按工程进度、施工合同、施工监理情况办理的工程价款结算，以及根据工程实施过程中发生的超出施工合同范围的工程变更情况，调整施工图预算价格，确定工程项目最终结算价格。它分为单位工程竣工结算、单项工程竣工结算和建设项目竣工总结算。竣工结算工程价款等于合同价款加上施工过程中合同价款调整数额减去预付及已结算的工程价款再减去保修金。

竣工决算包括从筹集到竣工投产全过程的全部实际费用，即包括建筑工程费、安装工程费、设备工器具购置费用及预备费和投资方向调解税等费用。按照财政部、国家发改委及住房和城乡建设部的有关文件规定，竣工决算是由竣工财务决算说明书、竣工财务决算报表、工程竣工图和工程竣工造价对比分析四部分组成。前两部分又称建设项目竣工财务决算，是竣工决算的核心内容。

（2）编制人和审查人不同

单位工程竣工结算由承包人编制，发包人审查；实行总承包的工程，由具体承包人编制，在总承包人审查的基础上，发包人审查。单项工程竣工结算或建设项目竣工总结算由总（承）包人编制，发包人可直接审查，也可以委托具有相应资质的工程造价咨询机构进行审查。

建设工程竣工决算的文件，由建设单位负责组织人员编写，上报主管部门审查，同时抄送有关设计单位。大中型建设项目的竣工决算还应抄送财政部、建设银行总行和省、市、自治区的财政局和建设银行分行各一份。

（3）二者的目标不同

结算是在施工完成已经竣工后编制的，反映的是基本建设工程的实际造价。

决算是竣工验收报告的重要组成部分，是正确核算新增固定资产价值，考核分析投资效果，建立健全经济责任的依据，是反应建设项目实际造价和投资效果的文件。竣工决算要正确核定新增固定资产价值，考核投资效果。

复 习 思 考 题

1. 施工预算与施工图预算的区别？
2. 工程竣工结算其他项目费用的结算方法？
3. 工程竣工结算与竣工决算的区别？

第10章 建设工程的招标与投标

10.1 建设工程招投标概述

10.1.1 建设工程招投标的概念

建设工程招投标是指招标人在发包建设项目之前，公开招标或邀请投标人，根据招标人的意图和要求提出报价，择日当场开标，以便从中择优选定中标人的一种经济活动。

因此，招投标制与合同制是紧密相连的，两者结合起来，才能保证交易成功。现就招标投标的一些基本概念分述如下：

（1）招标

招标是指招标人发出招标公告或投标邀请书，说明招标的工程、货物、服务的范围、标段划分、数量、投标人的资格要求等，邀请特定或不特定的投标人在规定的时间、地点按照一定的程序进行招标的行为。这里所说的招标人是指依照《中华人民共和国招投标法》规定提出招标项目、进行招标的法人或者其他组织。

（2）投标

投标一般指经过特定审查而获得投标资格的建设项目承包单位，按照招标文件的要求，在规定的时间内向招标单位填报投标书，并争取中标的法律行为。

（3）标底

通俗地讲，招标标底就是招标人定的价格底线。标底一般由招标人自行组织或委托有编制资格和能力的设计、咨询、监理单位或招投标代理机构，按照国家规定的计价依据和计价办法，编制的完成招标项目所需的全部费用，是招标人为了实现工程发包而提出的招标价格，是招标人对建设工程的期望价格，也是工程造价的表现形式之一。

（4）开标

招标人在规定的地点和时间，在有投标人出席的情况下，当众拆标书宣布标书中投标人的名称、投标价格和投标价格的有效修改等主要内容，这个过程称为开标。开标应当在招标文件确定的提交投标文件截止时间的同一时间公开进行，开标地点应当是招标文件中确定的地点。

（5）评标定标

招标人按照招标文件的要求，由专门的评标委员会对各投标人所报送的投标数据进行全面审查，择优选定中标人，这个过程称为评标。评标是一项比较复杂的工作，要求有生产、质量、检验、供应、财务、计划等各方面的专业人员参加，对各投标人的质量、价格、期限等条件，进行综合分析和评比，并根据招标人的要求，择优评出中标候选人或中标人。

（6）中标

当招标人以中标通知书的形式，正式通知投标人得了标，作为投标人来说就是中标。在开标以后，经过评标，择优选定的投标人，就称为中标人。招标人应当接受评标委员会推荐的中标候选人，一般是按排序限定1～3个为中标人。若排名第一的中标人放弃，招标人可以确定排名第二的中标候选人为中标人。

10.1.2 招投标方式

目前，国际上采用的招投标方式归纳起来有三大类别、四种方式。

1. 竞争性招标

竞争性招投标是指招标人在国内外主要报纸、刊物、网站等发布招标广告，邀请几个乃至几十个投标人参加投标，通过多数投标人竞争，选择其中对招标人最有利的投标人。竞争性招投标通常有两种做法。

（1）公开招标投标

公开招标投标是由招标人通过报刊、广播、电视等方式发布招标广告，有投标意向的承包商均可参加投标资格审查，审查合格的承包商可购买或领取招标文件，参加投标的方式。公开招标投标的承包商多、竞争范围大，业主有较大的选择余地，有利于降低工程造价、提高工程质量和缩短工期。但这种招标投标方式工作量大、组织工作复杂，招投标过程所需时间较长，主要用于投资额大，工艺、结构复杂的较大型工程建设项目。

我国规定国家重点建设项目和各省、自治区、直辖市确定的地方重点建设项目，以及全部或控股的国有资金投资的工程建设项目，都应当公开招标。

（2）选择性招标投标

选择性招标投标是不发布广告，业主根据自己的经验和所掌握的各种信息资料，向有承担该项工程施工能力的三个以上承包商发出投标邀请书，收到邀请书的单位有权利选择是否参加投标。邀请招标投标方式的优点是参加竞争的投标商数目可由招标单位控制，目标集中，组织工作较容易，工作量较小。缺点是投标单位较少，竞争性小，使得招标单位对投标单位的选择余地较少。

《招标投标法》规定，国家重点项目的邀请招标，应当经国务院发展计划部门批注；地方重点建设项目的邀请招标，应当经各省、自治区、直辖市人民政府批准。国有资金投资的需要批准的工程建设项目的邀请招标，应当经项目审批部门批准立项，由有关行政监察部门审批。

2. 谈判招标投标

谈判招标投标又称为议标或指定招标。议标是一种以议标文件或拟议的合同草案为基础的，直接通过谈判方式，分别与若干家承包商进行协商，选择自己满意的一家，签订承包合同的招投标方式。议标通常适用于涉及国家安全的工程或军事保密工程，或紧急抢险救灾工程及小型工程。

3. 两段招标投标

两段招标也称为两阶段竞争性招投标。第一阶段按公开招投标方式进行招标，先进行商务标评审，可以根据投标人的资产规模、企业资信、企业规模、同类工程经历、人员素质、施工机械拥有量等来选定入围的招标人。第二阶段是在经过开标评标后，再邀请其中报价较低或最具资格的 3～4 家招标人进行第二次报价，确定最后中标人。

从世界各国来看，招标主要有公开招标和邀请招标两种方式。政府采购货物与服务以及建筑工程的招标，大部分采用竞争性的公开招投标办法。

10.1.3　招标投标流程

一般来说，建筑工程招标投标工作大致划分三个阶段来进行，即：招标准备阶段，招标投标阶段及评标、定标、签订合同阶段。

1. 招标准备阶段

在实施招标前，招标人需要：

（1）落实招标条件，按招标人自身的管理力量及工程项目的复杂程度，确定招标方式，进行标段划分与合同打包。

（2）组建招标机构，拟定招标工作计划，编制招标文件、资格预审文件。

（3）并着手准备编制标底（如果有的话）。

2. 招标投标阶段

招标投标阶段即从发布招标公告开始到开标为止的全过程。招标机构需要：

（1）发售资格预审文件、审查确定合格的承包商名单。

（2）发售招标文件，组织现场考察及标前会议，回答承包商提出的问题。

（3）接收投标书，并召集开标会组织开标。

3. 评标、定标、签订合同阶段

这阶段需要：

（1）首先组织评标委员会和评标工作组，组织评标会。

（2）由评标委员会进行评标，向招标人提交评标报告，排序推荐合格的中标人名单。

（3）经招标人审查后确定中标候选人，并向中标人发出中标通知书。

（4）组织合同谈判和签订中标合同。

建筑工程各类型招标工作流程见表 10-1 所示。

建设工程招标投标工作流程

表 10-1

公开招标流程	邀请招标流程	议标流程	管理机构监管内容
报建	报建	报建	备案登记
审查招标人资质	审查招标人资质	审查招标人资质	审批发证
招标申请	招标申请	招标申请	审批
预审文件、招标文件编审	招标文件编审	招标文件编审	审查
标底编制	标底编制		
发布预审通知、招标公告	发出招标邀请书	发出招标邀请书	
资格预审			复核
发放招标文件	发放招标文件	发放招标文件	
勘察现场	勘察现场		
投标预备会	投标预备会		现场监督
投标文件编制、递交	投标文件编制、递交	投标文件编制、递交	
标底的报审	标底的报审		审定
开标（资格后审）	开标	开标，评标	现场监督
评标	评标		现场监督
中标	中标	中标	核准
合同签订	合同签订	合同签订	协调、审查

10.2　建　设　工　程　招　标

10.2.1　招标文件的编制和审定

1. 招标文件的组成

建设工程招标文件，是建设工程招标人单方面阐述自己的招标条件和具体要求的意思表达，是招标人确定、修改和解释有关招标事项的各种书面表达形式的统称。凡是不满足招标文件要求的投标书，将被招标人拒绝。

建设工程招标文件是由一系列有关招标方面的说明性文件资料组成的，包括各种旨在阐释招标人意志的书面文字、图表、电报、传真、电传等材料。一般来说，招标文件在形式上的构成，主要包括正式文本、对正式文本的解释和对正式文本的修改三个部分。

2. 编制招标文件的准备工作

编制招标文件前的准备工作很多，如收集资料、熟悉情况、确定招标发包承包方式、划分标段与选择分标等。其中，选择招标发包承包方式和分标方案，是编制招标文件前最重要的两项工作。

（1）招标发包承包方式的确定

在编制招标文件前，招标人必须根据并综合考虑招标项目的性质、类型和发包策略，招标和发标的策略，招标发包的范围，招标工作的条件、具体环境和准备程度，项目的设计深度、计价方式和管理模式，以及便利发包人、承包人等因素，适当地选择拟在招标文件中采用的招标发包承包方式。

目前国内比较常见的建设工程招标发包、承包的方式主要有以下几种。

① 按照发包承包的范围可以将建设工程招标发包承包方式分为：建设全过程发包承包、阶段发包承包和专项发包承包。

② 按照承包人所处的地位，可以将建设工程招标发包承包方式分为总承包、分承包、独立承包、联合承包和直接承包。

③ 按照合同计价方法，可以将建设工程招标发包承包的方式分为总价合同、计量估价合同、单价合同、成本加酬金合同、按投资总额或承包工程量计取酬金的合同。

（2）分标方案的选择

如果一个建设项目投资额很大，所涉及的各个项目技术复杂，往往一个承包商难以完成。所以，编制招标文件前，应适当划分标段，选择分标方案。确定好分标方案后，要根据分标的特点编制招标文件。

分标时必须坚持不肢解工程的原则，充分考虑工程特点、对造价的影响、工程资金的安排情况、对工程管理上的要求等因素，尽量保持工程的整体性和专业性，防止和克服肢解工程的现象。

3. 建设工程招标文件的内容

一般来说，建设工程招标文件应包括投标须知、合同条件、合同协议条款、合同格式、技术规范、图纸、技术资料及附件、投标文件的参考格式等几个方面内容。概括起来，招标文件的内容大致包括如下几个方面：

（1）投标须知

投标须知正文的内容，主要包括对总则、招标文件、投标文件、开标、评标、授予合同等诸方面的说明和要求。

1）总则

投标须知的总则通常包括以下内容：

① 工程说明：主要说明工程的名称、位置、合同名称等情况。

② 资金来源：主要说明招标项目的资金来源和支付使用的限制条件。

③ 资质要求与合同条件：主要说明投标人参加投标进而中标的资格要求，主要说明签订和履行合同的目的，投标人单独或联合投标时至少必须满足的资质条件。

④ 投标费用：投标人应承担其编制、递交投标文件所涉及的一切费用。

2）招标文件

招标文件是投标须知中对招标文件本身的组成、格式、解释、修改等问题所作的说明。

投标人对招标文件所作的任何推论、解释和结论，招标人概不负责。投标人因对招标文件任何推论、误解以及招标人对有关问题的口头解释所造成的后果，均由投标人自负。招标人对招标文件的澄清、解释和修改，必须采取书面形式，并送达所有获得招标文件的投标人。

3）投标文件

这是投标须知中对投标文件各项要求的阐述，主要包括以下几个方面：

①投标文件的语言：投标文件及投标人与招标人之间与投标有关的来往通知、函件和文件均应使用一种官方主导语言。

②投标文件的组成：

a. 投标书；

b. 投标书附录；

c. 投标保证金；

d. 法定代表人资格证明书；

e. 授权委托书；

f. 具有标价的工程量清单与报价表；

g. 辅助资料表；

h. 资格审查表；

i. 按本须知规定提交的其他材料。

③投标报价：这是投标须知中对投标价格的构成、采用方式和投标货币等问题的说明。除非合同中另有规定，具有标价的工程量清单中所报的单价和合价，以及报价汇总表中的价格，应包括施工设备、劳务、管理、材料、安装、维护、保险、利润、税金、政策性文件规定及合同包含的所有风险、责任等各项应用费用。

④投标有效期：投标文件在投标须知规定的投标有效期内有效。在原定投标有效期满之前如果出现特殊情况，经招标投标管理机构核准，招标人可以以书面形式向投标人提出延长投标有效期的要求。

⑤投标保证金：投标人应提供一定数额的投标保证金，此投标保证金是投标文件的一个组成部分。对于未能按要求提交投标保证金的投标，招标人将视

为不响应投标而予以拒绝。未中标的投标人的投标保证金将会退还给投标人。中标人的投标保证金，按要求提交履约保证金并签署合同协议后，予以退还。投标人有下列情形之一的，投标保证金不予退还：投标人在投标有效期内撤回其投标文件的；中标人未能在规定期限内提交履约保证金或签署合同协议的。

⑥投标预备会：投标预备会的目的是澄清、解答投标人提出的问题和组织投标人踏勘，了解情况。投标人提出的与投标有关的任何问题须在投标预备会召开7天前，以书面形式送交招标人。会议记录包括所有问题和答复的副本，将迅速提供给所有获得招标文件的投标人。因投标预备会产生的对招标文件内容的修改，由招标人以补充通知等书面形式发出。

⑦招标文件的份数和签署：投标人按照投标须知的规定，编制一份投标文件"正本"和前附表所述份数的"副本"，并明确表明"投标文件正本"和"投标文件副本"。投标文件正本和副本如有不一致之处，以正本为准。

⑧投标文件的密封和标志：投标人应将招标文件的正本和每份副本密封在内层包封，再密封在一个外层包封中，并在内层包封上正确标明"投标文件正本"和"投标文件副本"。内层和外层包封都应写明招标人名称和地址、合同名称、工程名称、招标编号、并注明开标时间以前不得开封。在内层包封上还应写明投标人的名称和地址、邮政编码，以便投标出现逾期送达时能原封退回。

⑨投标截止期：投标人应在规定的日期内将投标文件递交给招标人。招标人可按投标须知规定的方式，酌情延长递交投标文件的截止日期。

⑩投标文件的修改与撤回：投标人可以在递交投标文件以后，在规定的投标截止时间之前，采用书面形式向招标人递交补充、修改或撤回其投标文件的通知。在投标截止日期后，不能更改投标文件。投标人的补充、修改或撤回通知，应按投标须知规定编制、密封、加写标志和递交。

4）开标

这是招标须知中对开标的说明。在所有投标人的法定代表人或授权代表在场的情况下，招标人将于规定的时间和地点举行开标会议，参加开标的投标人的代表应签名报到。

5）评标

这是投标须知中对评标的阐释，其主要内容有：

①评标内容的保密；

②招标文件的澄清；

③投标文件的符合性鉴定；

④错误的修正；

⑤投标文件的评价和比较。

6）授予合同

这是投标须知中对授予合同问题的阐释。主要有以下几点：

①合同授予的标准；

②中标通知书；

③合同的签署；

④履约担保。

（2）合同条件和合同协议条款

招标文件中的合同条件和合同协议条款，是招标人单方面提出的关于招标人、投标人、监理工程师等各方权利义务的设想和意愿，是对合同签订、履行过程中遇到的工程进度、质量、检验、支付、索赔、争议、仲裁等问题的示范性、定式性阐释。

我国目前在工程建设领域普遍推行住房和城乡建设部和国家工商行政管理局制定的《建设工程施工合同示范文本》（GF-2013-0201）、《工程建设监理合同示范文本》（GF-2012-0202）等。

（3）合同格式

合同格式是招标人在招标文件中拟定好的具体格式，在定标后由招标人与中标人达成一致协议后签署。投标人投标时不填写。

招标文件中的合同格式，主要有合同协议书格式、银行履约保函格式、履约担保书格式、预付款银行保函格式等。

（4）技术规范

招标文件中的技术规范，反映招标人对工程项目的技术要求。通常分为工程现场条件和本工程采用的技术规范两大部分。

①工程现场条件：主要包括现场环境、地形、地貌、地质、水文、地震烈度、气温、雨雪量、风向、风力等自然条件，工程范围、建设用地面积、建设物占地面积、场地拆迁及平整情况、施工用水、用电、工地内外交通、环保、安全防护设施及有关勘探资料等施工条件。

②本工程采用的技术规范：招标文件要结合工程的具体环境要求，写明已选定的适用于本工程的技术规范，列出编制规范的部门和名称。

（5）图纸、技术资料及附件

招标文件中的图纸，不仅是招标人拟定施工方案、确定施工方法、提出替代方案、计算投标报价必不可少的资料，也是工程合同的组成部分。招标人应对图纸、技术资料及附件的正确性负责，而投标人根据这些资料做出的分析与判断，招标人则不负责任。

（6）投标文件

招标人在招标文件中，要对投标文件提出明确的要求，并拟定一套投标文件的参考格式，供投标人投标时填写。投标文件的参考格式，主要有投标书及投标书附录、工程量清单与报价表、辅助资料表等。

10.2.2　标底的编制与审定

招标标底是工程招标投标中的一个重要文件。它是招标工程的预期价格，是评标定标的重要依据，对评标的过程和结果具有重要意义。

1. 招标标底的作用及内容

（1）招标标底的作用

标底的作用是控制、核实预期投资的重要手段，是衡量投标的主要尺度之一，是导致投标文件无效的法定事由，也是承担法律责任的常见诱因。在建设工程招投标中，标底的作用主要体现在如下方面：

①标底是控制、核实预期投资的重要手段。标底价格是招标人的期望价格，也是招标人控制投资的一种手段。为避免因招标价太低而损害质量，使靠近标底的报价评为最高分（中标），高于或低于标底的报价均递减评分，则标底价格可作为评标的依据，使招标人的期望价成为质量控制的手段之一。

②标底是衡量投标报价的主要尺度之一。在工程招标投标中，评标定标的依据是多方面的，但其中一个重要的依据就是标底。为了获得相对较低的工程造价，最低价中标时，标底价可以作为招标人自己掌握的招标底数，起参考作用，而不作评标的依据。

（2）标底文件的组成

一份好的标底，应该从实际出发，体现科学性和合理性。投标人可以凭借各自的人员技术、管理、设备等方面的优势，参与竞标，最大限度地获取合法利润，而业主也可以得到优质服务，节约基建投资。一般来说，建设工程招标标底文件，主要由标底报审表和标底正文两部分组成。

①标底报审表

标底报审表是招标文件和标底正文内容的总和摘要。通常包括以下主要内容：招标工程综合说明和必要时附上的招标工程一览表、标底价格、招标工程总造价中各项费用的说明以及对增加或减少项目的审定和说明。

②标底正文

标底正文是详细反应招标人对工程价格、工期等的预期控制依据和具体要求的部分，一般包括总则、标底的编制及其编制说明。

2. 招标标底的编制

（1）招标标底的编制原则

工程招标标底的编制原则，与编制的依据密切相关。建设工程招标标底的编制应遵循的原则主要有以下几点：

①标底价格应尽量与市场的实际变化相吻合。标底中的市场价格可参考有关

建设工程价格信息服务机构向社会发布的价格行情。

②标底的计价内容、计算依据应与招标文件的规定完全一致。

③招标人不得因投资原因故意压低标底价格。

④一个招标项目只能编制一个标底，并在开标前保密。

⑤编审分离和回避。承接标底编制业务的单位及其标底编制人员，不得参与标底审定工作；负责审定标底的单位及其人员，也不得参与标底编制业务。受委托编制标底的单位，不得同时承接投标人的投标文件编制业务。

（2）招标标底编制的依据

建筑工程招标标底受到诸多因素的影响，编制标底时应遵循的依据主要有：

①国家公布的统一工程项目划分、统一计量单位、统一计算规则；

②招标文件，包括招标交底纪要（含施工方案交底）；

③招标人提供的由有相应资质的单位设计的施工图及相关说明；

④勘察设计及设计单位编制的概算等技术经济资料；

⑤工程定额和国家、行业、地方制定的技术标准规范；

⑥要素市场价格和地区预算材料价格；

⑦经政府批准的取费标准和其他特殊要求。

（3）招标标底的编制方法

根据《建筑工程施工发包与承包计价管理办法》（中华人民共和国住房和城乡建设部令第 16 号）相关规定，非国有资金投资的建筑工程招标的，可以设有最高投标限价或者招标标底，招标标底应当依据工程计价有关规定和市场价格信息等编制。造价工程师编制招标标底文件，应当签字并加盖造价工程师执业专业章，签署有虚假记载、误导性陈述的工程造价成果文件的，记入造价工程师信用档案，依照《注册造价工程师管理办法》进行查处，构成犯罪的，依法追究刑事责任。

3. 招标标底的审定

建设工程招标标底的审定是对标底准确性、合理性、科学性进行的实质性审查。标底的审定是一项政府职能，是政府对招标投标活动进行监督的重要体现。

（1）标底审定的原则

标底审定的原则和标底编制的原则是一致的，标底编制的原则也是标底审定的原则。这里需要强调的是编审分离原则。实践中，编制标底和审定标底必须严格分开，不准以编代审，编审合一。

（2）标底审定的内容

招标投标管理机构审定标底时，主要审查以下内容：

①工程范围是否符合招标文件规定的发包承包范围；

②工程量计算是否符合计算规则，有无错算、漏算和重复计算；

③使用定额、选用单价是否准确，有无错选、错算和换算的错误；

④各项费用、费率使用及计算基础是否准确，有无使用错误、多算、漏算和计算错误；

⑤标底总价计算程序是否准确，有无计算错误；

⑥标底总价是否突破概算或批准的投资计划；

⑦主要设备、材料和特种材料数量是否准确，有无多算或少算。

（3）标底审定的程序

1）标底送审

①标底送审时间

关于标底送审时间，在实践中有不同的做法：

a. 在开始正式招标前，招标人应当将编制完成的标底和招标文件等一起报送招投标管理机构审查认定，经招标投标管理机构审查认定后方可组织招标。

b. 在投标截止日期后、开标之前，招标人应将标底报送招标投标管理机构审查认定，未经审定的标底一律无效。

②送审时应提交的文件材料

招标人申报标底时应提交的有关文件材料，主要包括：

a. 工程施工图纸；

b. 施工方案或施工组织设计；

c. 填写单价和合价的工程量清单；

d. 标底价格计算书；

e. 标底价格汇总表；

f. 标底价格审定书（报审表）；

g. 采用固定价格的工程的风险系数测算明细；

h. 各种施工措施测算明细；

i. 材料设备清单；

j. 其他相关资料。

2）进行标底审定交底

招标管理机构在收到招标标底后应及时进行审查认定工作。一般来说，对于结构不太复杂的中小型招标标底应在 7 天以内审定完毕，对结构复杂的大型工程招标标底应在 14 天以内审定完毕，并在上述时限内进行必要的标底审定交底。

3）对经审定的标底进行封存

标底自编制之日起至公布之日止应严格保密。标底编制单位、审定机构必须严格按规定密封、保存，开标前不得泄露。经审定的标底即为工程招标的最终标底。未经招标管理机构同意，任何个人和单位无权变更标底。

10.3　建设工程投标

10.3.1　工程投标程序

（1）投标的前期工作

投标的前期工作包括获取招标信息、筹建投标小组和前期投标决策三项内容。

①获取招标信息

投标企业可以通过多个渠道获取招标信息，如各级基本建设管理部门、建设单位及主管部门、各地勘察设计单位、各类咨询机构、各种工程承包公司、行业协会等，各类刊物、广播、电视、互联网等多种媒体。

②前期投标决策

投标人在证实招标信息真实可靠后，同时还要对招标人的信誉、实力等方面进行了解，根据了解到的情况，正确做出投标决策，以减少工程实施过程中承包方的风险。

③筹建投标小组

在确定参加投标活动后，为了确保在投标竞争中获得成功，投标人在投标前应建立专门的投标小组，负责投标事宜。投标小组中的人员应包括施工管理、技术、经济、财务、法律法规等方面的人员。

（2）参加资格预审

我国建设工程招投标中，投标人获悉招标公告或投标邀请后，应当按照招标公告或投标邀请书中提出的资格审查要求，向招标人申报资格审查。

（3）购买和分析招标文件

①购买招标文件

投标人在通过资格预审后，就可以在规定的时间内向招标人购买招标文件。购买招标文件时，投标人应按招标文件的要求提供投标保证金、图纸押金等。

②分析招标文件

购买到招标文件后，投标人应认真阅读招标文件中的所有条款，对招标文件进行全面分析。对招标文件的分析主要涉及对投标人须知的分析，对工程技术文件的分析，对合同的评审，对业主提供的其他文件的分析等。对可能发生疑义或不清楚的地方，应向招标人书面提出。

（4）收集资料、准备投标

①参加现场踏勘

现场踏勘一般是投标预备会的一部分，招标人会组织所有投标人进行现场参观和说明。投标人应准备好现场踏勘提纲，派经验丰富的工程技术人员参加并事先认真研究招标文件的内容。

②参加投标预备会

投标预备会又称为标前会议，一般在现场踏勘之后的1～2天举行。目的是解答投标人对招标文件及现场踏勘中所提出的问题，并对图纸进行交底和解释。

③计算或复核工程量

现阶段我国进行工程施工投标时，工程量有两种情况：一种是招标文件编制时，招标人给出具体的工程量清单，供投标人标价时使用。在这种情况下，投标人在进行投标时，应根据图纸等资料对给定工程量的准确性进行复核，为投标报价提供依据。在工程量复核过程中，如果发现某些工程量有较大的出入或遗漏，应向招标人提出，要求招标人更正或补充，如果招标人不作更正或补充，投标人投标时应注意调整单价以减少实际实施过程中由于工程量调整带来的风险。另一种情况是，招标人不给出具体工作量清单，只给相应工程的施工图纸。这时，投标报价应根据给定的图纸，结合工程量计算规则自行计算工程量。

④市场调查

为了准确的确定投标报价，投标时应认真调查了解工程所在地的人工工资标准、材料来源、价格、运输方式、机械设备租赁价格等和报价有关的市场信息，为准确报价提供依据。

⑤编制实施方案

编制一个好的实施方案可以大大降低标价，提高竞争力。编制的原则是在保证工期和工程质量的前提下，尽可能使工程成本最低，投标价格合理。实施方案通常包括以下内容：

a. 施工方案；

b. 工程进度计划；

c. 现场平面布置方案；

d. 施工中所采用的质量保证体系以及安全、健康和环境保护措施；

e. 其他方案。

⑥工程报价决策

工程报价决策是投标活动中最关键的环节，直接关系到能否中标。工程报价决策是在预算的基础上，考虑施工的难易程度、竞争对手的水平、工程风险、企业目前经营状况等多方面因素决定的，是投标活动的核心内容。

(5) 编制和提交投标文件

投标人编制投标文件时，应按照招标文件的内容、格式和顺序要求进行。投标文件编写完成后，应按招标文件中规定的时间地点提交投标文件。

（6）出席开标会议

投标人在编制和提交投标文件后，应按时参加开标会议。开标会议由投标人的法定代表或其授权代理人参加。

（7）接受中标通知书、提供履约担保，签订工程承包合同

经过评标，投标人被确定为中标人后，应接受招标人发出的中标通知书。中标人在收到通知书后，应在规定的时间和地点与招标人签订合同，同时还要向业主提供履约保函和保证金。

10.3.2　投标文件的编制

1. 投标文件的基本内容

根据 2003 年国家发改委、建设部、原铁道部等七部委联合发布的《工程建设项目施工招标投标办法》第三十六条规定：投标人应当按照招标文件的要求编制投标文件。投标文件应当对招标文件提出的实质性要求和条件作出响应。投标文件一般包括下列内容：

①投标函及投标函附录；

②投标保证金；

③法定代表人资格证明书；

④授权委托书；

⑤具有标价的工程量清单与报价表；

⑥辅助材料表；

⑦资格审查表；

⑧对招标文件中合同协议条款内容的确认和响应；

⑨施工组织设计；

⑩投标文件规定提交的其他资料。

2. 编制招标文件的步骤

编制招标文件的一般步骤是：

①熟悉招标文件、图纸、资料，对图纸、资料有不清楚、不理解的地方，可以书面或口头方式向招标人询问、澄清；

②参加招标人施工现场情况介绍和答辩会；

③调查当地材料供应和价格情况；

④了解交通运输条件和有关事项；

⑤编制施工组织设计，复查、计算图纸工程量；

⑥编制或套用投标单价；

⑦计算取费标准或确定采用取费标准；

⑧计算投标造价；

⑨核对调整投标造价；

⑩确定投标报价。

3. 投标文件的编制

(1) 技术文件。技术文件可以参照以下结构形式和内容编制：

①概述：介绍本公司的名称、地址，技术说明书的结构与主要内容，公司概况等；

②招标人的技术力量：介绍公司的资质、人员、设备等技术力量；

③工作进度计划：介绍投标人的工作计划和施工计划，对机械台班的使用等作出说明和介绍；

④文明施工、安全施工措施：详细说明投标人的文明施工、安全管理措施，做到有根有据，不要抄袭一些规章制度，如对淤泥、渣土和噪声的管理等；

⑤质量保证措施和售后服务措施：详细说明建设工程的质量保障措施和售后服务措施；

⑥技术偏差表：以价格的形式列出技术偏差，如果没有偏差，也要列出无偏差，千万不能省略；

⑦需要使用的机械、设备：对建筑工程中所需要的机械设备，投标人自身的设备和机械最好列出，以显示自身的实力；

⑧需要业主配合的条件：在投标文件中要列出业主需要提供和配合的条件以及免费提供的文件和资料等。

(2) 商务文件。商务文件可以参照以下结构形式和内容编制：

①投标人的财务报表：如投标人营业执照、注册资金、经审计的财务报表等；

②招标人的过往业绩：根据招标文件的规定提供招标人在以往年度的业绩；

③交货日期：列明交货日期或工期，以及交付使用日期等；

④商务文件偏差表：要列出商务文件的偏差表，如付款条件等，如果没有偏差，也要列出；

⑤其他项目的评价：在一些建筑工程中，招标文件往往要求投标文件中提供其他用户满意度调查以及用户评价或奖项等，投标文件要按招标文件的要求提供。

(3) 价格文件。价格文件包括以下内容：

①分项、分部价格表：要根据招标文件的要求或工程计价的要求，列出建筑工程各分部、分项的价格和总价，如各种人工费、材料费等；

②各种规费、税费：要列出各种规费、社保、公积金等的费用；

③设备、材料表：列出主要材料表、原材料的价格。

10.4　建筑安装工程开标、评标、定标与中标

10.4.1　建 设 工 程 开 标

招标机构在预先规定的时间将各投标人的投标文件正式启封揭晓，称为开标。良好的开标制度与规则是招标成功的重要保证。

根据招标投标法（2000 年）第三十四条明确规定，开标应当在招标文件确定的提交投标文件截止时间的同一时间公开进行；开标地点应当为招标文件中预先确定的地点。除不可抗力原因外，招标单位或其招标代理机构，不得以任何理由延迟开标，或者拒绝开标。

1. 开标准备工作

开标准备工作包括两个方面：

（1）投标文件接收

招标人应当安排专人，在招标文件指定地点接收投标人递交的投标文件，详细记录投标文件送达人、送达时间、份数、包封时间、标识等查验情况，经投标人确认后，出具投标文件和投标保证金的接受凭证。在投标截止时间后递交的投标文件，招标人应当拒绝接收。至投标截止时间提交投标文件的投标人少于 3 家的，不得开标，招标人应将接受的投标文件退回投标人，并依法重新组织招标。

（2）开标现场及资料

招标人应保证受理的投标文件不丢失、不损坏、不泄密，并组织工作人员将投标截止时间前受理的投标文件运送到开标地点。招标人应准备好开标必备的现场条件。

招标人应准备好开标资料，包括开标记录一览表、投标文件接收登记表等。

2. 开标程序

建设工程开标时招标人、投标人和招标代理机构等共同参加的一项重要活动，也是建设工程招标投标活动中的决定性时刻，开标会议的一般程序和发言的主要内容如表 10-2。

开标会议的一般程序和发言的主要内容　　　　　　　　　　表 10-2

序号	程序内容	主持人讲话提要（参考）
1	宣布开标会议开始	今天，由我代表××主持××开标会议，现在我宣布开标会议正式开始
2	宣布开标会议纪律	宣布开标会议纪律

序号	程序内容	主持人讲话提要（参考）
3	介绍与会人员，宣布唱标、记录人员名单	（1）介绍出席本次开标会议的各有关部门的人员； （2）介绍参加投标的单位； （3）本次开标会议由××投标管理中心的××唱标，××记录
4	介绍工程基本情况及评标办法	主要介绍工程概况、建筑面积、建设地点、质量要求、工期要求、评标办法及其他需要说明的情况
5	检查标书的密封情况并签字确认	请投标人或其推选的代表或招标人委托的公证员检查标书的密封情况，并在检查结束后到记录人员处签字确认
6	资格预审（可选）	进入资格预审程序，请各投标人不要离开开标现场，随时接受招标人的质询
7	公布资格预审结果	合格的有：××，不合格的有：××，原因是：
8	唱标	下面进行唱标，由工作人员当众拆封，宣读投标人名称、授权委托人、项目经理、投标报价和投标文件的其他主要内容
9	宣读标底（如有标底）	宣读本工程的标底
10	宣布开标会议结束	开标会议结束，进入评标程序，请各投标人原地休息

10.4.2 建 设 工 程 评 标

1. 评标原则

评标活动应在招投标监管部门及监察部门的监督下进行，任何单位和个人不得干扰评标工作。评标活动应遵循以下原则：

（1）评标活动应遵循公平、公正、科学、择优的原则；

（2）评标活动应严格遵守招标文件所规定的评标办法；

（3）招标人应当采取必要措施，保证评标活动在严格保密的情况下进行；

（4）评标活动依法进行，任何单位和个人不得非法干预或者影响评标过程和结果。

2. 评标委员会的组成、工作内容

（1）评标委员会的组成

评标与定标工作主要由评标委员会主持进行。评标委员会由招标人依法组建，包括招标人的代表和有关技术、经济方面的专家。成员人数为 5 人以上单数，其中技术、经济等方面的专家不得少于成员总数的 2/3。

专家资格条件有：从事相关领域工作满 8 年并具有高级职称或者具有同等专业水平，并由招标人从国务院有关部门或者省、自治区、直辖市人民政府有关部门提供的专家名册或者代理机构的专家库内相关专业名单中确定。

（2）评标委员会的评标工作内容

①负责评标工作，向招标人推荐中标候选人或根据招标人的授权直接确定中标人；

②可以否决所有投标；

③评标委员会完成评标后，应当向招标人提出书面评标报告。

3. 评标程序

根据《评标委员会和评标方法暂行规定》的内容，投标文件评审包括评标的准备、初步评审、详细评审、提交评标报告和推荐中标候选人。评标程序一般包括以下环节：

（1）评标前的准备

评标委员会成员应当编制供评标使用的相应的表格，在开始进行评标前，评标专家应认真研究招标文件，至少熟悉以下内容：

①招标的目的；

②招标工程项目的范围和性质；

③主要技术标准和商务条款，或合同条款；

④评标标准、方法及相关因素。

（2）初步评审

初步评审，是指从所有的投标书中筛选出符合最低要求标准的合格投标书，剔除所有无效投标书和严重违法的投标书，以减少详细评审的工作量，保证评审工作的顺利进行。初步评审的工作主要有：

①资格复审或后审；

②鉴定投标文件的响应性；

③淘汰废标；

④投标文件的澄清。

（3）详细评审

①详细评审的对象：初评合格的投标文件。

②详细评审的内容：技术评估和商务评估。

③详细评审的主要方法：综合评估法和经评审的最低投标价法。

④详细评审的目的：推荐合格的中标候选人或在招标人授权情况下直接确定中标人。

（4）形成评标报告和推荐中标候选人

评标委员会对评标结果汇总，并取得一致意见，确定中标人顺序，形成评标报告。评标报告由评标委员会全体成员签字。评标委员会完成评标后，应当向招标人提出书面评标报告，并抄送有关行政监督部门。评标委员会推荐的中标候选人应当限定在1~3名，并标明排列顺序。

4. 评标的标准、内容

(1) 评标的标准

招标投标法规定，中标人的投标应当符合下列条件之一：

①能够最大限度地满足招标文件中规定的各项综合评价标准。

②能够满足招标文件的实质性要求，并且经评审的投标价格最低，但是投标价格低于成本价格除外。

(2) 评标的内容

1) 技术评估

①技术评估的目的：确认和比较投标人完成本工程的技术能力，以及他们的施工组织设计和施工质量保证的可靠性。

②技术评估的内容：

a. 主要技术人员和项目经理的素质和经验；

b. 施工总体布置的合理性。如施工作业业面的布置，料场和加工厂的布置，施工交通运输的安排，仓储及废料处理的布局和安排是否合理等；

c. 施工方案的可行性；

d. 施工进度计划与工期的可靠性；

e. 施工方法和技术措施的保障性；

f. 工程材料和机械设备的质量与性能；

g. 采用先进技术，新工艺和新材料的情况；

h. 施工质量保证体系的情况；

i. 分包商的技术能力和施工经验情况。

2) 商务评估

①商务评估的目的：通过分析投标报价以鉴别各投标人的报价的合理性、准确性和风险等情况，从而确定最合适的中标人选和避免评标的风险。

②商务评估的内容：

a. 分析报价构成的合理性。通过分析工程报价中的直接费、间接费、利润和其他费用的比例关系，主体工程各专业工程价格的比例关系等，宏观判断报价的合理性。同时应注意工程量清单中的单价有无严重脱离实际价格的情况；

b. 分析前期工程价格提高的幅度；

c. 分析投标书中所附资金流量表的合理性；

d. 分析投标人提出的财务或付款方面的建议和优惠条件；

e. 合同条款中涉及商务内容的其他内容。

10.4.3　建设工程定标与中标

招标项目定标是指在评标结束之后中标通知书发出之前所进行的招标工作。具体而言一般包括中标候选人公示、确定中标人、发出中标通知书、中标结果公告等几个步骤。在定标之后，合同签订之前的阶段被称为中标环节。评标环节是招标项目的关键，中标环节是招标项目产生结果的阶段，定标环节是这两个环节之间的过渡，评标、定标、中标集中体现了招标环节的逻辑性、关联性和严谨性。

1. 定标的依据

评标委员会根据招标文件提交评标报告，推荐中标人应当限定在 1～3 人，并标明顺序。招标人根据评标报告确定中标人。中标人的投标应当符合下列条件之一：

①能够最大限度地满足招标文件中规定的各项综合评价标准。

②能够满足招标文件的实质性要求，并且经评审的投标价格最低，但是投标价格低于成本价格除外。

2. 确定中标人

招标人根据评标委员会提出的书面评标报告和推荐的中标候选人来确定最后的中标人，也可以授权评标委员会直接定标。

定标的程序与所选评标定标方法有直接的关系。一般来说，采用直接定标法（即以评标委员会的评标意见直接确定中标人）的没有独立程序；采用间接定标法（指以评标委员会的评标意见为基础，再由定标组织进行评议，从中选择确定中标人）的，才有相对独立的定标程序，但通常也比较简略。

大体来说，定标程序主要有以下几个环节：

①由定标组织对评标报告进行审议，审议方式可以是直接进行书面审查，也可以是采用类似评标会的方式召开定标会议进行审查；

②定标组织形成定标意见；

③将定标意见报建设工程招标投标管理机构核准；

④按经核准的定标意见书发出中标通知书；

至此，定标程序结束。

3. 中标

招标投标法有关中标的法律规定：

①在确定中标前，招标人不得与投标人就投标价格、投标方案等实质性内容进行谈判；

②中标人确定后，招标人应当向中标人发出中标通知书，并同时将中标结果通知所有未中标的投标人；

③招标人和中标人应当自中标通知书发出之日 30 日内，按照招标文件和中标人的投标文件订立书面合同。招标人和中标人不得再行订立背离合同实质性内容的其他协议。招标文件要求中标人提交履约保证金的，中标人应当提交；

④中标人应当按照合同履行义务，完成中标项目。中标人不得向他人转让中标项目，也不得将中标项目肢解后分别向他人转让。但中标人按照合同约定或者经招标人同意，可以将中标项目的部分非主体、非关键性工作分包给他人完成；接受分包的人应当具备相应的资格条件，并不得再次分包。

10.5　建设工程施工合同的签订

10.5.1　建设工程施工合同概述

1. 施工合同的基本概念

建设工程施工合同又称为建筑安装工程承包合同，简称施工合同，是发包方（建设单位或总承包单位）和承包方（施工单位）之间，为完成商定的建筑安装工程，明确相互权利、义务关系的协议。

2. 施工合同的特点

（1）合同标底的特殊性

施工合同的标的物（建筑产品）具有固定性的特点，由此便决定了施工生产的流动性；建筑产品大都结构复杂，其施工具有单件性；建筑产品体积庞大，消耗资源多，投资大，同时受自然条件的影响大，不确定因素多，这些决定了施工合同标的物有异于其他经济合同标的物。

（2）合同履行期限的长期性

施工合同执行周期长是由建筑物形体庞大、施工周期长决定的。在长时间内，如何保证及时实现合同约定的权利，履行合同约定的义务是工程项目合同管理中始终应注意的问题。同时要求项目负责人要加强项目施工合同全过程的管理，防止因建设周期长而造成资料散失。

（3）合同内容条款复杂性

由于工程项目经济法律关系的多元性，及工程项目单件性所决定的每个工程项目的特殊性和建设项目受到多方面、多条件制约和影响，都要相应地反映在施工合同中。施工合同除了工作范围、工期、质量、造价等一般条款外，还应有特殊条款，内容涉及保险、税收、文物、专利等。因此，在签订施工合同时，一定要全面考虑多种关系和因素，任何疏忽都可能造成合同履行失败。

（4）合同涉及面广

主要表现在施工合同在签订和实施过程中会涉及多方面关系，如建设单位可能派有代表或雇请咨询机构人员管理。承包方则牵涉到分包方、材料供应单位、构配件加工和设备生产厂家以及银行、保险公司等。尤其是在大型工程项目中，涉及的分包单位、厂商（包括国外供应商）多家复杂的关系，因此在合同管理中必须注意到施工合同涉及面广的特点。

（5）合同风险大

由于施工合同上述特点以及金额大、竞争激烈等因素，构成和加剧了施工合同的风险性。在签订合同中慎重分析研究多种风险因素和避免承担风险条款，对己方在合同执行中居于有利地位十分重要。

3. 建设工程施工合同的内容

《合同法》第二百七十五条规定，施工合同的内容包括工程范围、建设工期、中间交工工程的开工和竣工时间、工程质量、工程造价、技术资料交付时间、材料和设备供应责任、拨款和结算、竣工验收、质量保修范围和质量保证期、双方相互协作等条款。

（1）工程范围

当事人应在合同中附上工程项目一览表及其工程量，主要包括建筑栋数、结构、层数、资金来源、投资总额以及工程的批准文号等。

（2）建设工期

即全部建设工程的开工和竣工日期。

（3）中间交工工程的开工和竣工日期

所谓中间工程，是指需要在全部工程完成期限之前完工的工程。对中间交工工程的开工和竣工日期，也应在合同中作出明确约定。

（4）工程质量

建设项目工程质量，是最重要的条款之一。发包人、承包人必须遵守《建设工程质量管理条例》的有关规定，保证工程质量符合工程建设强制性标准。

（5）工程造价

实行招投标的工程应当通过工程所在地招投标管理机构采用招投标的方式定价；对于不宜采用招投标的工程，可采用施工图预算加变更洽商的方式定价。

（6）技术资料交付时间

发包人应当在合同约定的时间内按时向承包人提供与本项目有关的全部技术资料，否则造成的工期延误或者费用增加应由发包人负责。

（7）材料和设备供应责任

即在工程建设中所需要的材料和设备由哪一方当事人负责提供，并应对材料和设备的验收程序加以约定。

（8）拨款和结算

即发包人向承包人拨付工程款价和结算的方式和时间。

(9) 竣工验收

竣工验收时工程建设的最后一道程序，是全面考核设计、施工质量的关键环节，合同双方还将在该阶段进行结算。竣工验收应当根据《建设工程质量管理条例》第 16 条的有关规定执行。

(10) 质量保修范围和质量保证期

合同当事人应当根据实际情况确定合理的质量保修范围和质量保证期，但不得低于《建设工程质量管理条例》规定的最低质量保修期限。

除了上述 10 项基本合同条款外，当事人还可以约定其他协作条款，如施工准备工作的分工、工程变更时的处理办法等。

10.5.2　建设工程施工合同的订立

在招标投标竞争结束后，明确了中标者，接下来就是业主与中标承包商进行合同会谈和签订。合同一经签订，没有特别情况是难以变更的，因而双方的谈判技巧和方式、订立合同的具体条款在很大程度上决定了合同执行的难易程度和双方最终目的的实现。

1. 合同订立的一般程序

订立合同的程序是指和合同的当事人经过平等协商，就合同的内容取得一致意见的过程。签订合同一般要经过要约与承诺两个步骤，而建筑工程合同的签订有其特殊性，需要经过要约邀请、要约和承诺三个步骤。

要约邀请是指当事人一方邀请不特定的另一方向自己提出要约的意思表达。在建筑工程合同签订过程中，招标人（业主）发布招标通告或招标邀请书的行为就是一种要约邀请行为，其目的就是邀请承包方投标。

要约是指当事人一方向另一方提出合同条件，希望另一方订立合同的意思表达。在建筑工程合同签订过程中，中标人向招标人递交投标文件的投标行为就是一种要约行为。投标文件中应包含建筑工程合同具备的主要条款，如工程造价、工程质量、工程工期等内容。作为要约的投标对承包方具有法律约束力，表现在承包方在投标生效后无权修改或撤回投标文件以及一旦中标就要与招标人签订合同，否则就要承担相应的法律责任。

承诺是指受要约人完全同意要约的意思表示。它是受要约人愿意按照要约的内容与要约人订立合同的允诺。承诺的内容必须要与要约完全一致，不得有任何修改，否则将视为拒绝要约。在招投标工程中，招标人经过开标、评标和中标过程，最后发出中标通知书，即受到法律的约束，不得随意变更或解除。当中标公示期过后，就应该通过当事人的平等谈判，在协商一致的基础上由合约方签订一份内容完备、逻辑周密、含义清晰，同时又保证责、权、利关系平衡的合同，从而最大限度地减少合同执行过程中的漏洞、不确定性和争端，保证合同顺利实施。

中标合同的签订、执行与验收是整个招标工作的重要环节。招标投标双方必须按照合同的约定全面履行合同，任何一方违约，都要承担相应的赔偿责任。建筑工程管理的过程也就是合同管理的过程，即从招标投标开始直至合同履行完毕，包括合同的前期规划、合同的谈判、合同的签订、合同的订立、合同的执行、合同的变更、合同的索赔等的一个完整的动态管理过程。

2. 合同订立应遵循的原则

（1）平等原则

平等原则是指合同的当事人，不论其是自然人或者法人，也不论其经济实力强弱还是地位高低，它们在法律上的地位一律平等，任何一方都不得把自己的意志强加给对方，同时，法律也给双方提供平等的法律保护和约束。建筑工程的招标、评标是公开的过程，双方已知晓法律的条款，这是公平的基础。

（2）自愿原则

自愿原则是指合同的当事人在法律的允许范围内享有完全的自由，招标人和中标人都可以按自己的意愿签订合同，任何机关、个人、组织都不能非法干预、阻碍或强迫对方签订合同或放弃签订合同。当然，如果中标人故意不签订合同，招标人可以没收其保证金，并进一步采取措施，然后招标人可以选择后一位的中标候选人为中标人。

（3）公平原则

公平原则就是指以利益均衡作为价值判断标准。它具体表现为合同的当事人应有同等的进行交易的机会，当事人所享有的权利与其承担的义务大致相当，所承担的违约责任与其造成的实际损害也应大致相当。

（4）诚信原则

诚信原则是指合同当事人在行使权利和履行义务时，都要本着诚实信用的原则，不得规避法律或合同规定的义务，也不得隐瞒或欺诈对方。合同双方当事人本着诚实信用的态度来履行自己的义务，欺诈行为和不守信用行为都是合同法不允许的。

10.5.3　工程承包合同的履行

1. 签约双方的责权利

（1）发包人的职责

①发包人在履行合同过程中应遵守法律，并保证承包人免于承担因发包人违反法律而引起的任何责任。

②发包人应委托监理人按约定向承包人发出开工通知。

③发包人应按专用条款约定向承包人提供施工场地，以及施工场地内地下管

线和地下设施等有关资料，并保证资料的真实、准确、完整。

④发包人应协助承包人办理法律规定的有关施工证件和批件。

⑤发包人应根据合同进度计划，组织设计单位向承包人进行设计交底。

⑥发包人应按合同约定向承包人及时支付合同价款。

⑦发包人应按合同约定及时组织竣工验收。

⑧发包人应履行合同约定的其他义务。

（2）承包人的职责

①承包人在履行合同过程中应遵守法律，并保证发包人免于承担因发包人违反法律而引起的任何责任。

②承包人应按照有关法律规定纳税，应缴纳的税金包括在合同价格内。

③承包人应按合同约定以及监理人做出的指示，实施、完成全部工程，并修补工程中的任何缺陷。除专用条款另有约定外，承包人应提供为完成合同工作所需的劳务、材料、施工设备、工程设备和其他物品，并按合同约定负责临时设施的设计、建造、运行、维护、管理和拆除。

④承包人应按照合同约定的工作内容和施工进度要求，编制施工组织设计和施工措施计划，并对所有施工作业和施工方法的完备性和安全可靠性负责。

⑤承包人应按约定采取施工安全措施，以确保工程及其人员、材料、设备和设施的安全，防止因工程施工造成的人身伤害和财产损失。

⑥承包人应按约定负责施工场地及其周边环境与生态保护工作。

⑦承包人在进行合同约定的工作时，不得侵害发包人与他人使用公用道路、水源、市政管网等公共设施的权利，避免对邻近的公共设施产生干扰。承包人占用或使用他人的施工场地，影响他人作业或生活的，应承担相应责任。

⑧承包人应按监理人的指示为他人在施工场地或附近施工与工程有关的其他各项工作提供可能的条件。除合同另有约定外，提供有关条件的内容和可能发生的费用，直至竣工后移交给发包人为止。

⑨工程接受证书颁发前，承包人应负责照管和维护工程。工程接受证书颁发时尚有部分未竣工工程的，承包人还应负责给未竣工工程的照管和维护工作，直至竣工后移交给发包人为止。

⑩承包人应履行合同约定的其他义务。

2. 承包中的违约责任

业主不按合同约定支付各项价款或工程师不能及时给出必要的指令、确认，致使合同无法履行，业主承担违约责任，赔偿因其违约给承包商造成的损失，延误的工期相应顺延。双方应当在专用条款内约定业主应当支付违约金的数额和计算方法，以及业主赔偿承包商损失的计算方法。

承包商不按合同工期竣工，工程质量达不到约定的质量标准，或由于承包商原因致使合同无法履行，承包商承担违约责任，赔偿因其违约给业主造成的损失。双方应当在专用条款内约定承包商应当支付违约金的数额和计算方法，以及承包商赔偿业主损失的计算方法。

无论哪一方违约，应当督促违约方按照约定继续履行合同，并与之协商违约责任的承担。特别应当注意的是收集和整理对方违约的证据，因为无论是协商还是仲裁、诉讼，都要依据证据维护自己的权益。

3. 合同执行中的争端和纠纷

在合同的履行过程中争端和纠纷是不可避免的，但不论发生什么样的争端和纠纷，工程项目的顺利实施是合同双方的共同目标。为此就要求在合同条款中明确规定双方的权利与义务和解决争端的条款。解决争端与纠纷的方法通行的方法是：

（1）可以和解或者要求合同管理部门及其他有关主管部门调解。当事人不愿和解、调解或者和解或调解不成的，双方可以以专用条款内约定的方式解决争议。

（2）双方达成仲裁协议，向约定的仲裁委员会申请仲裁。

（3）向有管辖权的人民法院起诉。

10.5.4　合同的中止与终止

1. 合同的中止

（1）合同中止的条件

①业主未能履行合同义务，情节严重到足以使承包方有理由单方面中止合同，一般采取停止施工的替代办法。

②业主不履约而影响工程建设，致使承包方不能继续施工。

（2）合同中止程序

①业主中止施工程序

业主将中止以书面方式通知承包商，阐明中止理由，说明中止生效日期和应予中止的建设项目。

②承包商中止施工程序

承包商以书面通知业主，要求业主在通知规定时间内履行其未履行的义务，如果在规定时间内业主仍未能履行合同义务，承包商可再通知业主，说明他将中止施工。也有合同对某方面有立即中止的明确规定（如设计图纸严重缺陷），承包方以书面通知业主后即可停止施工。

（3）合同中止的责任

①双方的义务

合同可规定中止合同所涉及的工程，在中止期内双方义务应予停止。但不影响其他工程应履行的义务。

②合同中止的补偿

a. 在时间上应予补偿，即竣工期相应延长；

b. 由于竣工期延长而延长履约担保的费用，应由违约一方承担；

c. 由于合同中止给对方造成的经济损失，违约方应负赔偿责任。

2. 合同的终止

(1) 合同终止理由

①业主终止合同

a. 承包商不履约，如承包商延误工期、严重质量缺陷和其他不履约行为；

b. 未经业主同意，转让合同；

c. 承包商破产或无力偿还债务；

d. 业主为方便而终止合同。

②承包商终止合同

a. 业主违约。如业主未能根据监理工程师的付款证书在合同规定期限内支付工程款项；业主干涉、阻挠或拒绝任何付款证书颁发所需要的批准。

b. 干扰或阻碍承包商工作。

c. 承包商自身破产或无力偿还债务。

③因不可抗力终止合同在发出中标通知书后，如果发生了双方都无法控制的意外情况，使双方中的一方受阻而不能履行其合同责任，或者成为不合法时，双方都无需进一步履行合同。如自然灾害、战争等；业主国家的法律在合同签订后出现变动，禁止使用合同规定的某些设备等。

(2) 终止合同时双方的权利与义务

①合同终止后的义务

a. 承包方停止施工并撤离现场，业主接受工程。

b. 转让同分包商、供应商签订的合同以及业主支付欠分包商和供应商的款项。

c. 向业主移交图纸及有关资料。

②终止合同后的支付

a. 因承包商违约而引起的合同终止，承包商无权取得尚未完成工程项目的付款，但合同终止前已圆满完成的工程项目价款，业主应予支付；承包方须赔偿业主由于合同终止而引起的工程竣工延迟和必须重新招聘承包商所遭受的损失。

b. 因不可抗力引起的合同终止，承包方有权获得已完工程的价款。终止合同给双方造成的损失，按公平合理的办法处理。

c. 为方便而终止合同，业主应支付承包商已完工程价款及赔偿承包方由于合同终止而支付的费用和损失。

③合同终止继续有效的条款在某些法律制度下，终止合同可解释为所有合同条款终止，其中包括当事各方可能希望继续有效的条款，诸如关于终止合同当事各方的权利与义务条款、对已建工程的质量保证、对有缺陷的履约补救办法，以及解决争端和保密条款。当事各方最好注意确保其所希望继续有效的权利、义务和补救办法不因合同终止而失效，并对当事各方有约束力。

复 习 思 考 题

1. 什么是招标和投标？为什么要进行招标和投标？
2. 工程招标有那几种方式？
3. 工程招标的主要步骤有哪些？主要工作是什么？
4. 编制标底的依据和方法是什么？
5. 如何对投标报价进行审核？
6. 简述招标标底的作用。
7. 评标的方法有哪些？
8. 简述定标程序几个环节。
9. 简述工程合同的概念和特点。
10. 工程承包合同文件由哪几部分组成？

第11章 工程造价的控制与管理

11.1 合同价款的约定与调整

11.1.1 合同价款的约定

《中华人民共和国建筑法》第十八条规定："建筑工程造价应当按照国家有关规定，由发包单位与承包单位在合同中约定。公开招标发包的，其造价的约定，须遵守招标投标法律的规定"。不实行招标的工程合同价款，在发、承包双方认可的工程价款基础上，由发承包双方在合同中约定。

（1）约定需满足的要求

工程合同价款的约定是建设工程合同的主要内容，根据有关法律条款的规定，工程合同价款的约定应满足以下几个方面的要求：

①约定的依据要求：招标人向中标的投标人发出中标通知书。

②约定的时间要求：自招标人发出中标通知书之日起 30 天内。

③约定的内容要求：招标文件和中标人的投标文件。

④约定的形式要求：书面合同。

在工程招投标及建设工程合同签订过程中，招标文件应视为要约邀请，投标文件为要约，中标通知书为承诺。因此，在签订建设工程合同时，若招标文件与中标人的投标文件有不一致的地方，应以投标文件为准。

（2）采用的合同形式

实行工程量清单计价的工程应当采用单价合同方式。即合同约定的工程价款中包含的工程量清单项目综合单价在约定条件内是固定的，不予调整，工程量允许调整。工程量清单项目综合单价在约定的条件外，允许调整。调整方式、方法应在合同中约定。

合同工期较短、建设规模较小，技术难度较低，且施工图设计已审查完备的建设工程可以采用总价合同。采用总价合同，除工程变更外，其工程量不予调整。

紧急抢险、救灾以及施工技术特别复杂的建设工程可以采用成本加酬金合同。

（3）约定的内容

发承包双方应在合同条款中对下列事项进行约定：

①预付工程款的数额、支付时间及抵扣方式；

②安全文明施工措施的支付计划，使用要求等；

③工程计量与支付工程进度款的方式、数额及时间；

④工程价款的调整因素、方法、程序、支付及时间；

⑤施工索赔与现场签证的程序、金额确认与支付时间；

⑥承担计价风险的内容、范围以及超出约定内容、范围的调整办法；

⑦工程竣工价款结算编制与核对、支付及时间；

⑧工程质量保证金的数额、预留方式及时间；

⑨违约责任以及发生合同价款争议的解决方法及时间；

⑩与履行合同、支付价款有关的其他事项等。

合同中没有按照以上事项约定或约定不明的，若发承包双方在合同履行中发生争议由双方协商确定，协商不能达成一致的，按以上约定事项执行。

11.1.2　合同价款的调整

工程实施中如果出现法规变化、工程变更、物价变化、工程索赔等事项，发承包双方应当按照合同约定调整合同价款。调整意见无法达成一致的，只要对发承包双方履约不产生实质影响，双方应继续履行合同义务，直到其按照合同约定的争议解决方式得到处理；双方确认调整的，作为追加（减）合同价款，应与工程进度款或结算款同期支付。

（1）法律法规变化

招标工程以投标截止日前 28 天，非招标工程以合同签订前 28 天为基准日，其后国家的法律、法规、规章和政策发生变化引起工程造价增减变化的，发承包双方应当按照省级或行业建设主管部门或其授权的工程造价管理机构据此发布的规定调整合同价款。

因承包人原因导致工期延误，且引起工程造价变化的调整时间在合同工程原定竣工时间之后，不予调整合同价款。

（2）工程变更

工程变更引起已标价工程量清单项目或其工程数量发生变化，应按照下列规定调整：

①已标价工程量清单中有适用于变更工程项目的，采用该项目的单价；但当工程变更导致该清单项目的工程数量发生变化，且工程量偏差超过 15％时，该项目单价的调整应按工程量偏差的规定调整。

②已标价工程量清单中没有适用但有类似于变更工程项目的，可在合理范围内参照类似项目的单价。

③已标价工程量清单中没有适用也没有类似于变更工程项目的，由承包人根据变更工程资料、计量规则和计价办法、工程造价管理机构发布的信息价格和承包人报价浮动率提出变更工程项目的单价，并应报发包人确认后调整。承包人报价浮动率可按下列公式计算：

招标工程：承包人报价浮动率 $L=$ （1－中标价/招标控制价）×100%

$$(11\text{-}1)$$

非招标工程：承包人报价浮动率 $L=$ （1－报价/施工图预算）×100%

$$(11\text{-}2)$$

④已标价工程量清单中没有适用也没有类似于变更工程项目，且工程造价管理机构发布的信息价格缺价的，由承包人根据变更工程资料、计量规则、计价办法和通过市场调查等取得有合法依据的市场价格提出变更工程项目的单价，并应报发包人确认后调整。

工程变更引起施工方案改变，并使措施项目发生变化的，承包人提出调整措施项目费的，应事先将拟实施的方案提交发包人确认，并详细说明与原方案措施项目相比的变化情况。拟实施的方案经发承包双方确认后执行。该情况下，应按照下列规定调整措施项目费：

①安全文明施工费应按照实际发生变化的措施项目依据相应的规定调整。

②采用单价计算的措施项目费，按照实际发生变化的措施项目及本节前面所列的规定确定单价。

③按总价（或系数）计算的措施项目费，按照实际发生变化的措施项目调整，但应考虑承包人报价浮动因素，即调整金额按照实际调整金额乘以承包人报价浮动率计算。

如果承包人未事先将拟实施的方案提交给发包人确认，则视为工程变更不引起措施项目费的调整或承包人放弃调整措施项目费的权利。

如果发包人提出的工程变更，因为非承包人原因删减了合同中的某项原定工作或工程，致使承包人发生的费用或（和）得到的收益不能被包括在其他已支付或应支付的项目中，也未被包含在任何替代的工作或工程中，则承包人有权提出并得到合理的利润补偿。

（3）项目特征描述不符

承包人在招标工程量清单中对项目特征的描述，应被认为是准确的和全面的，并且与实际施工要求相符合。承包人应按照发包人提供的招标工程量清单，根据其项目特征描述的内容及有关要求实施合同工程，直到其被改变为止。

承包人应按照发包人提供的设计图纸实施合同工程，若在合同履行期间出现设计图纸（含设计变更）与招标工程量清单任一项目的特征描述不符，且该变化引起该项目的工程造价增减变化的，应按照实际施工的项目特征重新确定相应工程量清单项目的综合单价，并调整合同价款。

（4）工程量清单缺项

合同履行期间，由于招标工程量清单中缺项，新增分部分项工程清单项目的，发承包双方应再次确定单价并调整合同价款。新增分部分项工程清单项目后，引起措施项目发生变化的，应在承包人提交的实施方案被发包人批准后调整合同价款。

由于招标工程量清单中措施项目缺项，承包人应将新增措施项目实施方案提交发包人批准后调整合同价款。

（5）工程量偏差

施工过程中，由于施工条件、地质水文、工程变更等变化以及招标工程量清单编制人专业水平的差异，往往会造成实际工程量与招标工程量清单出现偏差，工程量偏差过大，对综合成本的分摊带来影响。如突然增加太多，仍按原综合单价计价，对发包人不公平；如突然减少太多，仍按原综合单价计价，对承包人不公平。并且，这给有经验的承包人的不平衡报价打开了大门。

因此，对于任一招标工程量清单项目，如果工程量偏差和工程变更等原因导致工程量偏差超过 15％的，应对综合单价进行一定调整。调整原则为：当工程量增加 15％以上时，其增加部分的工程量的综合单价应予调低；当工程量减少15％以上时，减少后剩余部分的工程量的综合单价应予调高。具体可按下列公式调整：

①当 $Q_1 > 1.15Q_0$ 时，$S = 1.15Q_0 \times P_0 + (Q_1 - 1.15Q_0) \times P_1$　　　　(11-3)

②当 $Q_1 < 0.85Q_0$ 时，$S = Q_1 \times P_1$　　　　(11-4)

式中　S——调整后的某一分部分项工程费结算价；

Q_1——最终完成的工程量；

Q_0——招标工程量清单中列出的工程量；

P_1——按照最终完成工程量重新调整后的综合单价；

P_0——承包人在工程量清单中填报的综合单价。

如果工程量变化引起相关措施项目相应发生变化，如按系数或单一总价方式计价的，工程量增加的措施项目费调增，工程量减少的措施项目费适当调减。

（6）计日工

发包人通知承包人以计日工方式实施的零星工作，承包人应予执行。采用计日工计价的任何一项变更工作，承包人应在该项变更的实施过程中，每天提交以下报表和有关凭证送发包人复核：

①工作名称、内容和数量；

②投入该工作所有人员的姓名、工种、级别和耗用工时；

③投入该工作的材料名称、类别和数量；

④投入该工作的施工设备型号、台数和耗用台时；

⑤发包人要求提交的其他资料和凭证。

任一计日工项目持续进行时，承包人应在该项工作实施结束后的 24 小时内，向发包人提交有计日工记录汇总的现场签证报告一式三份。发包人在收到承包人提交现场签证报告后的 2 天内予以确认并将其中一份返还给承包人，作为计日工计价和支付的依据。发包人逾期未确认也未提出修改意见的，视为承包人提交的现场签证报告已被发包人认可。

任一计日工项目实施结束后，承包人应按照确认的计日工现场签证报告核实该类项目的工程数量，并根据核实的工程数量和承包人已标价工程量清单中的计日工单价计算，提出应付价款；已标价工程量清单中没有该类计日工单价的，由发承包双方按工程变更的规定商定计日工单价计算。

每个支付期末，承包人应向发包人提交本期间所有计日工记录的签证汇总表，并应说明本期间自己认为有权得到的计日工金额，调整合同价款，列入进度款支付。

(7) 物价变化

合同履行期间，因人工、材料、工程设备和施工机械台班价格波动影响合同价款时，应根据合同约定，按以下两种方法之一调整合同价款。

采用价格指数调整价格差额：

①价格调整公式。因人工、材料和设备等价格波动影响合同价格时，根据投标函附录中的价格指数和权重表约定的数据，按以下公式计算差额并调整合同价款：

$$\Delta P = P_0 \left[A + \left(B_1 \times \frac{F_{t1}}{F_{01}} + B_2 \times \frac{F_{t2}}{F_{02}} + B_3 \times \frac{F_{t3}}{F_{03}} + \cdots + B_n \times \frac{F_{tn}}{F_{0n}} \right) - 1 \right]$$

$$(11-5)$$

式中　　　　　　　ΔP——需调整的价格差额；

P_0——约定的付款证书中承包人应得到的已完成工程量的金额。此项金额应不包括价格调整、不计质量保证金的扣留和支付、预付款的支付和扣回。约定的变更及其他金额已按现行价格计价的，也不计在内；

A——定值权重（即不调部分的权重）；

B_1；B_2；$B_3 \cdots \cdots B_n$——各可调因子的变值权重（即可调部分的权重），为各可调因子在投标函投标总报价中所占的比例；

F_{t1}；F_{t2}；$F_{t3} \cdots \cdots F_{tn}$——各可调因子的现行价格指数，指约定的付款证书相关周期最后一天的前 42 天的各可调因子的价格指数；

F_{01}；F_{02}；$F_{03} \cdots \cdots F_{0n}$——各可调因子的基本价格指数，指基准日期的各可调因

子的价格指数。

以上价格调整公式中各可调因子、定值、变值权重,以及基本价格指数及其来源在投标函附录价格指数和权重表中约定。价格指数应首先采用有关部门提供的价格指数,缺乏上述价格指数时,可采用工程造价管理机构提供的价格代替。

②暂时确定调整差额。在计算调整差额时得不到现行价格指数的,可暂用上一次价格指数计算,并在以后的付款中再按实际价格指数进行调整。

③权重的调整。约定的变更导致原定合同的权重不合理时,由承包人和发包人协商后进行调整。

④承包人工期延误后的价格调整。由于承包人原因未在约定的工期内竣工的,则对原约定竣工日期后继续施工的工程,在使用第①条的价格调整公式时,应采用原约定竣工日期后与实际竣工日期的两个价格指数中较低的一个作为现行价格指数。

采用造价信息调整价格差额:

施工工期内,因人工、材料、设备和机械台班价格波动影响合同价格时,人工、机械使用费按照国家或省、自治区、直辖市建设行政管理部门、行业建设主管部门或其授权的工程造价管理机构发布的人工成本信息、机械台班单价或机械使用费系数进行调整;需要进行价格调整的材料,其单价和采购数应由监理人复核,监理人确认需调整的材料单价及数量,作为调整工程合同价格差额的依据。本说明实质上与"采用造价信息调整价格差额"的规定一致。即:

①人工单价发生变化时,发、承包双方应按省级或行业建设主管部门或其授权的工程造价管理机构发布的人工成本信息调整工程价款。

②材料、工程设备价格变化,由发承包双方约定的风险范围按下列规定调整合同价款:

a. 承包人投标报价中材料单价低于基准单价:施工期间材料单价涨幅以基准单价为基础超过合同约定的风险幅度值,或材料单价跌幅以投标报价为基础超过合同约定的风险幅度值时,其超过部分按实调整。

b. 承包人投标报价中材料单价高于基准单价:施工期间材料单价跌幅以基准单价为基础超过合同约定的风险幅度值,或材料单价涨幅以投标报价为基础超过合同约定的风险幅度值时,其超过部分按实调整。

c. 承包人投标报价中材料单价等于基准单价:施工期间材料单价涨、跌幅以基准单价为基础超过合同约定的风险幅度值时,其超过部分按实调整。

d. 承包人应在采购材料前将采购数量和新的材料单价报送发包人核对,确认用于本合同工程时,发包人应确认采购材料的数量和单价。发包人在收到承包人报送的确认资料后 3 个工作日不予答复的视为已经认可,作为调整工程价款的依据。如果承包人未报经发包人核对即自行采购材料,再报发包人确认工程价款的，如果发包人不同意，则不作调整。

施工机械台班单价或施工机械使用费发生变化超过省级或行业建设主管部门或其授权的工程造价管理机构规定的范围时，按期规定调整合同价款。

承包人采购材料和工程设备的，应在合同中约定可调材料、工程设备价格变化的范围或幅度，如没有约定，且材料、工程设备单价变化超过 5% 时，超过部分的价格应按照价格系数调整法或价格差额调整法计算调整材料、工程设备费。

发生合同工程工期延误的，应按照下列规定确定合同履行期的价格调整：

①因非承包人原因导致工期延误的，计划进度日期后续工程的价格，应采用计划进度日期与实际进度日期两者的较高者；

②因承包人原因导致工期延误的，则计划进度日期后续工程的价格，应采用计划进度日期与实际进度日期两者的较低者。

发包人供应材料和工程设备的，由发包人按照实际变化调整，列入合同工程的工程造价内。

(8) 暂估价

在工程招标阶段已经确认的材料、工程设备或专业工程项目，由于标准不明确，无法在当时确定准确价格，为了不影响招标效果，由发包人在招标工程量清单中给定一个暂估价。因此，本节叙述了确定暂估价实际价格的四种形式：

一是材料、工程设备属于依法必须招标的，由发承包双方以招标的方式选择供应商，确定其价格并以此为依据取代暂估价，调整合同价款。

二是材料和工程设备不属于依法必须招标的，由承包人按照合同约定采购，经发包人确认后以此为依据取代暂估价，调整合同价款。

三是专业工程不属于依法必须招标的，应按照工程变更相应条款的规定确定专业工程价款，并以此为依据取代专业工程暂估价，调整合同价款。

四是专业工程依法必须招标的，应当由发承包双方依法组织招标选择专业分包人，其中：

①承包人不参加投标的专业工程分包招标，应由承包人作为招标人，但拟定的招标文件、评标工作、评标结果应报送发包人批准。与组织招标工作有关的费用应当被认为已经包括在承包人的签约合同价（投标总报价）中。

②承包人参加投标的专业工程分包招标，应由发包人作为招标人，与组织招标工作有关的费用由发包人承担。同等条件下，应优先选择承包人中标。

③以专业工程分包中标价为依据取代专业工程暂估价，调整合同价款。

(9) 现场签证

由于施工生产的特殊性，施工过程中往往会出现一些与合同工程或合同约定不一致或未约定的事项，这时就需要发承包双方用书面形式记录下来，各地对此的称谓不一，如工程签证、施工签证、技术核定单等，本节参照 GB 50500—

2013 规范将其定义为现场签证，这是一个工程管理水平高低的衡量标准，是有效减少合同纠纷的手段。现场签证的相关规定如下：

①承包人应发包人要求完成合同以外的零星项目、非承包人责任事件等工作的，发包人应及时以书面形式向承包人发出指令，提供所需的相关资料；承包人在收到指令后，应及时向发包人提出现场签证要求。

②承包人应在收到发包人指令后的 7 天内，向发包人提交现场签证报告，报告中应写明所需的人工、材料和施工机械台班的消耗量等内容。发包人应在收到现场签证报告后的 48 小时内对报告内容进行核实，予以确认或提出修改意见。发包人在收到承包人现场签证报告后的 48 小时内未确认也未提出修改意见的，视为承包人提交的现场签证报告已被发包人认可。

③现场签证的工作如已有相应的计日工单价，则现场签证中应列明完成该类项目所需的人工、材料、工程设备和施工机械台班的数量。如现场签证的工作没有相应的计日工单价，应在现场签证报告中列明完成该签证工作所需的人工、材料设备和施工机械台班的数量及其单价。

④合同工程发生现场签证事项，未经发包人签证确认，承包人便擅自施工的，除非征得发包人同意，否则发生的费用由承包人承担。

⑤现场签证工作完成后的 7 天内，承包人应按照现场签证内容计算价款，报送发包人确认后，作为追加合同价款，与工程进度款同期支付。

⑥在施工工程中，当发现合同工程内容因场地条件、地质水文、发包人要求等不一致时，承包人应提供所需的相关资料，并提交发包人签证认可，作为合同价款调整的依据。

（10）不可抗力

因不可抗力事件导致的人员伤亡、财产损失及其费用增加，发、承包双方应按以下原则分别承担并调整合同价款和工期：

①合同工程本身的损害、因工程损害导致第三方人员伤亡和财产损失以及运至施工场地用于施工的材料和待安装的设备的损害，由发包人承担；

②发包人、承包人人员伤亡由其所在单位负责，并承担相应费用；

③承包人的施工机械设备损坏及停工损失，由承包人承担；

④停工期间，承包人应发包人要求留在施工场地的必要的管理人员及保卫人员的费用应由发包人承担；

⑤工程所需清理、修复费用，由发包人承担。

不可抗力解除后复工的，若不能按期竣工，应合理延长工期。发包人要求赶工的，赶工费用应由发包人承担。

（11）提前竣工（赶工补偿）

《建设工程质量管理条例》第十条规定："建设工程发包单位不得迫使承包方

以低于成本的价格竞标，不得任意压缩合理工期"。据此，招标人应当依据相关工程定额合理计算工期，压缩的工期天数不得超过定额工期的20％，将其量化。超过者，应在招标文件中明示增加赶工费用，并在合同中约定误期赔偿费，应明确每日历天赔额度。误期赔偿费应列入竣工结算文件中，并应在结算款中扣除。

承包人未按照合同约定施工，导致实际进度迟于计划进度的，承包人应加快进度，实现合同工期。由此对发包人造成的损失，应按合同约定向发包人支付误期赔偿费。即使承包人支付误期赔偿费，也不能免除承包人按照合同约定应承担的任何责任和应履行的任何义务。

（12）误期赔偿

如果承包人未按照合同约定施工，导致实际进度迟于计划进度的，承包人应加快进度，实现合同工期。合同工程发生误期，承包人应赔偿发包人由此造成的损失，并按照合同约定向发包人支付误期赔偿费。即使承包人支付误期赔偿费，也不能免除承包人按照合同约定应承担的任何责任和应履行的任何义务。

发承包双方应在合同中约定误期赔偿费，明确每日历天应赔额度。误期赔偿费列入竣工结算文件中，并应在结算款中扣除。

如果在工程竣工之前，合同工程内的某单项（位）工程已通过了竣工验收，且该单项（位）工程接收证书中表明的竣工日期并未延误，而是合同工程的其他部分产生了工期延误，则误期赔偿费应按照已颁发工程接收证书的单项（位）工程造价占合同价款的比例幅度予以扣减。

（13）索赔

《中华人民共和国民法通则》第一百一十一条规定："当事人一方不履行合同义务或履行合同义务不符合合同条件的，另一方有权要求履行或者采取补救措施，并有权要求赔偿损失"。因此，索赔是合同双方依据合同约定维护自身合法利益的行为，其性质属于经济补偿行为，而非惩罚。当然，合同一方向另一方提出索赔时，应有正当的索赔理由和有效证据，并应符合合同的相关约定。

①非承包人原因造成损失的索赔程序

根据合同约定，承包人认为非承包人原因发生的事件造成了承包人的损失，应按以下程序向发包人提出索赔：

a. 承包人应在索赔事件发生后28天内，向发包人提交索赔意向通知书，说明发生索赔事件的事由。承包人逾期未发出索赔意向通知书的，丧失索赔的权利；

b. 承包人应在发出索赔意向通知书后28天内，向发包人正式提交索赔通知书。索赔通知书应详细说明索赔理由和要求，并附必要的记录和证明材料；

c. 索赔事件具有连续影响的，承包人应继续提交延续索赔通知，说明连续影响的实际情况和记录；

　　d. 在索赔事件影响结束后的 28 天内，承包人应向发包人提交最终索赔通知书，说明最终索赔要求，并附必要的记录和证明材料。

　　承包人索赔应按下列程序处理：

　　a. 发包人收到承包人的索赔通知书后，应及时查验承包人的记录和证明材料；

　　b. 发包人应在收到索赔通知书或有关索赔的进一步证明材料后的 28 天内，将索赔处理结果答复承包人，如果发包人逾期未作出答复，视为承包人索赔要求已经得到发包人认可；

　　c. 承包人接受索赔处理结果的，索赔款项在当期进度款中进行支付；承包人不接受索赔处理结果的，按合同约定的争议解决方式办理。

　　承包人要求赔偿时，可以选择以下一项或几项方式获得赔偿：

　　a. 延长工期；

　　b. 要求发包人支付实际发生的额外费用；

　　c. 要求发包人支付合理的预期利润；

　　d. 要求发包人按合同的约定支付违约金。

　　若承包人的费用索赔与工期索赔要求相关联时，发包人在作出费用索赔的批准决定时，应结合工程延期，综合作出费用赔偿和工程延期的决定。

　　发承包双方在按合同约定办理了竣工结算后，应被认为承包人已无权再提出竣工结算前所发生的任何索赔。承包人在提交的最终结清申请中，只限于提出竣工结算后的索赔，提出索赔的期限自发承包双方最终结清时终止。

　　②承包人原因造成损失的索赔程序

　　根据合同约定，发包人认为由于承包人的原因造成发包人的损失，应参照承包人索赔的程序进行索赔。发包人要求赔偿时，可以选择以下一项或几项方式获得赔偿：

　　a. 延长质量缺陷修复期限；

　　b. 要求承包人支付实际发生的额外费用；

　　c. 要求承包人按合同的约定支付违约金。

　　承包人应付给发包人的索赔金额可从拟支付给承包人的合同价款中扣除，或由承包人以其他方式支付给发包人。

11.2　正确的工程计量

　　工程计量是指发承包双发根据合同约定，对承包人完成合同工程的数量进行的计算和确认。可以选择按月或按工程形象进度分段计量，当采用分段结算方式时，应在合同中约定具体的工程分段划分界限。

正确的计量是发包人向承包人支付合同价款的前提和依据，GB 50500—2013 规范中以强制性条文对工程计量进行了规定。不论何种计价方式，其工程量必须按照相关工程的现行国家计量规范规定的工程量计算规则计算。

(1) 单价合同的计量

单价合同是指发承包双方约定以工程量清单及其综合单价进行合同价款计算、调整和确认的建设工程施工合同。

招标工程量清单所列的工程量是一个预计工程量，一方面是各投标人进行投标报价的共同基础，另一方面也是对各投标人的投标报价进行评审的共同平台，体现了招投标活动中的公开、公平、公正和诚实信用原则。发承包双方竣工结算的工程量应以承包人按照现行国家计量规范规定的工程量计算规则计算的实际完成应予计量的工程量确定，而非招标工程量清单所列的工程量。

单价合同的工程计量，若发现招标工程量清单中出现缺项、工程量偏差，或因工程变更引起工程量的增减，应按承包人在履行合同过程中实际完成的工程量计算。

承包人应当按照合同约定的计量周期和时间，向发包人提交当期已完工程量报告。发包人应在收到报告后 7 天内核实，并将核实计量结果通知承包人。发包人未在约定时间内进行核实的，则承包人提交的计量报告中所列的工程量视为承包人实际完成的工程量。

发包人认为需要进行现场计量核实时，应在计量前 24 小时通知承包人，承包人应为计量提供便利条件并派人参加。双方均同意核实结果时，则双方应在上述记录上签字确认。承包人收到通知后不派人参加计量，视为认可发包人的计量核实结果。发包人不按照约定时间通知承包人，致使承包人未能派人参加计量，计量核实结果无效。

如承包人认为发包人的计量结果有误，应在收到计量结果通知后的 7 天内向发包人提出书面意见，并附上其认为正确的计量结果和详细的计算资料。发包人收到书面意见后，应对承包人的计量结果进行复核后通知承包人。承包人对复核计量结果仍有异议的，按照合同约定的争议解决办法处理。

承包人完成已标价工程量清单中每个项目的工程量后，发包人应要求承包人派员共同对每个项目的历次计量报表进行汇总，以核实最终结算工程量。发承包双方应在汇总表上签字确认。

(2) 总价合同的计量

总价合同是指发承包双方约定以施工图及其预算和有关条件进行合同价款计算、调整和确认的建设工程施工合同。

采用工程量清单方式招标形成的总价合同，由于工程量由招标人提供，工程量与合同工程实施中的差异应予调整，因此，应按单价合同的规定计量。

采用经审定批准的施工图纸及其预算方式发包形成的总价合同，由于承包人自行对施工图纸进行计量，因此，除按照工程变更规定引起的工程量增减外，总价合同各项目的工程量是承包人用于结算的最终工程量。这是与单价合同的最本质区别。

承包人应在合同约定的每个计量周期内，对已完成的工程进行计量，并向发包人提交达到工程形象目标完成的工程量和有关计量资料的报告。发包人应在收到报告后 7 天内对承包人提交的上述资料进行复核，以确定实际完成的工程量和工程形象目标。对其有异议的，应通知承包人进行共同复核。

11.3　进度款的期中支付

发承包双方应按照合同约定的时间、程序和方法，根据工程计量结果，办理期中价款结算，支付进度款，支付周期应与合同约定的工程计量周期一致。

（1）支付方法

①单价项目的支付

已标价工程量清单中的单价项目，承包人应按工程计量确认的工程量与综合单价计算；综合单价发生调整的，以发承包双方确认调整的综合单价计算进度款。

②总价项目的支付

已标价工程量清单中的总价项目和经审定批准的施工图纸及其预算方式发包形成的总价合同应由承包人根据施工进度计划和总价构成、费用性质、计划发生时间和相应的工程量等因素按计量周期进行分解，形成进度款支付分解表，在投标时提交，非招标工程在合同洽商时提交。在施工过程中，由于进度计划的调整，发承包双方应对支付分解进行调整。

已标价工程量清单中的总价项目进度款支付分解方法可选择将各个总价项目的总金额按合同约定的计量周期平均支付，或者按照各个总价项目的总金额占签约合同价的百分比，以及各个计量支付周期内所完成的单价项目的总金额，以百分比方式均摊支付，也可以选择按照各个总价项目组成的性质（如时间、与单价项目的关联性等）分解到形象进度计划或计量周期中，与单价项目一起支付。

③支付比例及增减

进度款的支付比例按照合同约定，按期中结算价款总额计，不低于 60%，不高于 90%。发包人提供的甲供材料金额，应按照发包人签约提供的单价和数量从进度款支付中扣除，列入本周期应扣减的金额中。承包人现场签证和得到发包人确认的索赔金额应列入本周期应增加的金额中。

（2）支付申请及支付证书

承包人应在每个计量周期到期后的 7 天内向发包人提交已完工程进度款支付申请一式四份，详细说明此周期认为有权得到的款额，包括分包人已完工程的价款。支付申请的内容包括：

①累计已完成工程的工程价款；

②累计已实际支付的工程价款；

③本周期合计完成的合同价款，包括已完成的计日工价款，应支付的安全文明施工费，应增加的金额，已完成单价项目的金额以及应支付的总价项目的金额；

④本周期合计应扣减的金额，包括应扣回的预付款和应扣减的金额；

⑤本周期实际应支付的合同价款。

发包人应在收到承包人进度款支付申请后的 14 天内，根据计量结果和合同约定对申请内容予以核实，确认后向承包人出具进度款支付证书。若发承包双方对部分清单项目的计量结果出现争议，发包人应对无争议部分的工程计量结果向承包人出具进度款支付证书。

发包人应在签发进度款支付证书后的 14 天内，按照支付证书列明的金额向承包人支付进度款。若发包人逾期未签发进度款支付证书，则视为承包人提交的进度款支付申请已被发包人认可，承包人可向发包人发出催告付款的通知。发包人应在收到通知后的 14 天内，按照承包人支付申请的金额向承包人支付进度款。

发现已签发的任何支付证书有错、漏或重复的数额，发包人有权予以修正，承包人也有权提出修正申请。经发承包双方复核同意修正的，应在本次到期的进度款中支付或扣除。

(3) 延迟支付

发包人未按照规定支付进度款的，承包人可催告发包人支付，并有权获得延迟支付的利息；发包人在付款期满后的 7 天内仍未支付的，承包人可在付款期满后的第 8 天起暂停施工。发包人应承担由此增加的费用和（或）延误的工期，向承包人支付合理利润，并承担违约责任。

11.4　工程计价资料的传送及归档

11.4.1　计价资料的传送

(1) 确定传送计价资料的有效性

发承包双方应当在合同中约定各自在合同工程中现场管理人员的职责范围，双方现场管理人员在职责范围内签字确认的书面文件是工程计价的有效凭证，但如有其他有效证据或经实证证明其是虚假的除外。

发承包双方不论在何种场合对与工程计价有关的事项所给予的批准、证明、同意、指令、商定、确定、确认、通知和请求，或表示同意、否定、提出要求和意见等，均应采用书面形式，口头指令不得作为计价凭证。

（2）传送资料过程中的注意事项

任何书面文件送达时，应由对方签收，通过邮寄应采用挂号、特快专递传送，或以发承包双方商定的电子传输方式发送。交付、传送或传输至指定的接收人的地址。如接收人通知了另外地址时，随后通信信息应按新地址发送。

发承包双方分别向对方发出的任何书面文件，均应将其抄送现场管理人员，如系复印件应加盖合同工程管理机构印章，证明与原件相同。双方现场管理人员向对方所发任何书面文件，也应将其复印件发送给发承包双方。复印件应加盖合同工程管理机构印章，证明与原件相同。

（3）传送过失责任的认定

发承包双方均应当及时签收另一方送达其指定接收地点的来往信函，拒不签收的，送达信函的一方可以采用特快专递或者公证方式送达，所造成的费用增加（包括被迫采用特殊送达方式所发生的费用）和延误的工期由拒绝签收一方承担。

书面文件和通知不得扣压，一方能够提供证据证明另一方拒绝签收或已送达的，视为对方已签收并应承担相应责任。

11.4.2 计价文件的归档

（1）归档范围的确定

发承包双方以及工程造价咨询人对具有保存价值的各种载体的计价文件，均应收集齐全，整理立卷后归档。

（2）归档制度的健全

发承包双方和工程造价咨询人应建立完善的工程计价档案管理制度，并应符合国家和有关部门发布的档案管理相关规定。

向接受单位移交档案时，应编制移交清单，双方签字、盖章后方可交接。

（3）归档时限的控制

归档可以分阶段进行，也可以在项目结算完成后进行。工程造价咨询人归档的计价文件，保存期不宜少于五年。

（4）归档文件的分类

归档文件必须经过分类整理，并应组成符合要求的案卷。归档的工程计价成果文件应包括纸质原件和电子文件。其他归档文件及依据可为纸质原件、复印件或电子文件。

复 习 思 考 题

1. 工程遇到招标文件与中标人的投标文件不一致时应如何处理？

2. 当合同对工程预付款的支付没有约定时，发包人向承包人支付工程预付款的主要规定？

3. 若承包人确认非承包人原因发生的事件造成了承包人的经济损失，承包人向发包人进行索赔处理的程序？

4. 因不可抗力事件导致的费用，发、承包双方分别承担并调整工程价款的原则有哪些？

5. 在工程计价中，在发包人对工程质量有异议的情况下，工程竣工结算办理的主要原则？

第12章 计算机辅助概预算

12.1 计算机软件在概预算中的应用

12.1.1 概预算应用软件的发展

从 20 世纪 60 年代开始，工业发达国家已经开始利用计算机做估价工作，这比我国要早 10 年左右。当时的造价软件偏重于已完工程数据的利用、价格管理、造价估计和造价控制等方面。我国建筑企业应用计算机最早可追溯到 1973 年，当时我国杰出的数学家华罗庚教授就在沈阳进行了用电脑编制建筑工程概预算的研究，1974 年中国建筑科学研究院先后在北京等地区推广。随后，全国各地的定额管理机关和一些大型建筑公司也都尝试使用计算机编制预算软件，而且也取得了一定的成果。到 20 世纪 90 年代，一些从事软件开发的专业公司开始研制工程造价软件，如上海神机妙算软件有限公司于 1992 年研发了海南第一套自带汉字系统的工程预算软件，也是国内第一套不需要其他汉字平台支持的工程预算软件，1993 年研发了国内第一套图形算量软件，首次通过电脑鼠标画图自动计算工程量，开创可视预算新概念。广联达软件股份有限公司于 1998 年开发完成了 DOS 版计价软件、钢筋统计软件、图形计算工程量软件，并在全国十几个省市销售。上海鲁班软件有限公司于 1999 开始研发鲁班算量软件，2000 年鲁班算量（土建版）V1.1 在上海正式发布，并通过上海市建委技术鉴定。此外，还有包括 PKPM 软件、清华斯维尔软件、维达算量软件等在内的一大批国内优秀造价软件先后进入造价人员的视野，并逐步应用到造价人员繁重的工作中。

12.1.2 当前几款主流造价应用软件介绍

（1）广联达软件

广联达目前是造价软件市场中应用较广的软件企业，从单一的预算软件发展到工程造价、工程施工、企业管理、工程采购、工程教育、电子政务与互联网等七大类、30 余种，并被广泛使用于房屋建筑、工业与基础设施等行业。其安装算量软件根据我国工程造价的特点，提供 CAD 导图算量、描图算量、表格输入算量等多种算量模式，采用三维计算技术，独立的 CAD 存储显示技术，导管导线自动识别回路、电缆桥架自动找起点、风管、水管自动识别，全面解决了安装造价人员手工统计繁杂、审核难度大、工作效率低等问题。其建设工程造价管理整体解决方案中的核心产品，主要通过招标管理、投标管理、清单计价三大模块来实现电子招投标过程的计价业务，支持清单计价和定额计价两种模式，追求造价专业分析精细化，实现批量处理工作模式，帮助工程造价人员在招投标阶段快速、准确完成招标控制价和投标报价工作。

广联达公司是和神机妙算公司一样是国内第一批靠造价软件起家的软件品牌，目前已发展成为一家拥有员工 3000 余人、40 余家分支机构的大型软件企业。随着三维算量软件的发展和时代发展的需要，广联达曾经开发了基于 CAD 平台的 GCL6.0，拥有 CAD 平台的开发经验，后又在已经成功开发出 CAD 平台三维算量的基础上理智的开发自主平台三维算量软件 GCL7.0。随着广联达安装算量软件 GQI2013、计价软件 GBQ 4.0、钢筋算量 GGJ2013 等一大批核心产品的升级推出，广联达造价软件在国内的开发实力达到了顶峰，于 2010 年 5 月成功上市。

(2) PKPM 软件

PKPM 软件是一个系列，由中国建筑科学研究院研发，除了建筑、结构、设备（给水排水、采暖、通风空调、电气）设计于一体的集成化 CAD 系统以外，目前 PKPM 还有建筑概预算系列（钢筋计算、工程量计算、工程计价）、施工系列软件（投标系列、安全计算系列、施工技术系列）、施工企业信息化等等，目前国内很多特级资质的企业都在用 PKPM 的信息化系统。

中国建筑科学研究院创建于 1953 年，原为建设部直属最大的综合性科学研究机构，2000 年 10 月 1 日，由科研事业单位转制为科技型企业，主要从事建筑结构设计软件开发，后涉足工程技术和工程造价软件的开发，是国内唯一一家成为住房和城乡建设部指定清单计价软件的提供商。

PKPM 结构设计软件在国内市场占 95% 的份额，而 PKPM 工程量、钢筋量计算软件的平台，用的就是结构软件的平台，能与结构软件无缝接口，仅需 2 分钟就能把结构设计软件中建好的模型转化为计算工程、钢筋量的模型，造价人员无需重新建立结构模型。这种方式与传统的由造价人员重新建立模型提高了上百倍效率，准确性更高。其软件具有自主开发平台，而不用第三方中间软件支撑，同时又具有强大的图形和计算功能，它的钢筋软件秉承设计软件的风格，通过绘图实现钢筋统计，并提供两种单位（厘米和毫米），对异形板、异形构件的处理应付自如，只要在默认的图纸上修改钢筋参数即可。

(3) 神机妙算软件

神机妙算公司成立于 1996 年，目前其产品已经覆盖工程造价的整个过程，能做工程量清单、概算、预算、结算、审计审核、编制标底、投标报价、电子发标评标、造价指标计算分析、定额编排打印、企业内部定额、工程量自动计算、钢筋自动计算等等。这家公司与众不同之处在于，主程序由张昌平一个人写，并只有一个主程序，软件提供宏语言，所有钢筋图库、定额二次开发由各地分公司实施，在清单实施前，的确有其无可比拟的优点，各地能根据本地的定额、计算规则和特殊情况进行充分的本地化。神机妙算工程算量软件中数据可直接为计价软件所调用，钢筋翻样软件在抽取钢筋的同时计算混凝土和模板的量，钢筋翻样采用图库、参数和单根的方法，其常用模式是表格法，即在某种构件图库的下面用表格进行输入，这样可以提高数据录入的速度。这种开发模式一经推出，曾风靡一时。表格法还能直接调用单根钢筋图库中的钢筋，解决构件中一些无法计算的钢筋类型。

（4）鲁班软件

鲁班软件属于后起之秀，它得到美国国际风险基金的支持。它的算量软件因率先在 AUTOCAD 平台上开发，一经推出，好评如潮。鲁班算量软件能提供自动识别 CAD 电子文档的功能，能够输出工程量标注图和算量平面图，其缺点是由于鲁班算量建立在 CAD 平台上，难以保证鲁班用户都使用正版 CAD，导致使用不太稳定，经常出现随机致命错误，计算速度慢。另外有些图形绘制的基础功能不太完美，很不符合预算人员的绘图习惯。多是设计人员使用。鲁班钢筋开发时间较短，2001 年年底开始开发，但它能吸取以前钢筋翻样软件成功和失败的经验和教训，一改国内用 DELPHI 开发的套路，用 VC++语言开发，其软件运行速度相当之快，在输入完数据的同时已得到计算结果。软件的易用性、适用性得到用户的公认。鲁班钢筋最出色的功能在于可以使用构件向导方便地完成钢筋输入工作，这是鲁班钢筋优于其他软件的特色功能。

随着中国建筑业信息化的快速升级，鲁班软件也逐渐发展成为拥有一大高端管理咨询服务（鲁班咨询），五大基础数据解决方案（BIM、量、价、企业定额、全过程造价管理），三大服务支撑体系（鲁班大学、鲁班工程顾问、鲁班资讯）的工程基础数据整体解决方案供应商，有庞大的用户群。2012 年 10 月鲁班软件正式实施全面的互联网转型，已成功研发出算量互联网应用平台（iLuban）、服务平台和系统运维平台，采用先进的"云＋端"模式，突破了单机软件功能的局限，使算量软件有了更大的创新空间。从 2013 年 2 月 20 日起，鲁班土建、钢筋和安装三个专业的算量软件开始全面免锁免费，且后续免费升级，这也将对国内传统收费造价软件企业造成不小的冲击，对鲁班软件扩大市场占有率将会带来新的希望。

12.2　广联达清单计价软件应用简介

本节将以在全国应用比较广泛的广联达软件股份有限公司出品的"广联达计

价软件 GBQ4.0"为例来介绍安装工程造价软件的应用。

12.2.1 软件构成及应用流程

GBQ4.0 包含三大模块，招标管理模块、投标管理模块、清单计价模块。招标管理和投标管理模块是站在整个项目的角度进行招投标工程造价管理。清单计价模块用于编辑单位工程的工程量清单或投标报价。在招标管理和投标管理模块中可以直接进入清单计价模块，软件使用流程见图 12-1。

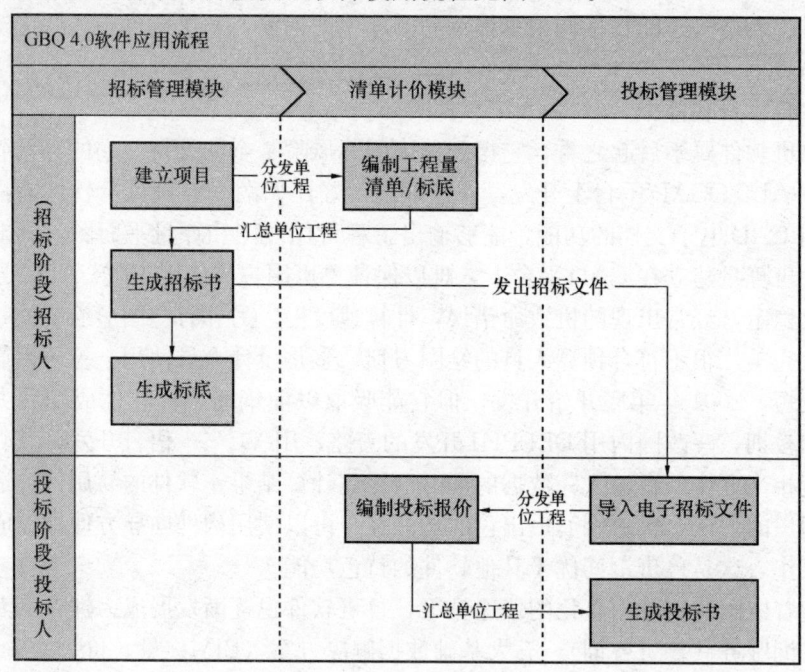

图 12-1　GBQ 4.0 软件应用流程

以招投标过程中的工程造价管理为例，软件操作流程如下：

（1）招标方的主要工作

①新建招标项目；

②编制单位工程分部分项工程量清单；

③编制措施项目清单；

④编制其他项目清单；

⑤报表输出；

⑥保存、退出。

（2）投标人编制工程量清单

①新建投标项目；

②编制单位工程分部分项工程量清单计价；

③编制措施项目清单计价；

④编制其他项目清单计价；

⑤人材机汇总；

⑥查看单位工程费用汇总；

⑦查看报表；

⑧汇总项目总价；

⑨生成电子标书。

12.2.2　软件界面功能介绍

广联达计价软件 GBQ4.0 分清单计价、定额计价、项目管理三种模式，因此也会有三种不同的显示界面，本节以清单计价模式为例，介绍 GBQ4.0 软件主界面的组成。

（1）菜单栏：分为九部分，集合了软件所有功能和命令。

（2）通用工具条：切换到任一界面，它都不会随着界面的切换而变化。

（3）界面工具条：会随着界面的切换，工具条的内容而不同。

（4）导航栏：左边导航栏可切换到不同的编辑界面。

（5）分栏显示区：显示整个项目下的分部结构，点击分部实现按分部显示，可关闭此窗口。

（6）功能区：每一编辑界面都有自己的功能菜单，可关闭此功能区。

（7）属性窗口：功能菜单点击后就可泊靠在界面下边，形成属性窗口，此窗口可隐藏。

（8）属性窗口辅助工具栏：根据属性菜单的变化而更改内容，提供对属性的编辑功能，跟随属性窗口的显示和隐藏。

（9）数据编辑区：切换到每个界面，都会自己特有的数据编辑界面，供用户操作，这部分是用户的主操作区域。

相关界面功能位置如图 12-2 所示。

12.2.3　工程量清单编制实例操作

（1）新建招标项目

在桌面上双击"广联达计价软件 GBQ4.0（学习版）"快捷图标，软件会启动工程文件管理界面，如图 12-3 所示。

在文件管理界面选择工程类型为清单计价，点击【新建项目】，在弹出的新建标段界面中，选择项目类型为"招标"，地区标准为默认的"内蒙古"，项目名称输入"交大公寓"，项目编号输入"NM-090881-SG"，点击"确定"，软件会进

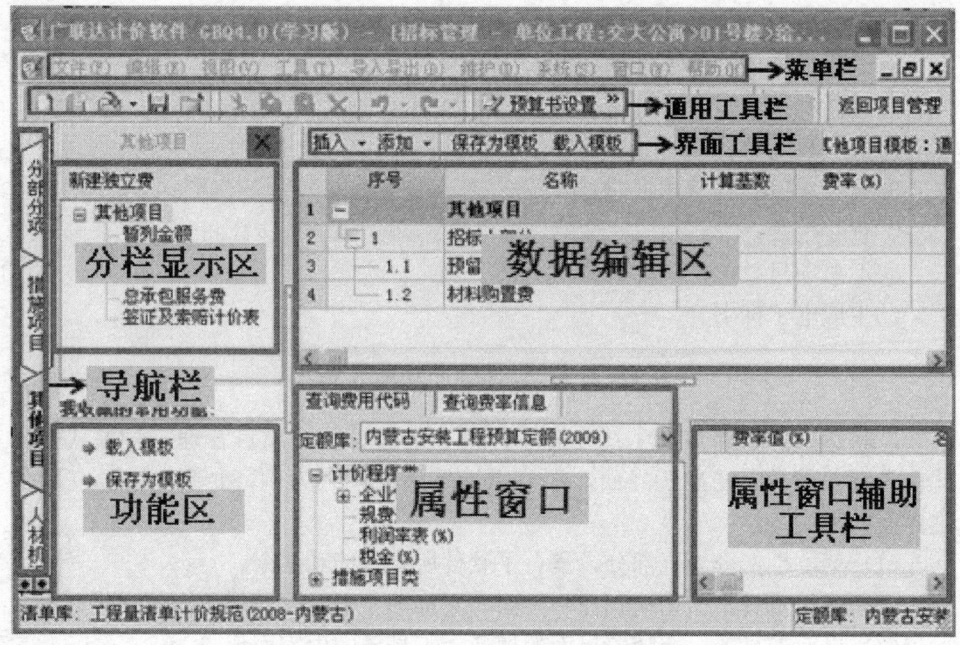

图 12-2　GBQ4.0计价软件主界面

图 12-3　GBQ4.0启动界面

入招标项目管理主界面，如图9-4所示。

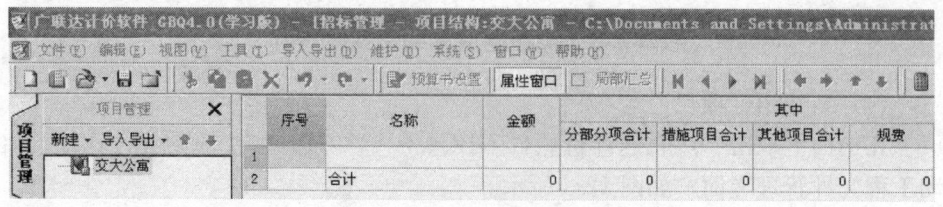

图 12-4　招标项目管理主界面

选中招标项目节点"交大公寓"，点击鼠标右键，选择【新建单项工程】，在弹出的新建单项工程界面中输入单项工程名称"01 号楼"，再选中单项工程节点"01 号楼"，点击鼠标右键，选择【新建单位工程】，在弹出的新建单位工程界面中选择清单专业为"安装工程"，定额专业为"第八册给水排水、采暖、燃气工程"，工程名称输入"给水排水安装工程"，点击"确定"，完成单项工程、单位工程建立，如图 12-5 所示。

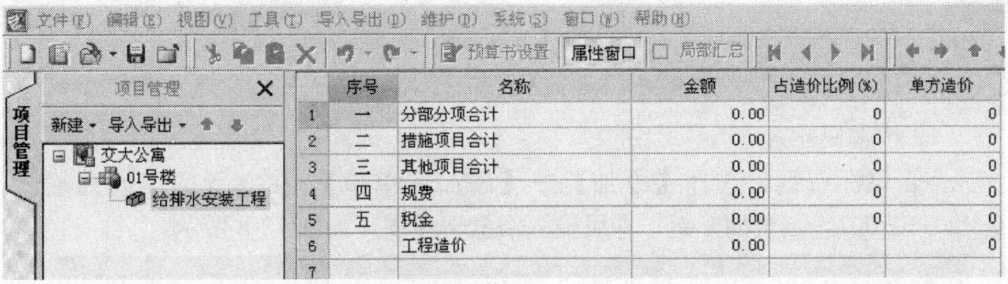

序号	名称	金额	占造价比例(%)	单方造价
1	一	分部分项合计	0.00	0	0
2	二	措施项目合计	0.00	0	0
3	三	其他项目合计	0.00	0	0
4	四	规费	0.00	0	0
5	五	税金	0.00	0	0
6		工程造价	0.00	0	0
7					

图 12-5　建立单项、单位工程

按 "Ctrl＋s" 快捷键保存文件。

（2）编制分部分项工程量清单

①单位工程编辑界面

选择"给水排水安装工程"，鼠标双击进入单位工程编辑主界面。从界面中可以看到分部分项、措施项目、其他项目、人材机汇总、费用汇总、报表、符合性检查结果等分页菜单，也可以看到以编码、类别、名称、标记、清单工程内容、项目特征、单位、单价、合价、综合单价等为列的单元表格。与菜单栏构成了单位工程的主编辑界面，如图 12-6 所示。

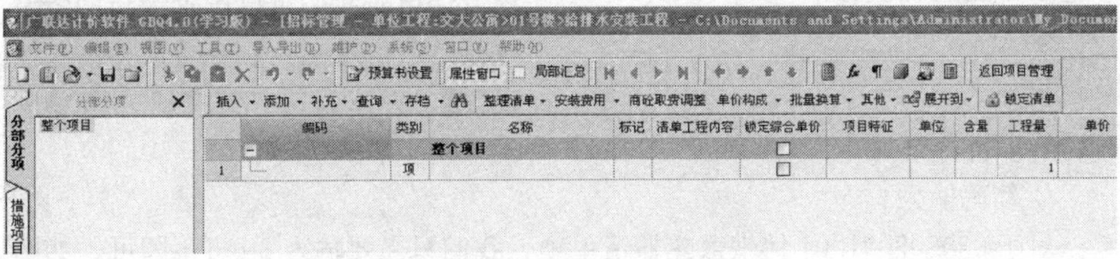

图 12-6　单位工程主编辑界面

②输入工程量清单

a. 查询输入

在单位工程的主编辑界面单元格右击鼠标选择【插入分部】，可以插入一空白分部条目单元格，鼠标右击单元格，选择【查询】，再选择【查询清单】，在弹出的【查询】窗口可以看到清单指引、清单、定额、人材机以及补充人材机几个分页菜单，点击清单，选择要插入的工程编码，再点击【插入】即可实现单个分部项目的录入，录入结果如图 12-7 所示。

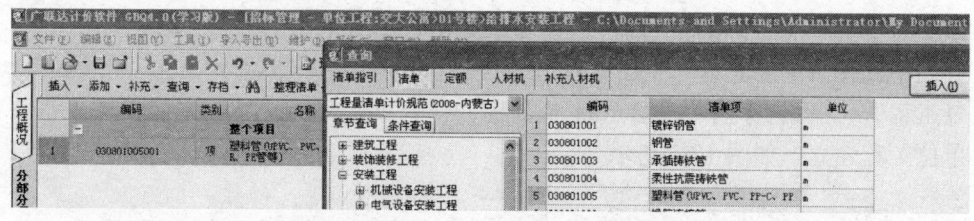

图 12-7 查询方式录入工程量清单

b. 按编码输入

点击鼠标右键，选择【添加】→【添加清单项】，在空行的编码列输入 030804001001，点击回车键，即可输入浴盆清单项，如图 12-8 所示。

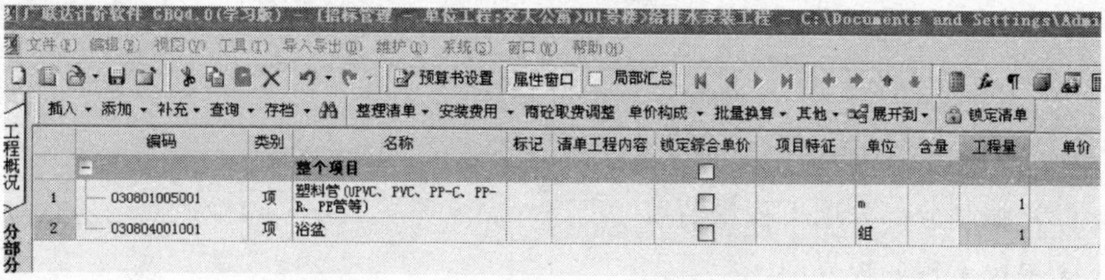

图 12-8 编码方式录入工程量清单

提示：输入完清单后，可以敲击回车键快速切换到工程量列，再次敲击回车键，软件会新增一空行，软件默认情况是新增定额子目空行，在编制工程量清单时我们可以设置为新增清单空行。点击【工具】→【预算书属性设置】，去掉勾选"直接输入清单后跳转到子目行"，如图 12-9 所示。

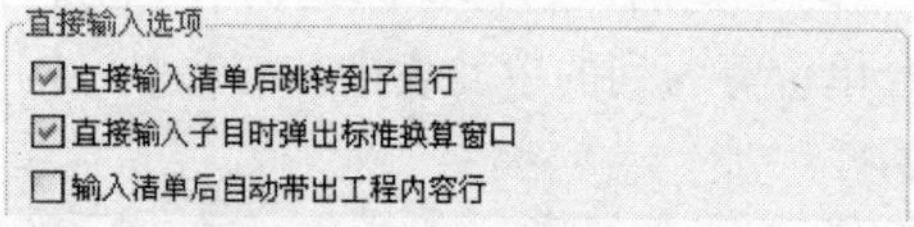

图 12-9 更改子目默认输入方式

c. 简码输入

对于 030805001001 铸铁散热器清单项，我们只需要输入 3-8-5-1 即可，如图 12-10 所示。清单的前九位编码可以分为四级，附录顺序码 01，专业工程顺序码 03，分部工程顺序码 02，分项工程项目名称顺序码 004，软件把项目编码进行简码输入，提高输入速度，其中清单项目名称顺序码 001 由软件自动生成。

同理，如果清单项的附录顺序码、专业工程顺序码等相同，我们只需输入后面不同的编码即可。例如：对于 030805002001 钢制闭式散热器清单项，我们只需输入 5-2 回车即可，因为它的附录顺序码 01、专业工程顺序码 03 和前一条铸铁散热器清单项一致。输入两位编码 6-2，点击回车键。软件会保留前一条清单的前两位编码 3-8。

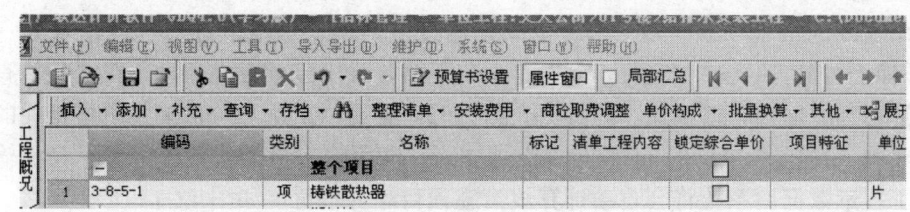

图 12-10　简码方式输入工程量清单

在实际工程中，编码相似也就是章节相近的清单项一般都是连在一起的，所以用简码输入方式处理起来更方便快速。

③输入定额子目

同上，定额子目输入也分为查询输入和编码输入等方式，这里仅以查询输入方式为例，介绍定额子目的输入。

首先，用鼠标右键单击已输入清单项表格，在右键菜单中点击【插入子目】，即可新增定额子目空行。之后，双击定额子目空行"编码"单元格，即可弹出定额查询窗口，在查询窗口中选择对应分部清单项的定额子目，点击【插入】即可完成定额子目的录入。如图 12-11 所示。

图 12-11　查询方式输入定额子目

按以上方法输入其他清单及定额子目。

（3）编制措施项目、其他项目清单

①措施项目清单

在导航栏点击【措施项目】清单切换到措施项目清单页签。

软件根据用户对措施项目采用的报价方式的不同，分为计算公式组价和定额组价两种方式。

a. 计算公式组价项。软件已按专业分别给出，如无特殊规定，可以按软件自带公式进行自动计算。如图 12-12 所示。

措施项目	5	— 1.5	冬雨季施工	项	计算公式组价	RGF+JXF+STRGF+STJXF	0.3	1	89.72
	6	— 1.6	已完、未完工程及设备保护	项	计算公式组价	RGF+JXF+STRGF+STJXF	0.5	1	149.53

图 12-12　计算公式组价方式

b. 定额组价项。有定额子目可以查询套价，通过给定子目工程量得到最终费用金额的措施项目。以"2.9 格架式抱杆"为例，点击鼠标右键【添加】→【添加子目】，插入一个空行，双击首个单元格，弹出定额查询窗口，在【条件查询】名称栏输入"格架式"，并点击【查询】，会显示出所有与格架式抱杆相关的清单项，选择"5-2379"编码行并点击插入，即可输入格架式抱杆定额子目，输入工程量数据后系统将会自动计算该措施项目综合单价，如图 12-13 所示。

- 2.9		格架式抱杆	项	定额组价			1	67703.1	67703.1
─ 5-239 7	定	起重机具安装、拆除与移位 格架式金属抱杆水平位移 金属抱杆（100t/50m起重量/高度）	座				3	5120.65	15361.95

图 12-13 定额组价方式

根据工程量清单计价规范 3.3.1 条规定，"措施项目清单应根据拟建工程的实际情况列项，通用措施项目可按表 3.3.1 选择列项，专业工程的措施项目可按附录中规定的项目选择列项。若出现本规范未列的项目，可根据工程实际情况补充。"所以，软件还提供了措施项目删除和增加的功能。选择要插入的位置，点击鼠标右键，选择【插入措施项】，在插入的空白行中输入项目名称和单位，完成措施清单的增加；选择需要删除的措施项目，点击鼠标右键选择【删除】或者直接按键盘上的"delete"删除键，在弹出确认删除的提示框中点击"是"，即可将选择的措施项目删除。

②其他项目清单

在导航栏点击【其他项目】清单切换到其他项目清单页签。

其他项目清单一般包括暂列金额、暂估价、计日工、总承包服务费，也可根据工程实际情况进行补充。

以"计日工费用"为例，补充如下清单项。

在"计日工费用"工作窗口中"人工"清单项子目下输入"砖瓦工"，单位输入"工日"，数量输入 5，单价输入 45，"材料"清单项子目下名称输入"琉璃瓦"，单位输入"块"，数量输入 50，单价输入 1，"机械"清单项子目下名称输入"提升机"，单位输入"台班"，数量输入 5，单价输入 717.5。如图 12-14 所示。

（4）输出报表

"其他项目"处理完毕后，作为招标方编制工程量清单的工作已基本结束。接下来就是预览、打印报表。

点击导航栏【报表】页签，切换到报表页面。

在报表页签我们通过预览界面即可预览报表，如果没有问题就可以直接打印。以上预览、打印功能比较简单，这里不再进行详细叙述，重点讲解一下报表导出到 excel 这项功能。

为了保证数据的准确性和符合性，防止投标人恶意修改工清单项的工程量，

	序号	名称	单位	数量	单价	合价
1		计日工费用				3862.5
2	1	人工				225
3		砖瓦工	工日	5	45	225
4	2	材料				50
5		琉璃瓦	块	50	1	50
6	3	机械				3587.5
7		提升机	台班	5	717.5	3587.5

图 12-14　其他项目录入

招标人可以将报表导出到 excel，保证数据的符合性。选择要导出的报表，在报表预览窗口点击鼠标右键选择【导出到 excel 文件】即可。

（5）保存、退出

①保存：点击菜单的【文件】→【保存】或系统工具条中的 🖫，保存编制的计价文件；

②退出：点击菜单的【文件】→【退出】或点击软件右上角 ☒，退出 GBQ4.0 软件。

复 习 思 考 题

1. 当前主流工程造价应用软件有哪些？并简述其功能。

2. 叙述广联达清单计价软件在工程造价招投标管理应用过程中的主要操作流程。

附录 A   工程量清单计价表格

招标工程量清单封面

_____工程

招标工程量清单

招　标　人：_____
（单位盖章）

造价咨询人：_____
（单位盖章）

年　　月　　日

招标控制价封面

_____工程

招 标 控 制 价

招　标　人：_____
　　　　　　　　　（单位盖章）

造价咨询人：_____
　　　　　　　　　（单位盖章）

　　年　　月　　日

封 A-2

投标总价封面

_____工程

投　标　总　价

投　标　人：_____

（单位盖章）

年　月　日

封 A-3

招标工程量清单扉页

_____工程

招标工程量清单

招　标　人：_____　　　造价咨询人：_____
　　　　　　　（单位盖章）　　　　　　　　　　　　　（单位资质专用章）

法定代表人　　　　　　　　　　　　法定代表人
或其授权人：_____　　或其授权人：_____
　　　　　　　（签字或盖章）　　　　　　　　　　　　（签字或盖章）

编　制　人：_____　　　复　核　人：_____
　　　　　　（造价人员签字盖专用章）　　　　　　　（造价工程师签字盖专用章）

编制时间：　年　月　日　复核时间：　年　月　日

扉 A-1

招标控制价扉页

_____工程

招标控制价

招标控制价（小写）：_____

（大写）：_____

招 标 人：_____ 造价咨询人：_____
 　　　　　　（单位盖章）　　　　　　　　　　　（单位资质专用章）

法定代表人　　　　　　　　　　法定代表人
或其授权人：_____ 或其授权人：_____
 　　　　　（签字或盖章）　　　　　　　　　（签字或盖章）

编 制 人：_____ 复 核 人：_____
 　　　　（造价人员签字盖专用章）　　　　　　（造价工程师签字盖专用章）

编 制 时 间： 年 月 日 复 核 时 间： 年 月 日

投标总价扉页

投 标 总 价

招 标 人：_____

工 程 名 称：_____

投 标 总 价：（小写）：_____

（大写）：_____

投 标 人：_____
（单位盖章）

法定代表人
或其授权人：_____
（签字或盖章）

编 制 人：_____
（造价人员签字盖专用章）

时 间： 年 月 日

总 说 明

工程名称：   第 页 共 页

表 A-01

工程项目招标控制价/投标报价汇总表

工程名称：   第 页 共 页

序号	单项工程名称	金额（元）	其中：（元）		
			暂估价	安全文明施工费	规费
合计					

注：本表适用于工程项目招标控制价或投标报价的汇总。

表 A-02

单项工程招标控制价/投标报价汇总表

工程名称：　　　　　　　　　　　　　　　　　　　　　　　　第　页　共　页

序号	单项工程名称	金额（元）	其中：（元）		
			暂估价	安全文明施工费	规费
	合计				

注：本表适用于单项工程招标控制价或投标报价的汇总。暂估价包括分部分项工程中的暂估价和专业工程暂估价。

表 A-03

单位工程招标控制价/投标报价汇总表

工程名称：　　　　　　　　　标段：　　　　　　　　第　页　共　页

序号	汇总内容	金额（元）	其中：暂估价（元）
1	分部分项工程		
1.1			
1.2			
2	措施项目		
2.1	其中：安全文明施工费		
3	其他项目		—
3.1	其中：暂列金额		—
3.2	其中：专业工程暂估价		—
3.3	其中：计日工		—
3.4	其中：总承包服务费		—
4	规费		—
5	税金		—
	招标控制价合计＝1＋2＋3＋4＋5		

注：本表适用于单位工程招标控制价或投标报价的汇总，如无单位工程划分，单项工程也使用本表汇总。

表 A-04

分部分项工程和单价措施项目清单与计价表

工程名称： 标段： 第 页 共 页

序号	项目编码	项目名称	项目特征描述	计量单位	工程量	金额（元）		
						综合单价	合价	其中暂估价
本页小计								
合计								

注：为计取规费等的使用，可在表中增设其中："定额人工费"。

表 A-05

综合单价分析表

工程名称： 标段： 第 页 共 页

项目编码		项目名称		计量单位		工程量	

清单综合单价组成明细

定额编号	定额项目名称	定额单位	数量	单价				合价			
				人工费	材料费	机械费	管理费和利润	人工费	材料费	机械费	管理费和利润
人工单价			小计								
元/工日			未计价材料费								

清单项目综合单价

材料费明细	主要材料名称、规格、型号	单位	数量	单价（元）	合价（元）	暂估单价（元）	暂估合价（元）
	其他材料费			—		—	
	材料费小计			—		—	

注：1. 如不使用省级或行业建设主管部门发布的计价依据，可不填定额项目、编号等。

2. 招标文件提供了暂估单价的材料，按暂估的单价填入表内"暂估单价"栏及"暂估合价"栏。

表 A-06

总价措施项目清单与计价表

工程名称：　　　　　　　　　标段：　　　　　　　第　页　共　页

序号	项目编码	项目名称	计算基础	费率（%）	金额（元）	调整费率（%）	调整后金额（元）	备注
		安全文明施工费						
		夜间施工增加费						
		二次搬运费						
		冬雨期施工增加费						
		已完工程及设备保护费						
		合计						

编制人（造价人员）：　　　复核人（造价工程师）：

注：1. "计算基础"中安全文明施工费可为："定额基价"、"定额人工费"或"定额人工费＋定额机械费"，其他项目可为"定额人工费"或"定额人工费＋定额机械费"；

　　2. 按施工方案计算的措施费，若"计算基础"和"费率"的数值，也可只填"金额"数值，但应在备注栏说明施工方案的出处或计算办法。

表 A-07

其他项目清单与计价汇总表

工程名称：　　　　　　　　　标段：　　　　　　　第　页　共　页

序号	项目名称	金额（元）	结算金额（元）	备注
1	暂列金额			明细详见表-08-1
2	暂估价			
2.1	材料（工程设备）暂估价/结算价	—		明细详见表-08-2
2.2	专业工程暂估价/结算价			明细详见表-08-3
3	计日工			明细详见表-08-4
4	总承包服务费			明细详见表-08-5
5	索赔与现场签证			明细详见表-08-6
	合计			—

注：材料（工程设备）暂估单价进入清单项目综合单价，此处不汇总。

表 A-08

暂列金额明细表

工程名称：　　　　　　　　　标段：　　　　　　　　　第　页　共　页

序号	项目名称	计量单位	暂定金额（元）	备注
1				
2				
3				
合计				—

注：此表由招标人填写，如不能详列，也可只列暂定金额总额，投标人应将上述暂列金额计入投标总价中。

表 A-08-1

材料（工程设备）暂估单价及调整表

工程名称：　　　　　　　　　标段：　　　　　　　　　第　页　共　页

序号	材料（工程设备）名称、规格、型号	计量单位	数量		暂估（元）		确认（元）		差额±（元）		备注
			暂估	确认	单价	合价	单价	合价	单价	合价	
合计											

注：此表由招标人填写"暂估价"，并在备注栏说明暂估价的材料、工程设备拟用在哪些清单项目上，投标人应将上述材料、工程设备暂估单价计入工程量清单综合单价报价中。

表 A-08-2

专业工程暂估价及结算价表

工程名称：　　　　　　　　　　标段：　　　　　　　　　第 页 共 页

序号	工程名称	工程内容	暂估金额（元）	结算金额（元）	差额±（元）	备注
合计						

注：此表"暂估金额"由招标人填写，投标人应将"暂估金额"计入投标总价中。结算时按合同约定
　　结算金额填写。

表 A-08-3

计 日 工 表

工程名称：　　　　　　　　　　标段：　　　　　　　　　第 页 共 页

编号	项目名称	单位	暂定数量	实际数量	综合单价（元）	合价（元）	
						暂定	实际
一	人工						
1							
人工小计							
二	材料						
1							
材料小计							
三	施工机械						
1							
施工机械小计							
四、企业管理费和利润							
总计							

注：此表项目名称、暂定数量由招标人填写，编制招标控制价时，单价由招标人按有关计价规定确
　　定；投标时，单价由投标人自主报价，按暂定数量计算合价计入投标总价中。结算时，按发承包
　　双方确认的实际数量计算合价。

表 A-08-4

总承包服务费计价表

工程名称：　　　　　　　　标段：　　　　　　　　第　页　共　页

序号	项目名称	项目价值（元）	服务内容	计算基础	费率（%）	金额（元）
1	发包人发包专业工程					
2	发包人提供材料					
	合计		—	—	—	

注：此表项目名称、服务内容由招标人填写，编制招标控制价时，费率及金额由招标人按有关计价规定确定；投标时，费率及金额由投标人自主报价，计入投标总价中。

表 A-08-5

规费、税金项目清单与计价表

工程名称：　　　　　　　　　　　标段：　　　　　　　　　第 页 共 页

序号	项目名称	计算基础	计算基数	计算费率（％）	金额（元）
1	规费	定额人工费			
1.1	社会保险费	定额人工费			
(1)	养老保险费	定额人工费			
(2)	失业保险费	定额人工费			
(3)	医疗保险费	定额人工费			
(4)	生育保险费	定额人工费			
(5)	工伤保险费	定额人工费			
1.2	住房公积金	定额人工费			
1.3	工程排污费	按工程所在地环境保护部门收取标准，按实计入			
2	税金	分部分项工程费＋措施项目费＋其他项目费＋规费－按规定计税的工程设备金额			
合计					

编制人（造价人员）：　　　　　　　　　　　　复核人（造价工程师）：

表 A-09

总价项目进度款支付分解表

工程名称：　　　　　　　　　标段：　　　　　　　　单位：元

序号	项目名称	总价金额	首次支付	二次支付	三次支付	四次支付	五次支付	
	安全文明施工费							
	夜间施工增加费							
	二次搬运费							
	社会保险费							
	住房公积金							
	合计							

编制人（造价人员）：　　　　　　　　　　　　复核人（造价工程师）：

注：1. 本表应由承包人在投标报价时根据发包人在招标文件明确的进度款支付周期与报价填写，签订合同时，发承包双方可就支付分解协商调整后作为合同附件。

2. 单价合同使用本表，"支付"栏时间应与单价项目进度款支付周期相同。

3. 总价合同使用本表，"支付"栏时间应与约定的工程计量周期相同。

表 A-10

发包人提供材料和工程设备一览表

工程名称：　　　　　　　　　标段：　　　　　　　第　页　共　页

序号	材料（工程设备）名称、规格、型号	单位	数量	单价（元）	交货方式	送达地点	备注

注：此表由招标人填写，供投标人在投标报价、确定总承包服务费时参考。

表 A-11

承包人提供主要材料和工程设备一览表

（适用于造价信息差额调整法）

工程名称：　　　　　　　　　标段：　　　　　　　第　页　共　页

序号	名称、规格、型号	单位	数量	风险系数（%）	基准单价（元）	投标单价（元）	发承包人确认单价（元）	备注

注：1. 此表由招标人填写除"投标单价"栏的内容，投标人在投标时自主确定投标单价。

　　2. 招标人应优先采用工程造价管理机构发布的单价作为基准单价，未发布的，通过市场调查确定其基准单价。

表 A-12

承包人提供主要材料和工程设备一览表
（适用于价格指数差额调整法）

工程名称：　　　　　　　标段：　　　　　　第　页　共　页

序号	名称、规格、型号	变值权重 B	基本价格指数 F_0	现行价格指数 F_t	备注
	定值权重 A		—	—	
	合计	1	—	—	

注：1. "名称、规格、型号"、"基本价格指数"栏由招标人填写，基本价格指数应首先采用工程造价管理机构发布的价格指数，没有时，可采用发布的价格代替。如：人工、机械费也采用本法调整，由招标人在"名称"栏填写。

2. "变值权重"栏由投标人根据该项人工、机械费和材料、工程设备价值在投标总报价中所占比例填写，1减去其比例为定值权重。

3. "现行价格指数"按约定的付款证书相关周期最后一天的前42天的各项价格指数填写，该指数应首先采用工程造价管理机构发布的价格指数，没有时，可采用发布的价格代替。

表 A-13

附录B 工程建设其他费用参考计算方法

B.1 固定资产其他费用

B.1.1 建设管理费

（1）以建设投资中的工程费用为基数乘以建设管理费率计算。

建设管理费 = 工程费用 × 建设管理费费率

（2）由于工程监理是受建设单位委托的工程建设技术服务，属建设管理范围。如采用监理，建设单位部分管理工作量转移至监理单位。监理费应根据委托的监理工作范围和监理深度在监理合同中商定，或按当地或所属行业部门有关规定计算。

（3）如建设管理采用工程总承包方式，其总包管理费由建设单位与总包单位根据总包工作范围在合同中商定、从建设管理费中支出。

（4）改扩建项目的建设管理费率应比新建项目适当降低。

（5）建设项目按批准的设计文件规定的内容建成，工业项目经负荷试车考核（引进国外设备项目按合同规定试车考核期满）或试运行期能够正常生产合格产品，非工业项目符合设计要求且能够正常使用时，应及时组织验收，移交生产或使用。凡已超过批准的试运行期并已符合验收条件，但未及时办理竣工验收手续的建设项目，视同项目已交付生产，其费用不得再从基建投资中支付，所实现的收入作为生产经营收入，不再作为基建收入。

B.1.2 建设用地费

（1）根据征用建设用地面积、临时用地面积，按建设项目所在省（市、自治区）人民政府制定颁发的土地征用补偿费、安置补助费标准和耕地占用税、乡镇土地使用税标准计算。

（2）建设用地上的建（构）筑物如需迁建，其迁建补偿费应按迁建补偿协议计列或按新建同类工程造价计算。建设场地平整中的余物拆除清理费在"场地准备及临时设施费"中计算。

（3）建设项目采用"长租短付"方式租用土地使用权，在建设期间支付的租地费用计入建设用地费，在生产经营期间支付的土地使用费应进入营运成本中核算。

B.1.3　可行性研究费

（1）依据前期研究委托合同计列，或参照《国家计委关于印发〈建设项目前期工作咨询收费暂行规定〉的通知》（计投资［1999］1283号）规定计算。

（2）编制预可行性研究报告参照编制项目建议书收费标准并可适当调增。

B.1.4　研究试验费

（1）按照研究试验内容和请求进行编制。

（2）研究试验费不包括以下项目：

①应由科技三项费用（即新产品试制费、中间试验费和重要科学研究补助费）开支的项目。

②应在建筑安装费用中列支的施工企业对建筑材料、构件和建筑物进行一般鉴定、检查所发生的费用及技术革新的研究试验费。

③应由勘察设计费或工程费用中开支的项目。

B.1.5　勘察设计费

依据勘察设计委托合同计列，或参照国家计委、建设部《关于发布〈工程勘察设计收费管理规定〉的通知》（计价格［2002］10号）规定计算。

B.1.6　环境影响评价费

依据环境影响评价委托合同计列，或按照国家计委、国家环境保护总局《关于规范环境影响咨询收费有关问题的通知》（计价格［2002］125号）规定计算。

B.1.7　劳动安全卫生评价费

依据劳动安全卫生预评价委托合同计列，或按照建设项目所在省（市、自治区）劳动行政部门规定的标准计算。

B.1.8　场地准备及临时设施费

（1）场地准备及临时设施应尽量与永久性工程同一考虑。建设场地的大型土石方工程应进入工程费用中的总图运输费用中。

（2）新建项目的场地准备和临时设施费应根据实际工程量估算，或按工程费用的比例计算。改扩建项目一般只计拆除清理费。

场地准备和临时设施费 = 工程费用 × 费率 + 拆除清理费

（3）发生拆除清理费时可按新建同类工程造价或主材费、设备费的比例计算。凡可回收材料的拆除工程，采用以料抵工方式冲抵拆除清理费。

（4）此项费用不包括已列入建筑安装工程费用中的施工单位临时设施费用。

B.1.9 引进技术和引进设备其他费

（1）引出项目图纸材料翻译复制费。根据引进项目的具体情况计列，或按引进货价（F.O.B）的比例估列；引进项目发生备品备件测绘费时按具体情况估列。

（2）出国人员费用。依据合同或协议规定的出国人次、期限以及相应的费用标准计算。生活费按照财政部、外交部规定的现行标准计算，差旅费按中国民航公布的票价计算。

（3）来华人员费用。依据引进合同或协议有关条款及来华技术人员派遣计划进行计算。来华人员接待费用可按每人次费用指标计算。引进合同价款中已包括的费用内容不得重复计算。

（4）银行担保及承诺费。应按担保或承诺协议计取。投资估算和概算编制时可以担保金额或承诺金额为基数乘以费率计算。

（5）引进设备材料的国外运输费、国外运输保险费、关税、增值税、外贸手续费、银行财务费、国内运杂费、引进设备材料国内检验费等按引进货价（F.O.B 或 C.I.F）计算后进入相应的设备材料费中。

（6）单独引进软件不计算关税只计算增值税。

B.1.10 工 程 保 险 费

（1）不投保的工程不计取此项费用。

（2）不同的建设项目可根据工程特点选择投保险种，依据投保合同计列保险费用。编制投资估算和概算时可按工程费用的比例估算。

（3）此项费用不包括已列入施工企业管理费中的施工管理用财产、车辆保险费。

B.1.11 联 合 试 运 转 费

（1）不发生试运转或试运转收入大于（或等于）费用支出的工程，不列此项费用。

（2）当联合试运转收入小于试运转支出时：

联合试运转费 ＝ 联合试运转费用支出－联合试运转收入

（3）联合试运转费不包括应由设备安装工程费用开支的调试及试车费用，以及在试运转中暴露出来的因施工原因或设备缺陷等发生的处理费用。

（4）试运行期按照以下规定确定：引进国外设备项目按建设合同中规定的试

运行期执行；国内一般性建设项目试运行期原则上按照批准的设计文件所规定的期限执行。个别行业的建设项目试运行期需要超过规定试运行期的，应报项目设计文件审批机关批准。试运行期一经确定，各建设单位应严格按规定执行，不得擅自缩短或延长。

B.1.12　特殊设备安全监督检验费

按照建设项目所在省、市、自治区安全监察部门的规定标准计算。无具体规定的，在编制投资估算和概算时，可按受检设备现场安装费的比例估算。

B.1.13　市政公用设施费

(1) 按工程所在地人民政府规定标准计列；
(2) 不发生或按规定免征项目不计取。

B.2　无形资产费用

专利及专有技术使用费。
(1) 按专利使用许可协议和专有技术使用合同的规定计列；
(2) 专有技术的界定应以省、部级鉴定批准为依据；
(3) 项目投资中只计需在建设期支付的专利及专有技术使用费。协议或合同规定在生产期支付的使用费应在生产成本中核算。
(4) 一次性支付的商标权、商誉及特许经营权费按协议或合同规定计列。协议或合同规定在生产期支付的商标权或特许经营权费应在生产成本中核算。
(5) 为项目配套的专用设施投资，包括专用铁路线、专用公路、专用通信设施、变送电站、地下管道、专用码头等，如由项目建设单位负责投资但产权不归属本单位的，应作无形资产处理。

B.3　其他资产费用（递延资产）

生产准备及开办费。
(1) 新建项目按设计定员为基数计算，改扩建项目按新增设计定员为基数计算：
生产准备费＝设计定员×生产准备费指标（元/人）
(2) 可采用综合的生产准备费指标进行计算，也可以按费用内容的分类指标计算。

参 考 文 献

[1] 蒋红焰. 建筑工程概预算与工程量清单计价. 北京：化学工业出版社，2009.

[2] 李玉芬. 建筑工程概预算. 北京：机械工业出版社，2009.

[3] 中华人民共和国建设部. 建设工程工程量清单计价规范 GB 50500—2013. 北京：中国计划出版社，2013.

[4] 沈祥华. 建筑工程概预算. 武汉：武汉理工大学出版社，2009.

[5] 杨静，孙震. 建筑工程概预算与工程量清单计价. 北京：中国建筑工业出版社，2012.

[6] 吴学伟，谭德精，李江涛. 工程造价确定与控制. 第六版. 重庆：重庆大学出版社，2012.

[7] 张建新. 新编安装工程预算(定额计价与工程量清单计价). 北京：中国建材工业出版社，2009.

[8] 袁勇. 安装工程造价实训. 北京：中国电力出版社，2010.

[9] 武育秦，景星蓉. 建筑工程招标投标与合同管理. 北京：中国建筑工业出版社，2010.6.

[10] 王艳艳等. 工程招投标与合同管理. 北京：中国建筑工业出版社，2011.7.

[11] 郝永池，刘健娜. 建设工程招投标与合同管理. 北京：北京理工大学出版社，2011.8.

[12] 张国珍，刘建林等. 建筑安装工程概预算(第2版). 北京：化学工业出版社，2012.1.

[13] 李志生，付冬云等. 建筑工程招投标务实与案例分析. 北京：机械工业出版社，2010.9.

[14] 姜晨光. 建设工程招投标文件编写方法与范例. 北京：化学工业出版社，2007.11.

[15] 强立明. 建筑工程招标投标实例教程. 北京：机械工业出版社，2010.1.

[16] 李启明. 建设工程合同管理. 北京：中国建筑工业出版社，1997.

[17] 广联达软件股份有限公司. 广联达计价软件 GBQ4.0 文字帮助. 北京，2009.

[18] 王晓青，汪照喜. 建筑工程概预算(第2版). 北京：电子工业出版社，2012.1.

[19] 陈刚，李惠敏. 建筑安装工程概预算与施工组织管理(第2版). 北京：机械工业出版社，2009.4.

[20] 中国建设工程造价管理协会. 建设项目投资估算编审规程 CECA/GC 1-2007. 北京：中国计划出版社，2007.5.

[21] 中国建设工程造价管理协会. 建设项目工程结算编审规程 CECA/GC3-2010. 北京：中国计划出版社，2010.9.

[22] 中国建设工程造价管理协会. 建设项目设计概算编审规程 CECA/GC 2-2007. 北京：中国计划出版社，2007.5.

[23] 中国建设工程造价管理协会. 建设项目竣工结算编审规程 CECA/GC 9-2013. 北京：中国计划出版社，2013.4.

[24] 孙震. 建筑工程概预算与工程量清单计价. 北京：人民交通出版社，2003.

[25]　杨劲. 建筑工程定额原理与概预算. 北京：中国建筑工业出版社，1995.

[26]　刘钦，宋凤竹. 安装工程定额与预算. 郑州：黄河水利出版社，2001.

[27]　陈宪仁. 水电安装工程预算与定额. 北京：中国建筑工业出版社，2001.

[28]　余健，陈治安，杨青山等. 给水排水项目经济评价与概预算. 北京：化学工业出版社，2002.

[29]　刘庆山. 建筑安装工程预算. 北京：机械工业出版社，2003.

[30]　陈建国. 工程计量与造价管理. 上海：同济大学出版社，2001.

[31]　吴心伦. 安装工程定额与预算. 重庆：重庆大学出版社，2003.

[32]　袁建新，迟晓明. 施工图预算与工程造价控制. 北京：中国建筑工业出版社，2004.

[33]　郎荣燊. 国际工程承包与招标投标. 北京：中国人民大学出版社，1994.

[34]　代学灵. 建筑工程概预算. 武汉：武汉工业大学出版社，2000.

[35]　张勤，张建高. 水工程经济. 北京：中国建筑工业出版社，2002.

[36]　周国藩. 给水排水暖通空调燃气及防腐绝热工程概预算编制典型实例手册. 北京：机械工业出版社，2003.

[37]　中华人民共和国建设部. 全国统一安装工程预算工程量计算规则. 北京：中国计划出版社，2001.

[38]　中华人民共和国建设部. 建设工程工程量清单计价规范 GB 50500—2008 . 北京：中国计划出版社，2008.

[39]　中华人民共和国建设部. 全国统一市政工程预算定额. 北京：中国计划出版社，2000.

[40]　中华人民共和国建设部. 全国统一安装工程预算定额. 北京：中国计划出版社，2000.

[41]　刘玉国. 建筑安装工程概预算. 北京：北京理工大学出版社，2009.

[42]　刘钦. 建筑安装工程预算. 北京：机械工业出版社，2010.

[43]　景星蓉. 建筑设备安装工程预算. 第二版. 北京：中国建筑工业出版社，2008.

[44]　中华人民共和国建设部. 市政工程投资估算指标. 北京：中国计划出版社，2007.